庆　祝

陕西省建筑科学研究院有限公司

成立**70**周年

陕西省建科院科技成果书系

空间弦支轮辐式桁架结构分析与施工

李纪明　周春娟　柳明亮　吴金志
惠　存　郭朋岗　黄思聪　编著

中国建筑工业出版社

图书在版编目（CIP）数据

空间弦支轮辐式桁架结构分析与施工 / 李纪明等编著. -- 北京 : 中国建筑工业出版社, 2024. 9. -- (陕西省建科院科技成果书系). -- ISBN 978-7-112-30446-2

Ⅰ. TU323.4

中国国家版本馆 CIP 数据核字第 2024UC6535 号

大跨空间弦支轮辐式桁架结构在传统弦支穹顶结构体系基础上将上部网壳结构优化为由辐射状倒三角桁架、加强平面次桁架与环桁架组成的空间桁架结构，其下部仍为环向索及径向索，上、下部结构之间通过竖向撑杆连接，两者协同工作形成自平衡体系，新体系能够跨越更大的空间，承担重型荷载，并能保证良好的结构受力性能。

本书以西北大学长安校区体育馆工程为背景，分析该新型结构体系的静动力性能、稳定性能、倒塌性能、建造技术、监测技术、索力识别技术等，用实践证明了该体系的可行性和优越性。随着超大跨度及重屋面空间结构的发展需求，大跨空间弦支轮辐式桁架结构因自身的优越性将表现出更广阔的发展空间。

本书可供空间结构及相关学科、相关专业的设计和研究人员、研究生、高年级本科生参考使用。

责任编辑：刘瑞霞　梁瀛元

责任校对：赵　力

陕西省建科院科技成果书系

空间弦支轮辐式桁架结构分析与施工

李纪明　周春娟　柳明亮　吴金志　惠　存　郭朋岗　黄思聪　编著

*

中国建筑工业出版社出版、发行（北京海淀三里河路 9 号）

各地新华书店、建筑书店经销

国排高科（北京）人工智能科技有限公司制版

建工社（河北）印刷有限公司印刷

*

开本：787 毫米 × 1092 毫米　1/16　印张：10½　字数：257 千字

2024 年 9 月第一版　2024 年 9 月第一次印刷

定价：**58.00** 元

ISBN 978-7-112-30446-2

（43786）

前 言

1993 年日本法政大学川口卫（M. Kawagucki）教授立足于张拉整体的概念，在对索穹顶和单层网壳两种结构的优缺点进行充分的研究后，将索穹顶的思路应用于单层网壳后发展了一种新型空间结构——弦支穹顶结构（suspen-dome structures）。

弦支穹顶结构结合了索穹顶与单层网壳结构的特点，充分发挥柔性与刚性结构的长处，避免了各自的不足。相比于索穹顶，由于刚性上弦层的引入，弦支穹顶结构的理论分析与施工难度显著降低。在引入预应力的过程中，上部单层网壳结构与下部索杆体系逐渐形成受力的整体，自平衡效果随之产生，支座水平反力得到大幅降低，使弦支穹顶结构边缘构件的设计更加简便、经济。

1994年在日本东京建造的光球穹顶为弦支穹顶结构的第一次实际应用，其跨度为35m，屋顶最大高度为 14m，上层网壳由工字形钢梁组成。继光球穹顶之后，1997 年在日本又建成了聚会穹顶，结构跨度为 46m，屋盖高度为 16m。在我国，天津大学刘锡良教授、陈志华教授团队最早于 1998 年开始了弦支穹顶结构的相关研究。2000 年 11 月施工完成的昆明柏联广场采光顶（北京工业大学设计）采用了圆形弦支穹顶结构，跨度（直径）15m，矢高 0.6m；2001 年设计、2003 年竣工的天津保税区国际商务交流中心大堂亦采用了弦支穹顶结构，该工程由天津大学设计、天津凯博空间结构工程技术有限公司负责施工，跨度 35.4m，矢高 4.6m。随后，弦支穹顶结构在国内蓬勃发展起来，先后在北京工业大学体育馆、济南奥体中心体育馆、天津宝坻体育馆、葫芦岛体育中心体育馆、贵阳奥体中心体育馆等工程实践中得到应用。

近年来，随着大型体育场馆建设的功能多样化，对屋盖的跨度和结构的刚度提出了更高的要求，体育场馆不仅仅实现一种功能，诸如冰类球类转换、篮球羽毛球转换、艺术体操蹦床等高空间综合功能集成已成为场馆运营所需。为了增加观众的现场观赛效果和现场活动氛围，斗屏已逐步成为必然选择，斗屏结构将占据一定的空间，并限定了建筑的矢跨比。综上所述，一种低矢跨比、能承担重荷载的大跨度弦支结构将成为一种新的选择，对该种结构体系力学性能的研究将具有重要的理论和实际价值。

随着超大跨度及重屋面空间结构的发展需求，杂交结构因自身的优越性表现出更广阔的发展空间。传统的弦支穹顶结构上部网壳的整体刚度较弱，稳定问题突出，一味地追求网壳的刚度将带来用钢量和结构性能的双重不利影响。大跨空间弦支轮辐式桁架结构在传统弦支穹顶结构体系基础上将上部网壳结构优化为由辐射状倒三角桁架、加强平面次桁架与环桁架组成，其下部由环向索及径向索组成，上部结构与下部结构之间通过竖向撑杆连接，两者协同工作形成自平衡体系，能够跨越更大的空间、承担重型荷载，并能保证良好的结构受力性能。

本书以西北大学长安校区体育馆工程为背景，分析该新型结构体系的静动力性能、稳定性能、倒塌性能、建造技术、监测技术、索力识别技术等，用实践证明了该体系的可行性和优越性。

本书在撰写过程中参考了大量的国内外文献和著作，研究生李洋、焦永康、武名阳、王泽逸、刘彦等参与了大量的试验和计算工作，也得到了陕西建工股份有限公司、陕西建工机械施工集团有限公司、陕西建工钢构集团有限公司、长安大学、北京中建建筑设计院有限公司的大力支持，在此一并致谢。

限于作者水平，不足之处热忱欢迎同行专家和广大读者批评指正。

目 录

第 1 章　绪　　论

1.1　张拉整体结构概述

20 世纪 40 年代，美国著名建筑师富勒（R. B. Fuller）提出了张拉整体结构（Tensegrity System），即在结构中尽可能地减少受压状态而使结构处于连续的张拉状态，从而实现他的“压杆的孤岛存在于拉杆的海洋中”。张拉整体体系就是一组不连续的压杆与一组连续的受拉单元组成的自支承、自应力的空间平衡体系，应该说，到现在为止，真正意义上的张拉整体结构还未能在大型结构工程中得以实现。张拉整体结构的大部分实物应用主要出现在各种雕塑作品中，如图 1.1-1 所示。

(a) 斯坦福大学雕塑

(b) 富士通馆雕塑

(c) 日本大学理工学院雕塑

图 1.1-1　张拉整体结构在各种雕塑作品中的应用

富勒提出了张拉整体结构的概念后，他的学生、著名的雕塑家斯耐尔森（K. Snelson）设计出了第一个张拉整体模型，一个由一些弦把三根独立杆件张紧在一起形成的稳定体。另外，一些学者也提出了关于张拉整体的概念定义。1963 年，D. G. Emmerich 在他的一项专利中给出了自应力结构的定义，“自应力结构是由压杆和索组成，它们以这样的方式组合：压杆在连续的索中处于孤立状态，所有压杆必须被严格地分开，同时由索的预应力连接起来，而不需要外部的支撑与锚固，整个体系就像一个自支撑结构一样保持稳固。由此就得到了‘自应力结构’的名称。”他的这一定义，强调了压杆的不连续、自应力和自支撑的特点。1976 安东尼·保罗在书《张拉整体结构介绍》中完善了张拉整体结构的定义，即非连续的受压构件（杆件）和连续的受拉构件（绳索）所组成的稳定的空间结构。

张拉整体结构是处于自应力状态下的空间网格结构，所有的构件都是直杆且截面尺寸大小相同。受拉构件在受到压力作用下没有刚度，不能形成连续整体。受压构件离散分布，每个节点都和一根压杆相连，且只能和一根压杆相连。在上述定义中有以下几点需要注意：

（1）张拉整体结构是空间的网格结构：空间结构体系可能使构件单纯受拉或受压，"张力结构"是空间网格结构的一个分支，这种受拉构件在压力作用下没有刚度，这些构件在任何情况下都是受拉的。张拉整体结构也有这种受力特征，所以属于这类结构。

（2）结构处于自应力状态：刚度是通过自应力作用产生的，与外界作用及连接作用无关。忽略自重的作用，因为自重对结构的初始平衡状态没有影响。

（3）所有杆件都是直杆并且截面大小相同。

（4）受拉构件在压力作用下没有刚度，并且形成一个连续的整体：这些构件都是由索构成，连续的拉索产生了张拉整体结构的美感。

（5）受压构件分散布置：既然所有这种构件总是处于受压状态，可以认为受压构件受到拉力作用时，不需要考虑刚度要求。在常见的结构中压力必须保证连续传递，而张拉整体结构抛弃了这种思维方式。

（6）每个节点有且只有一根压杆与其相连。

1.2 索穹顶发展概述

20 世纪 80 年代，美国著名结构工程师盖格（D. H. Geiger）对富勒的思想进行了适当的改造，成功地设计并开发了一种类张拉整体结构——索穹顶（Cable dome）。盖格设计的索穹顶结构如图 1.2-1 所示，它包括径向脊索、径向谷索、斜腹索、环向索、压杆和外环圈梁。荷载从中央的张力环通过一系列辐射状的径向索、张力环和中间斜索传递至周边的压力环。

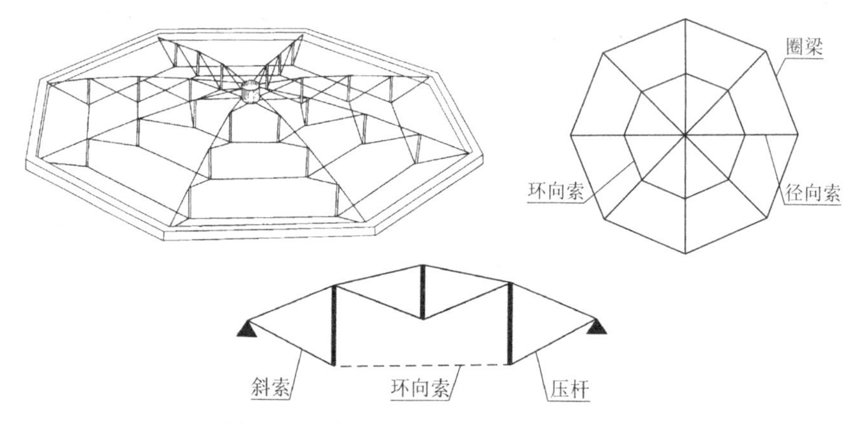

图 1.2-1 盖格设计的索穹顶结构构造图

索穹顶是一种结构效率极高的张力结构体系，除少数几根压杆外都处于张力状态，充分发挥了钢索的强度。如能避免柔性结构有可能发生的结构松弛，索穹顶结构绝无弹性失稳之虑。因此，这种结构一经问世便得到了工程师们的重视，先后建成了多个大型场馆项目。1986 年，盖格成功地将自己的设计应用于 1988 年汉城奥运会直径 120m 的体操馆（图 1.2-2）和直径 93m 的击剑馆，韩国体操馆也是世界上第一个采用张拉整体概念的大型工程。

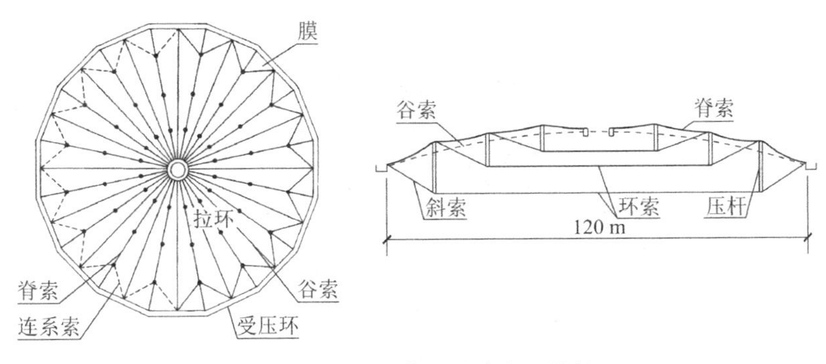

图 1.2-2 韩国体操馆索穹顶结构

自索穹顶在汉城奥运会上获得成功应用后，这种结构以其新颖的结构造型、巧妙的构思、较轻的自重和快速的施工，一经问世就引起国际空间结构学术界、工程界的高度重视。盖格设计事务所又相继建造了其他一些国际知名的大型索穹顶建筑，如直径 210m 的美国雷声穹顶（Thunder Dome）、1989 年建成的直径 210m 的美国佛罗里达州太阳海岸穹顶（Sun Coast Dome，由 16 榀辐射状索桁架构成）、1988 年建成的美国伊利诺伊州大学红鸟体育馆（Redbird Arena，椭圆形平面 91.4m × 76.8m）、1993 年建成的直径 120m 的台湾桃园体育馆（有 3 圈环索，索穹顶屋盖下的混凝土受压环梁因雨水槽被加宽而向外悬挑，同时支撑环梁的基础结构向内收，这样整个体育场建筑像一顶帽子，形象而美观）、直径 54m 的日本天城穹顶，如图 1.2-3 所示。

(a) 美国雷声穹顶

(b) 太阳海岸穹顶

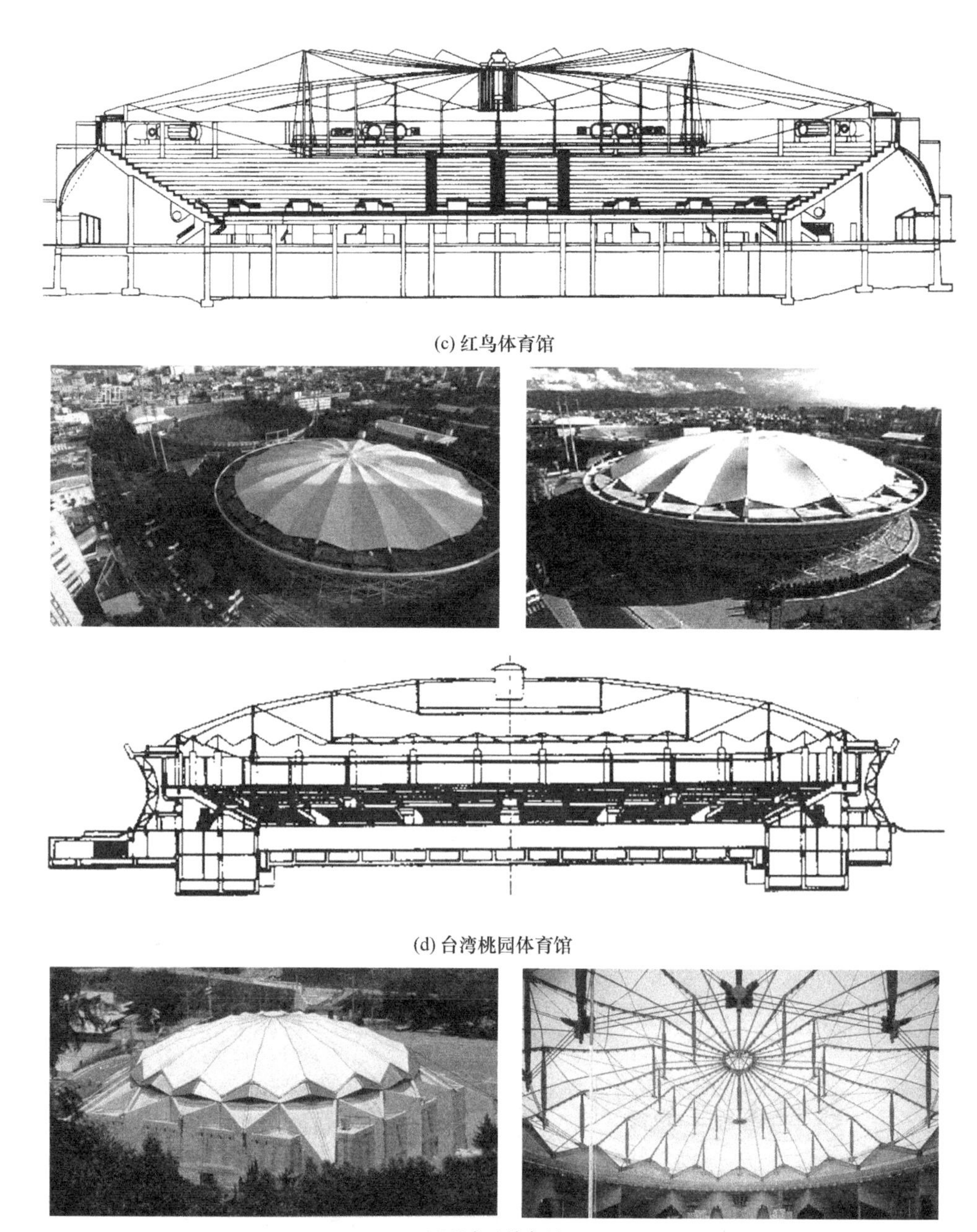

(c) 红鸟体育馆

(d) 台湾桃园体育馆

(e) 日本天城穹顶

图 1.2-3　盖格设计事务所创作的大型索穹顶建筑

盖格体系索穹顶的几何形状类似于平面桁架，所以结构的平面内刚度较小。美国工程师李维（M. Levy）和 T. F. Jing 对其进行了改造和创新，改用联方型拉索网格，将辐射状脊索变为三角化联方型布置脊索，使屋面膜单元呈菱形的双曲抛物面形状（图 1.2-4），并应用于 1996 年的亚特兰大奥运会主场馆的佐治亚穹顶（Georgia Dome，世界上最大的索穹顶结构，建于 1992 年，椭圆形平面尺寸为 240m × 193m，整个屋顶由 7.9m 宽、1.5m 厚的混凝土受压环固定，共有 52 根支柱支撑着周长为 700m 的环梁，用钢量仅有 30kg/m^2），如图 1.2-5 所示。

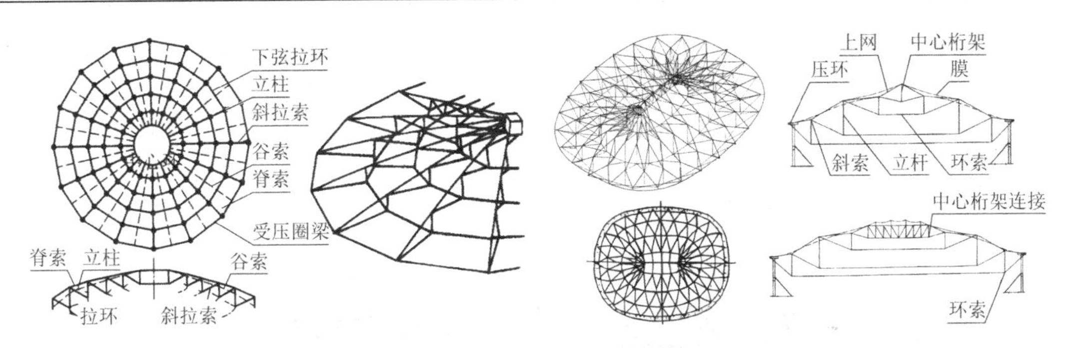

图 1.2-4　李维和盖格索穹顶构造图

图 1.2-5　佐治亚穹顶

1.3　弦支穹顶结构发展概述

1993 年日本法政大学川口卫（M. Kawagucki）教授立足于张拉整体的概念，在对索穹顶和单层网壳两种结构的优缺点进行充分的研究后，将索穹顶的思路应用于单层网壳后发展了一种新型空间结构——弦支穹顶结构（suspen-dome structures），剖面如图 1.3-1 所示。

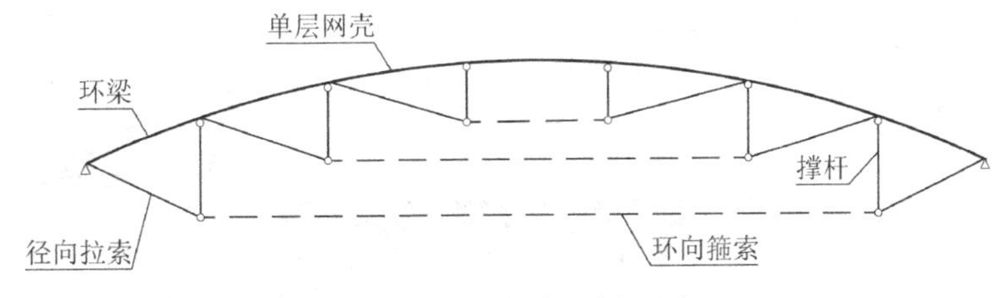

图 1.3-1　弦支穹顶剖面图

弦支穹顶结构结合了索穹顶与单层网壳结构的特点，充分发挥柔性与刚性结构的长处，避免了各自的不足。关于弦支穹顶结构的解释有两种：一是将索杆体系引入到单层网壳结构中，使单层网壳结构的面外刚度显著提高，稳定性能随之改善；二是以刚性单层网壳结构取代索穹顶结构的上部柔性脊索，新的结构体系随之产生。弦支穹顶结构的索杆体系改善了上部单层网壳结构的稳定性，使材料利用率充分提高，用钢量与单层网壳结构相比也大幅度减少。相比于索穹顶，由于刚性上弦层的引入，弦支穹顶结构的理论分析与施工难度显著降低。在引入预应力的过程中，上部单层网壳结构与下部索杆体系逐渐形成受力的整体，自平衡效果随之产生，支座水平反力得到大幅降低，使弦支穹顶结构边缘构件的设计更加简便、经济，原理构造如图1.3-2所示。

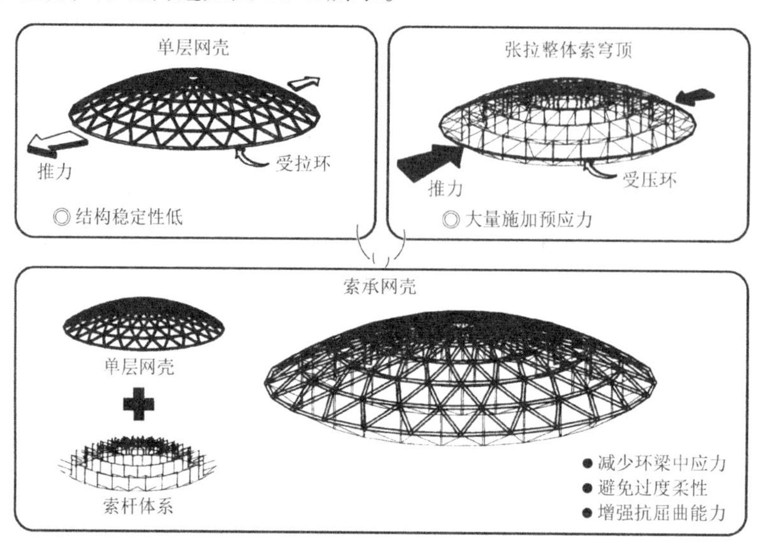

图1.3-2 弦支穹顶结构原理构造图

1994年在日本东京建造的光球穹顶为弦支穹顶结构的第一次实际应用，其跨度为35m，屋顶最大高度为14m，上层网壳由工字形钢梁组成，由于是首次使用弦支穹顶结构体系，光球穹顶只在单层网壳的最外层下部组合了张拉整体结构，而且采用了钢杆代替径向拉索，通过对钢拉杆施加预应力，使结构在长期荷载作用下对周边环梁的作用为零；预应力施加方法：顶升撑杆；撑杆、径向拉索与环向拉索的力线未汇交一点；环梁下端由V形钢柱相连，钢柱的柱头和柱脚采用铰接形式，从而使屋顶在温度荷载作用下沿径向可以自由变形，屋面建筑材料采用压型钢板覆盖如图1.3-3所示。

图1.3-3 日本光球穹顶弦支穹顶剖面图

继光球穹顶之后，1997 年在日本又建成了聚会穹顶，结构跨度为 46m，屋盖高度 16m，整个弦支穹顶支撑于周围钢柱上，钢柱与下部钢筋混凝土框架连接，整体建筑结构荷载传递路线清晰，其建筑外景和结构内景如图 1.3-4 所示。

图 1.3-4　日本聚会穹顶外景及内景

1.4　弦支穹顶结构国内外研究现状

在我国，天津大学刘锡良教授、陈志华教授团队最早于 1998 年开始了弦支穹顶结构的相关研究。2000 年 11 月施工完成的昆明柏联广场采光顶（如图 1.4-1 所示，北京工业大学设计）采用了圆形弦支穹顶结构，跨度（直径）15m，矢高 0.6m；上弦采用一个矢跨比为 1∶25 的超扁网壳单层肋环型网壳，纬向 6 环，径向 16 条肋，采用圆钢管相贯焊接而成，边缘环采用槽钢作为刚性边梁；下弦采用预应力环形索，共五环，用斜向索拉于上弦节点。上下弦之间采用竖向铰接撑杆，各环竖杆长度分别为 1.05m、0.85m、0.65m、0.50m、0.35m；屋面采用中空玻璃；考虑到跨度不大，本工程采用张拉环向索的方式施加预应力，为保证环向顺利张拉，下弦节点设计了滑轮，环向索通过滑轮与下弦节点相连，斜向索定长制作，设计了夹紧式夹具，撑杆与上弦节点设计成铰。2001 年设计、2003 年竣工的天津保税区国际商务交流中心大堂亦采用了弦支穹顶结构，该工程由天津大学设计、天津凯博空间结构工程技术有限公司负责施工，跨度 35.4m，矢高 4.6m，周边支撑于沿周围布置的 15 根钢筋混凝土柱及柱顶圈梁上，柱顶标高 13.5m；弦支穹顶结构上部单层网壳采用联方型网格，网壳沿径向划分为 5 个网格，外圈沿环向划分为 32 个网格，环向网格到中心缩减为 8 个；单层网壳的杆件全部采用$\phi133\times6$ 的钢管，撑杆采用$\phi189\times4$ 的钢管，径向拉索采用钢丝绳 $6\times19\phi18.5$，环向拉索共 5 道，由外及里前两道采用钢丝绳 $6\times19\phi24.5$，后三道采用钢丝绳 $6\times19\phi21.5$，经过预应力化，最终确定的预应力比值从外到内为：1∶0.5∶0.2∶0.1∶0.05，其中最外圈索力为 100kN；预应力施加方法为顶升撑杆法，项目如图 1.4-2 所示。

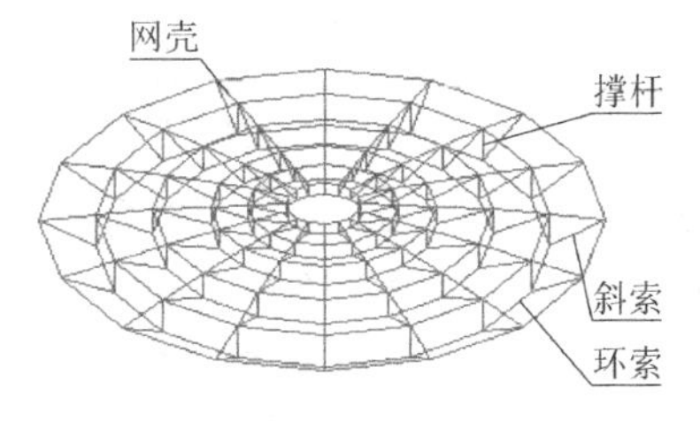

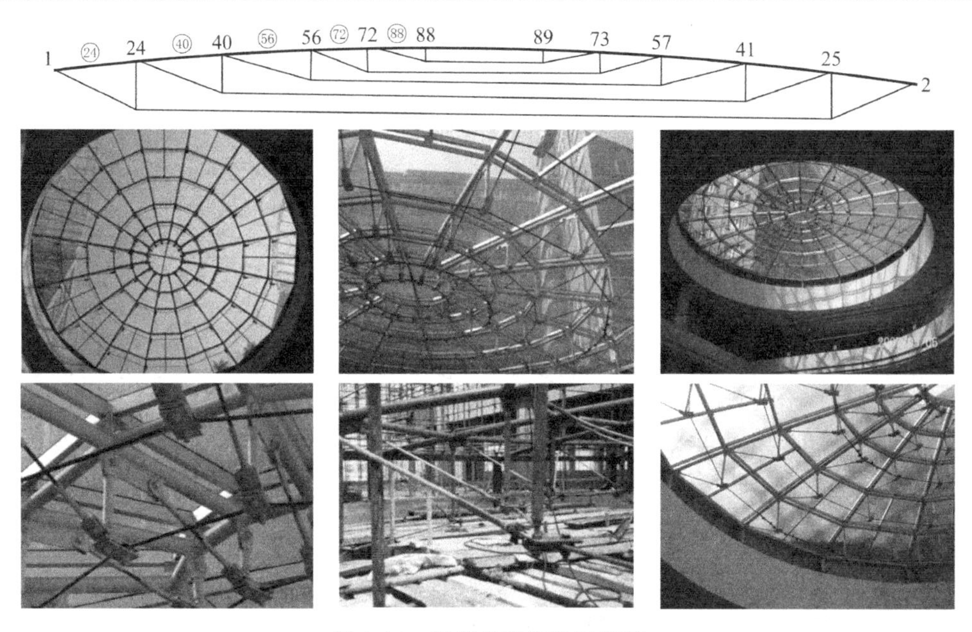

图 1.4-1 昆明柏联广场采光顶

图 1.4-2 天津保税区国际商务交流中心大堂

随后，弦支穹顶结构在国内蓬勃发展起来，先后在天津博物馆贵宾厅、鞍山奥体中心综合训练馆、武汉体育中心体育馆、常州体育馆、北京工业大学体育馆、济南奥体中心体育馆、安徽大学体育馆、连云港体育中心体育馆、辽宁营口奥体中心体育馆、大连体育中心体育馆、河北北方学院体育馆、山东茌平体育文化中心体育馆、东莞厚街体育馆、三亚市体育中心体育馆、重庆渝北体育馆、深圳坪山体育馆、南沙体育馆、宣城市体育中心体育馆、沁阳市体育馆、东亚运动会自行车馆、天津宝坻体育馆、葫芦岛体育中心体育馆、常熟市体育中心体育馆、山西煤炭交易中心宴会厅、福州海峡奥体中心体育馆、绍兴金沙·东方山水国际商务休闲中心C馆、乐清新体育中心体育馆、西北大学长安校区体育馆、兰州奥体中心综合馆、贵阳奥体中心体育馆等工程实践中得到应用。

弦支穹顶研究方面国内主要集中在天津大学、浙江大学、北京工业大学、清华大学、同济大学等。对该类结构的研究内容涉及结构形态分析、初始预应力设计、静动力性能、结构的施工控制理论等方面。

天津大学刘锡良团队（陈志华、韩庆华、尹越、刘红波等）从1998年开始对张弦结构大跨体系进行系统研究，形成了张弦结构分析设计理论和施工成套技术，解决了张弦结构基础理论匮乏、分析方法欠缺和在工程应用中受到结构选型、节点构造、施工方法和监测技术等多方面问题制约的技术难题，为张弦结构的推广应用和健康发展提供了重要的科学依据和关键技术支撑。其主要研究成果有：

（1）系统研究基于张拉整体思想的张弦结构体系，建立了平面、空间等张弦结构分类体系，研发自制设备测定了张弦结构核心构件——拉索的膨胀系数，为张弦结构分析设计理论的建立奠定了基础。

（2）确定了平面和平面组合型张弦结构的最优构成规律，揭示了平面和平面组合型张弦结构静动力特性和抗风性能，研发了插板式拉索节点，解决了平面及平面组合型张弦结构分析计算和拉索连接节点方面的技术难题。

（3）提出两种弦支穹顶分类方法和预应力二阶段分析方法，创建连续折线索单元分析技术，建立了弦支穹顶从找形、预应力设定到结构性能分析的设计方法。

（4）基于模型和实物试验及理论分析揭示了弦支穹顶结构静动力性能和稳定特性，形成弦支穹顶分析设计理论体系。

（5）研究了弦支穹顶结构的索夹节点力学性能，研发了能够克服索与节点的摩擦力导致的索力不均匀的预应力钢结构滚动式张拉索节点。

（6）研发出张弦结构施工工艺仿真系统，提出了预应力施加方法和摩擦损失补偿方法，开发了张弦结构健康监测系统，解决了张弦结构施工过程中的全过程控制、监测、安全和预应力损失等方面的技术难题。

北京工业大学张爱林教授团队、张毅刚教授团队、中国航空工业规划设计研究院葛家琪团队等对2008年北京奥运会羽毛球馆新型弦支穹顶结构体系设计和施工技术进行研究，形成了如下的成果：

（1）基于奥运羽毛球馆新型预应力弦支穹顶结构优化设计理论研究及结构体系创新方面取得了多项成果。

（2）发明并应用了撑杆可调节节点和V形径向索弦支穹顶两项技术，显著提高了体系的整体性和受力性能，并降低了用钢量，实现了安全、经济双优目标。

（3）对弦支穹顶结构的施工阶段和使用阶段进行了全面系统深入的分析，包括抗风、抗震分析、考虑初始缺陷影响的整体稳定性分析、基于性能化的抗火设计等。

（4）运用接触分析技术计算索撑节点预应力摩擦损失，并结合施工实测确定了预应力损失值及其对结构整体受力的影响，推动了预应力钢结构技术的发展。

（5）针对新型预应力弦支穹顶钢结构组成、环向索和径向钢拉杆布局和构件受力特点，研制了一套完整的实时动态全寿命健康监测系统。

浙江大学董石麟院士团队针对济南奥体中心体育馆弦支穹顶结构展开理论分析、施工技术研究及模型试验研究，研究了弦支穹顶结构随着各圈环索预应力水平的不同组合，各圈环索总预应力水平、结构支反力及上部单层网壳杆件轴向应力峰值三者之间的变化规律；提出了一种基于结构性能分析的弦支穹顶结构缺陷状态预应力调整的方法；研究了弦支穹顶结构的施工张拉成型方案。

同济大学建筑设计研究院丁洁民团队针对安徽大学体育馆正六边形弦支穹顶结构静动力性能、施工技术等展开理论分析及模型试验研究，采用时程分析法对固定铰支座和弹性支座张弦网壳结构进行水平、竖向地震作用分析，分析了上下部结构协同工作对张弦结构抗震性能的影响。完成了安徽大学体育馆屋盖张弦网壳结构 1/6 缩尺模型的预应力索三步施工张拉过程试验和静力对称加载、非对称加载过程试验。

哈尔滨工业大学曹正罡针对大连市中心体育馆巨型网格弦支穹顶结构，利用 ANSYS 及 SAP2000 软件开展结构体系的静力分析，采用非线性动力时程分析法和反应谱法开展抗震性能研究，并进行了风洞试验研究及风振响应分析，进一步开展全过程施工模拟。

东南大学郭正兴、罗斌团队，北京市建筑工程研究院有限责任公司秦杰、王泽强、司波团队等对弦支穹顶结构的施工技术、深化设计、施工过程仿真分析、索夹抗滑移等展开系列研究，形成了综合施工技术。

除了上述高校研究团队外，还有许多学者对弦支穹顶结构进行了各类研究，Liu 等比较了 Levy 型弦支穹顶与无环索杆弦支穹顶在拉索断裂后的性能损失，结果表明，是否发生连续倒塌取决于网壳结构的承载力和索结构的剩余承载力。Yan 等按照不同构件失效后对结构的影响程度进行了关键构件识别，提出了一种具有合理预测精度的静态等效方法，用于简单评估拉索突发故障情况下弦支穹顶结构的力学响应。Lin 等采用有限元方法对四边形环索弦支穹顶结构在不同地震激励下的动力响应进行分析，结果表明，在地震激励下，撑杆和拉索的内力值减小，屋盖网格梁内力响应增大。Lu 等根据实际结构设计制作了缩尺模型，并进行了振动台动态特性试验，得到了实测的结构固有频率和阻尼比，对缩尺结构在强震下的破坏模型进行了研究。

索力测试方面，目前国内外可行的索力测试方法有：压力表测试法、压力传感器（锚索计）测试法、频率法、振动波法、三点弯曲法、弹性磁学（磁通量）法等。随着索结构的大量兴建，频率法在索力测试上的应用越来越广，国内学者在索力测试频率法的研究方面也做了大量的工作。

方志、张智勇在用频率法测试斜拉桥索力时，分析了索的刚度、垂度、边界条件以及加装减振器等因素对频率法测试结果精度的影响，指出只要合理地确定斜拉索的计算长度，利用弦的振动公式就可获得相当的精度。但是对于斜拉索计算长度如何确定并未给出具体方法。

王卫锋、韩大建基于两端受拉梁的拉索振动模型，分析了拉索的刚度、垂度、边界条件对频率法测试精度的影响，并介绍了对拉索的单位长度质量和抗弯刚度进行参数识别的方法。根据番禺大桥的实测数据得出基于两端受拉梁的振动模型的索力计算方法在一般情况下具有较高的精度，可以满足斜拉桥施工控制的需要。

侯俊明、彭晓彬、叶力才研究了日照温度变化对索力值的影响规律，由在某座独塔斜拉桥的实测数据得出索力受气温变化影响较敏感的结论，指出在测试索力时消除或减小温度的影响对提高测试精度十分重要。

蔡敏、蔡键等提出温度、雨、雪以及风等环境因素对索的基频都有一定的影响，通过对铜陵长江大桥跟踪检测资料的整理分析，总结出铜陵长江大桥斜拉索频率受环境因素影响的变化幅度。

魏建东利用非线性有限元法程序，对拉索频率和索力之间的关系进行了参数分析，并比较了各种索力测试公式的计算精度，建议斜拉索索力测试时直接采用基于两端固接轴向受拉的水平直梁振动模型进行计算。

张宏跃、田石柱运用随机振动、风工程、非线性和误差分析理论，提出了运用数理统计的方法来提高拉索索力估算精度。

段波、曾德荣、卢江提出用循环迭代来消除刚度的影响。宋一凡、贺拴海引入动力计算长度概念，将两端固接的拉索振动模型动力等效成两端铰接的拉索振动模型。

邵旭东、李国峰、李立峰利用能量法，引入固端梁在均布荷载下的挠度曲线作为一阶振型，求得吊索的一阶频率与抗弯刚度、张力的近似关系，建立微分方程，通过求解分别得到两端铰接吊索和弦的一阶频率与抗弯刚度、张力的精确关系。比较两者的误差及收敛方向，获得由这两者组成的分段公式，从而得到频率和张力的近似计算公式，该公式精度满足工程要求。

彭泽友、桂学、严庆华用能量法分别推导出索在两端铰接、一端铰接一端固接与两端固接三种情况下计入自重影响的索力与频率的关系，由此公式可以通过已知索力和频率值判断索两端的连接方式。

陈刚用能量法推导了索力测试频率法的实用公式，该实用公式适用于斜拉索索力测试。

陈常松、陈政清、颜东煌研究了柔性索索力测试中拉索自振频率阶次和支承条件对索力测试误差的影响规律，利用动平衡法推导了考虑弯曲刚度的柔索振动方程和自振频率公式，采用瑞利能量法分析了弹性支承条件和附加质量对拉索自振频率的影响。

Xu 等研究了耳板和锚板混合边界下的索力识别，通过有限元方法简化模型并识别索的抗弯刚度。Qin 等通过对单跨拉索振动模型的研究，得到了不同边界条件下拉索振动方程的解析解。Wen 等考虑拉索倾角效应，研究倾角对基于振动理论的索力计算的影响。

以上学者的研究基本上都是采用均匀拉索（均匀拉索是指两锚固点之间索段的横截面为等截面、材质均匀、材料的应力应变符合胡克定律的拉索）的振动模型，忽略了拉索锚头部分的刚度边界条件差异，且没有考虑减振架对（带减振架的）拉索自振频率的影响。在斜拉桥的索力测试中，由于斜拉索较长，忽略拉索锚头部分的刚度边界差异，不会对测试精度造成显著影响。但是，对于弦支结构拉索，忽略此影响，会给测试结果造成较大的误差甚至错误，无法满足工程需要。单跨索力测量在桥梁索道等工程领域应用较多，弦支结构多撑杆索索力测量问题的研究还处在起步阶段，还没有成熟的技术成果借鉴。

1.5　工程背景介绍

本书依托第十四届全运会西北大学长安校区体育馆的实际工程项目，依托于住房和城乡建设部 2020 年科学技术计划项目（大型公共建筑安全智能监测与预警平台研发与应用）、陕建集团 2020 年科技研发项目（考虑复杂环境因素及施工偏差影响的大跨度预应力钢结构综合施工技术研究与应用）等科研项目支撑。

依托工程位于陕西省西安市西北大学长安校区内，钢屋盖为大跨空间弦支轮辐式桁架结构，下部支撑为格构式钢支撑结构，钢结构屋盖平面投影为圆形，屋盖投影直径约 105m，钢屋盖最高点标高 32.795m。结构的下层由环向索和径向索组成，拉索为高强材料，可以有效地减小结构自重，并达到轻巧、通透的建筑效果。上层钢结构和下层拉索之间由撑杆进行连接，构成稳定的空间结构受力体系，可以有效地提高整体结构的稳定承载力。弦支结构采用四圈环向索，由外向内，第 1 圈采用 $\phi 100$ 拉索，第 2 圈、第 3 圈采用 $\phi 80$ 的拉索，第 4 圈采用 $\phi 70$ 的拉索；径向斜索由外向内，第 1 圈直径 $\phi 55$，第 2 圈、第 3 圈、第 4 圈直径为 $\phi 48$，拉索采用高钒索，抗拉强度标准值 1670MPa，弹性模量 $(1.6 \pm 0.1) \times 10^5$MPa。本工程结构三维示意图见图 1.5-1。

(a) 体育馆效果图

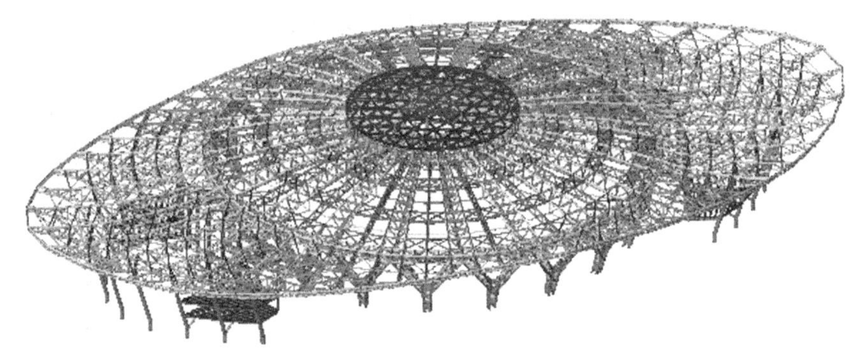

(b) 结构三维模型图

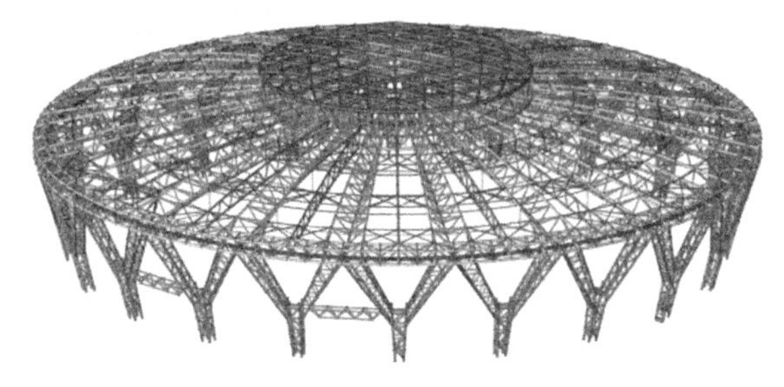

(c) 主馆结构图

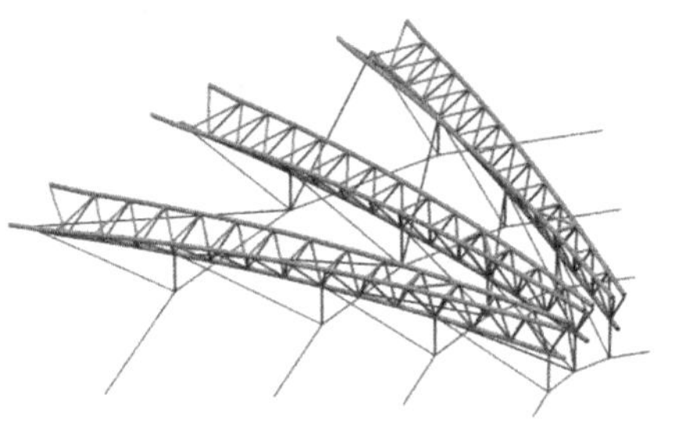

(d) 索撑结构图

图 1.5-1　西北大学长安校区体育馆

1.6 工程技术条件

1.6.1 恒荷载

说明：原始设计模型文件中 Dead 荷载只定义了一种荷载模式—— “DEAD”，其中囊括了屋面恒荷载、楼面恒荷载及马道自重。现将补充分别定义屋面恒荷载荷载模式为“Roofing Dead”，楼面恒荷载荷载模式为“Floor Dead”（图 1.6-2），马道恒荷载荷载模式为“Catwalk Dead”（图 1.6-3），具体相关定义与取值如表 1.6-1 所示。

恒荷载定义 **表 1.6-1**

<table>
<tr><th>序号</th><th>荷载模式</th><th>名称</th><th>类型</th><th>类型描述</th><th>值</th><th>单位</th><th>和/kN</th><th>支反力/kN</th><th colspan="2">说明</th></tr>
<tr><td>1</td><td>恒荷载
1-结构自重</td><td></td><td></td><td>结构自重</td><td>1.1</td><td>系数</td><td>31658</td><td rowspan="2">74770</td><td colspan="2"></td></tr>
<tr><td>2</td><td>恒荷载
2-DEAD</td><td></td><td></td><td>线性叠加</td><td></td><td></td><td>42918</td><td colspan="2"></td></tr>
<tr><td rowspan="7"></td><td rowspan="2">2.1</td><td rowspan="2">Roofing Dead</td><td rowspan="2">Dead</td><td rowspan="2">屋面恒荷载</td><td>1.0</td><td>kN/m²</td><td>13412</td><td rowspan="2">27507</td><td colspan="2">无光伏板区域</td></tr>
<tr><td>1.5</td><td>kN/m²</td><td>14115</td><td colspan="2">有光伏板区域</td></tr>
<tr><td rowspan="4">2.2</td><td rowspan="4">Floor Dead</td><td rowspan="4">Dead</td><td rowspan="4">楼面恒荷载</td><td>3.5</td><td>kN/m²</td><td rowspan="4">14928</td><td rowspan="4">14928</td><td>有固定
座位看台</td><td rowspan="4">Out Frame
一层：
5kN/m²
二层：
10.5kN/m²
三层：
6kN/m²</td></tr>
<tr><td>3.5</td><td>kN/m²</td><td>疏散楼梯，疏散走廊，门厅</td></tr>
<tr><td>2.5</td><td>kN/m²</td><td>卫生间</td></tr>
<tr><td>8.0</td><td>kN/m²</td><td>机房</td></tr>
<tr><td>2.3</td><td>Catwalk Dead</td><td>Dead</td><td>马道自重</td><td>1.5</td><td>kN/m</td><td>463</td><td>463</td><td colspan="2">原始设计模型文件中没有加入马道荷载</td></tr>
</table>

原始设计模型文件的屋面恒荷载布置图如图 1.6-1（a）所示，其中原始设计模型文件中将图 1.6-1（b）所示区域定义为有光伏板区域，且在此部分区域的屋面恒荷载为 1.5kN/m²。现将该区域修改定义为无光伏板区域，并将该处恒荷载重新施加，其值为 1.0kN/m²，修改后的屋面恒荷载布置图如图 1.6-1（c）和图 1.6-1（d）所示。

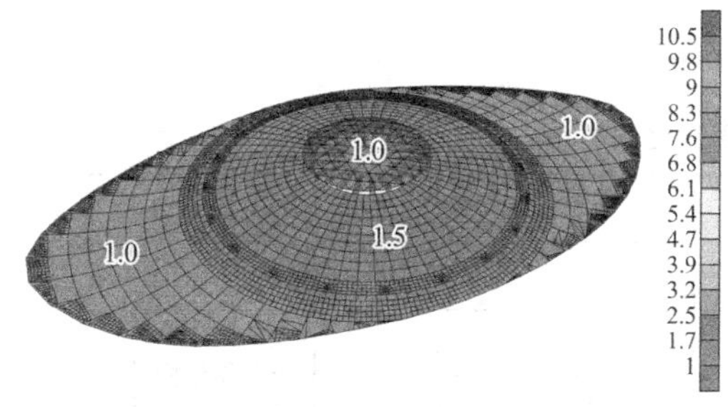

(a) 原始设计模型文件屋面恒荷载布置图（单位：kN/m²）

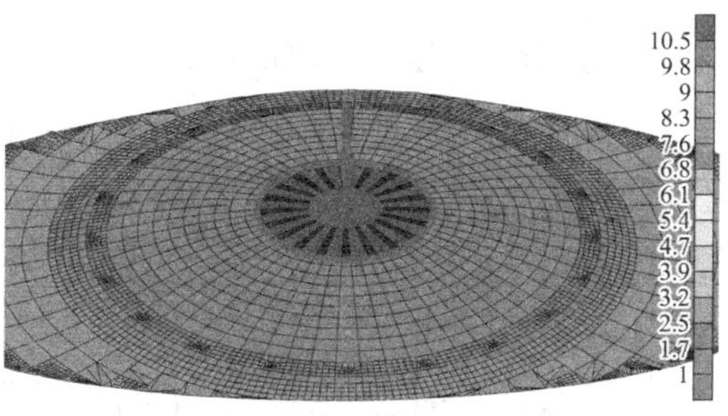

(b) 修改区域-箭头所指阴影部分覆盖面区域

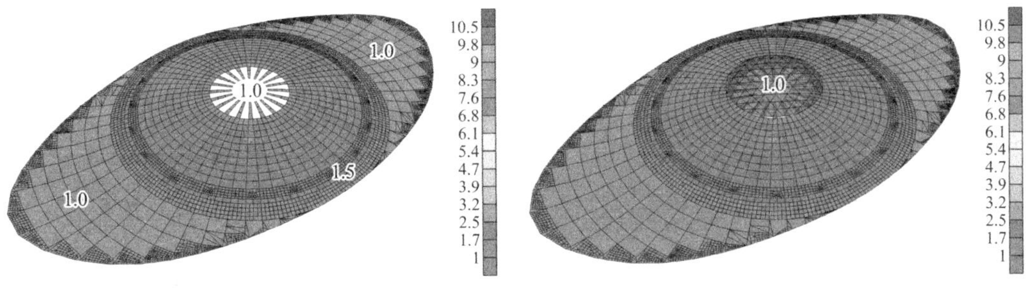

(c) 修改后的屋面恒荷载布置图-1（单位：kN/m²）　　(d) 修改后的屋面恒荷载布置图-2（单位：kN/m²）

图 1.6-1　屋面恒荷载布置图

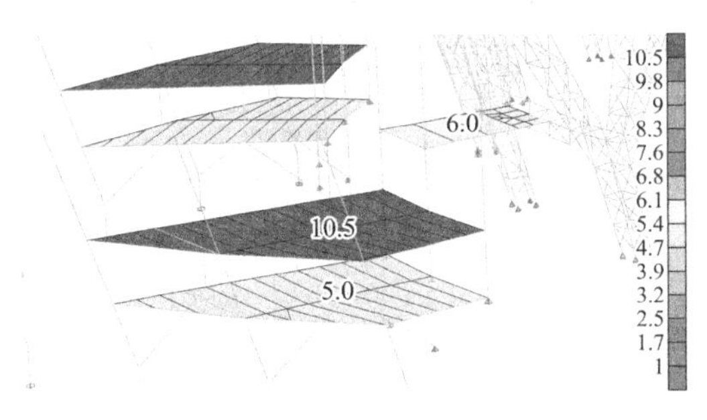

图 1.6-2　楼面恒荷载布置图（单位：kN/m²）

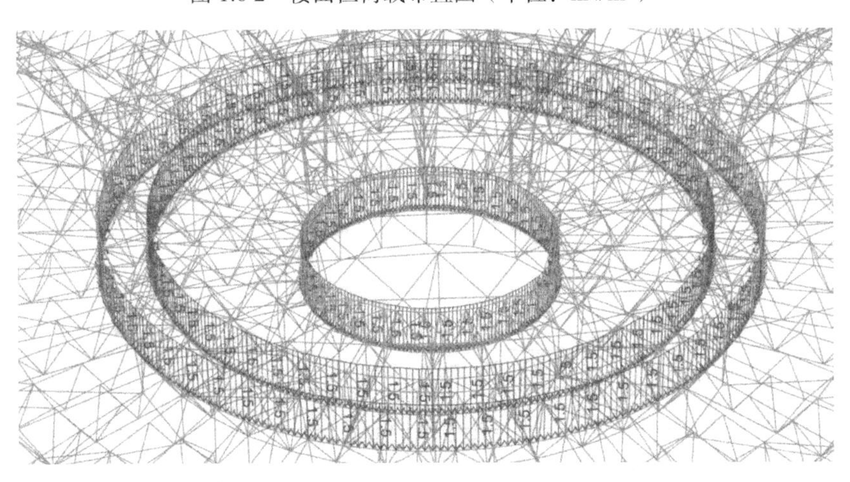

图 1.6-3　马道自重荷载布置（单位：kN/m）

1. 6. 2　温度作用

本设计阶段温度作用取值见表 1.6-2 和表 1.6-3。

温度作用定义　　　　表 1.6-2

序号	荷载模式	名称	类型	类型描述	值	单位	说明	
3	温度作用							
	3.1	season temp + 43	Temperature		+43	℃	上部钢结构	
	3.2	season temp − 41	Temperature		−41			

拉索温度作用定义　　表 1.6-3

序号	荷载模式	名称	类型	类型描述	值	单位
4	预应力荷载	Prest	Temperature	HS-1	−120.0	℃
				HS-2	−160.0	
				HS-3	−170.0	
				HS-4	−160.0	
				JS-1	−260.0	
				JS-2	−140.0	
				JS-3	−60.0	
				JS-4	−50.0	
				XS-1	−150.0	
				XS-2	−90.0	
				XS-3	−90.0	
				XS-4	−80.0	

1.6.3 拉索温度作用

索结构预应力荷载布置如图 1.6-4 所示。

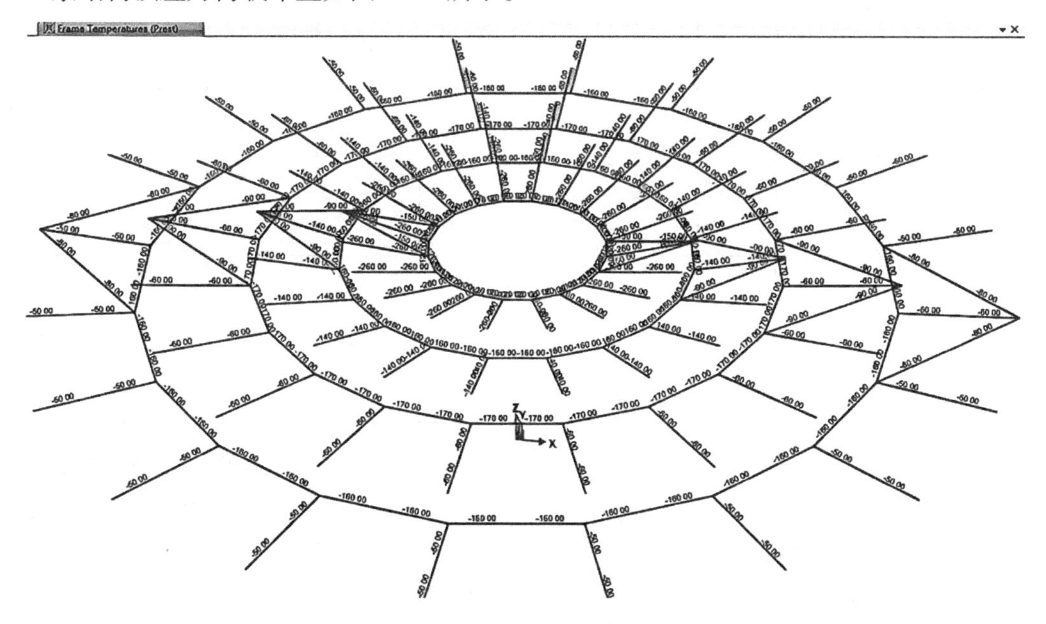

图 1.6 4　索结构预应力荷载布置（单位：℃）

1.6.4 活荷载

说明：原始设计模型文件中 Live 荷载只定义了一种荷载模式——“LIVE”，其中囊括了屋面活荷载，楼面活荷载，马道活荷载及屋面灯具、设备荷载。现将补充分别定义屋面活荷载荷载模式为“Roofing Live”，楼面活荷载荷载模式为“Floor Live”（图 1.6-5），马道活荷载及屋面灯具、设备荷载荷载模式为“Catwalk Live”（图 1.6-6），具体相关定义与取值见表 1.6-4。

活荷载定义　　表 1.6-4

序号	荷载模式	名称	类型	类型描述	值	单位	和/kN	支反力/kN	说明
5	活荷载 1-LIVE			线性叠加			19622	19614	
	5.1	Roofing Live	Live	屋面活荷载	0.5	kN/m^2	11411	11045	屋面满布
	5.2	Floor Live	Live	楼面活荷载	3.5	kN/m^2	6816	6816	无固定座位看台；Out Frame 三层均为 3.5kN/m^2
	5.3	Catwalk Live	Live	马道活荷载	1.0	kN/m	1395	1395	
			Live	屋面灯具、设备		kN/m			按照相关专业提供荷载施加
6	活荷载 2-Snow								
	6.1	Snow−0.5x	Snow	雪荷载	0.3	kN/m^2	3370	3370	（$-X$）半跨屋面 100 年重现期
	6.2	Snow−0.5y	Snow	雪荷载	0.3	kN/m^2	3524	3524	（$-Y$）半跨屋面 100 年重现期
	6.3	Snow+0.5x	Snow	雪荷载	0.3	kN/m^2	3370	3370	（$+X$）半跨屋面 100 年重现期 原始设计模型文件中没有加入（$+X$）向半跨荷载
	6.4	Snow+0.5y	Snow	雪荷载	0.3	kN/m^2	3524	3524	（$+Y$）半跨屋面 100 年重现期 原始设计模型文件中没有加入（$+Y$）向半跨荷载

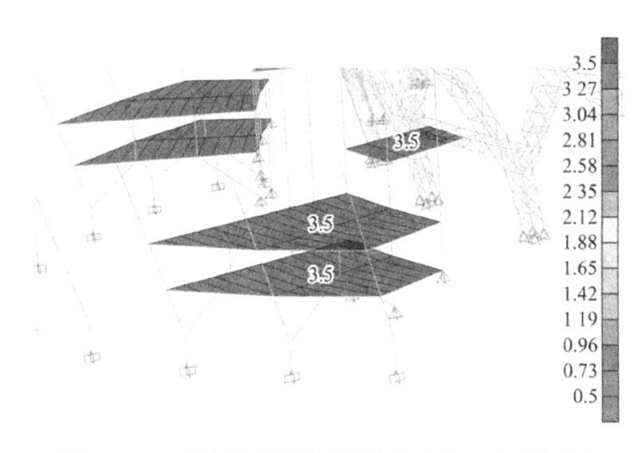

图 1.6-5　楼面活荷载布置（单位：kN/m^2）

原始设计模型文件的雪荷载布置图如图 1.6-7（a）及图 1.6-8（a）所示，其中原始设计模型文件中将图 1.6-7（b）及图 1.6-8（b）所示室内区域定义为有雪荷载区域，且在此部分区域的雪荷载为 0.5kN/m^2。现将该区域修改定义为无雪荷载区域，修改后的屋面恒荷载布置图如图 1.6-7（c）、（d）和图 1.6-8（c）、（d）所示。添加（$+X$）和（$+Y$）方向的半跨雪荷载布置，如图 1.6-9 和图 1.6-10 所示。

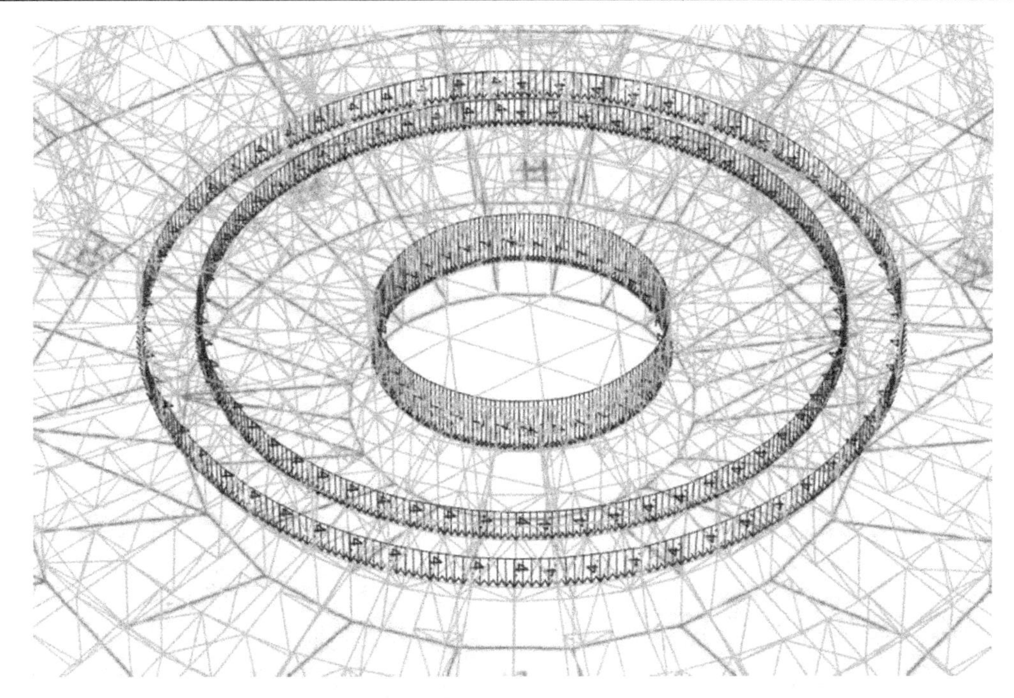

图 1.6-6 马道活荷载及屋面灯具设备荷载布置（单位：kN/m）

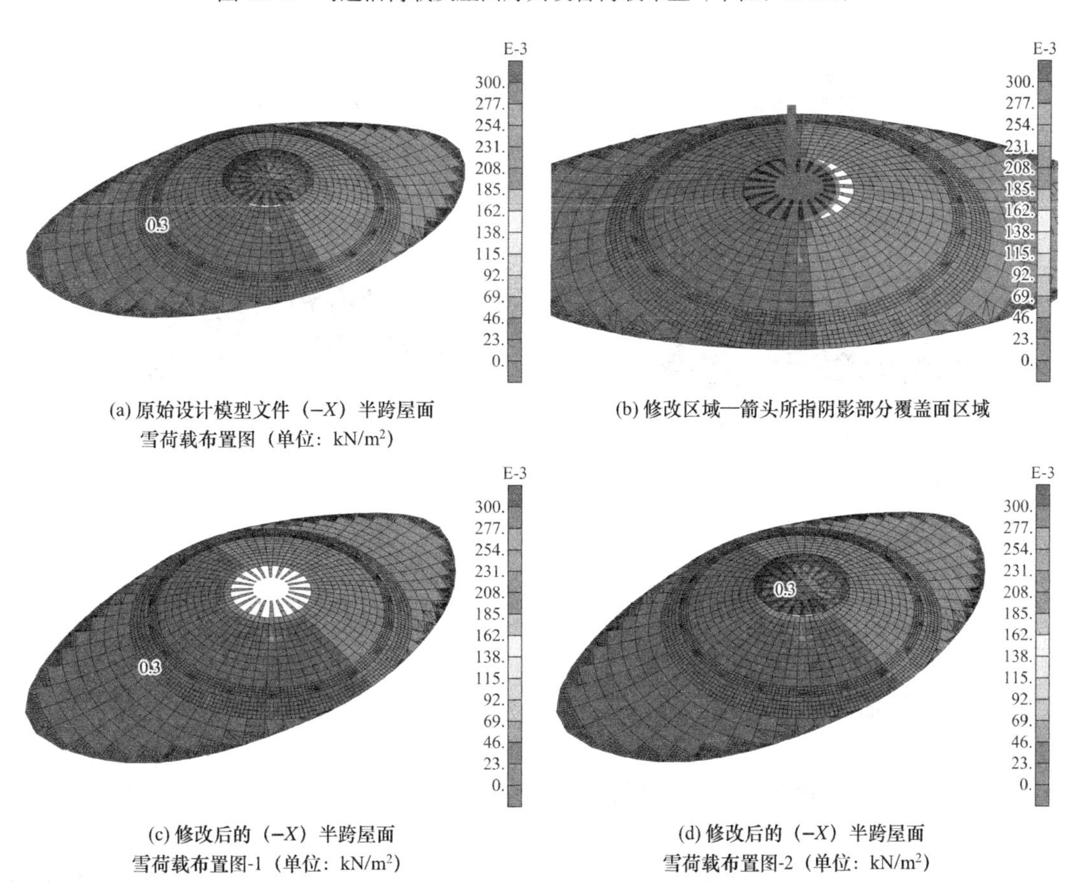

(a) 原始设计模型文件（$-X$）半跨屋面雪荷载布置图（单位：kN/m²）

(b) 修改区域—箭头所指阴影部分覆盖面区域

(c) 修改后的（$-X$）半跨屋面雪荷载布置图-1（单位：kN/m²）

(d) 修改后的（$-X$）半跨屋面雪荷载布置图-2（单位：kN/m²）

图 1.6-7 （$-X$）半跨屋面雪荷载布置

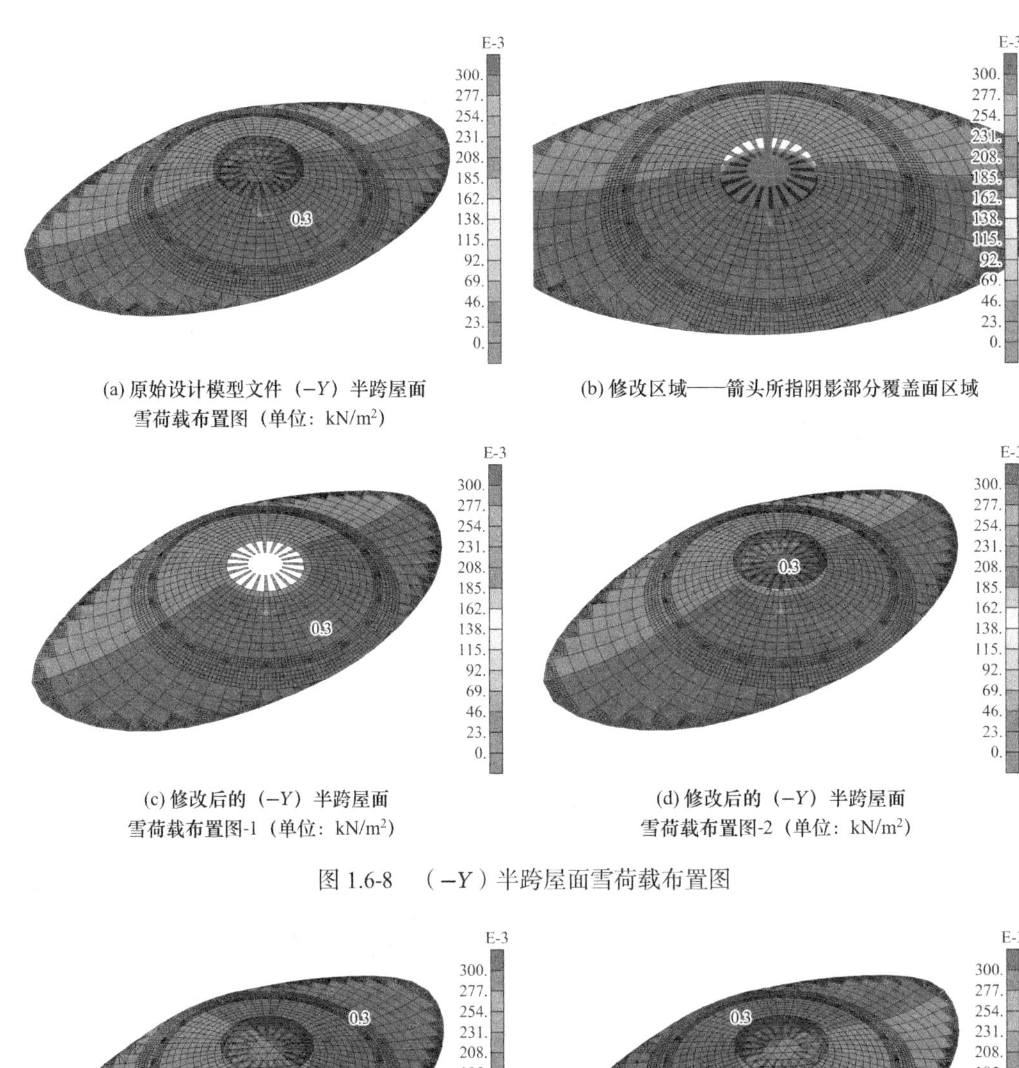

(a) 原始设计模型文件（$-Y$）半跨屋面雪荷载布置图（单位：kN/m²）

(b) 修改区域——箭头所指阴影部分覆盖面区域

(c) 修改后的（$-Y$）半跨屋面雪荷载布置图-1（单位：kN/m²）

(d) 修改后的（$-Y$）半跨屋面雪荷载布置图-2（单位：kN/m²）

图 1.6-8 （$-Y$）半跨屋面雪荷载布置图

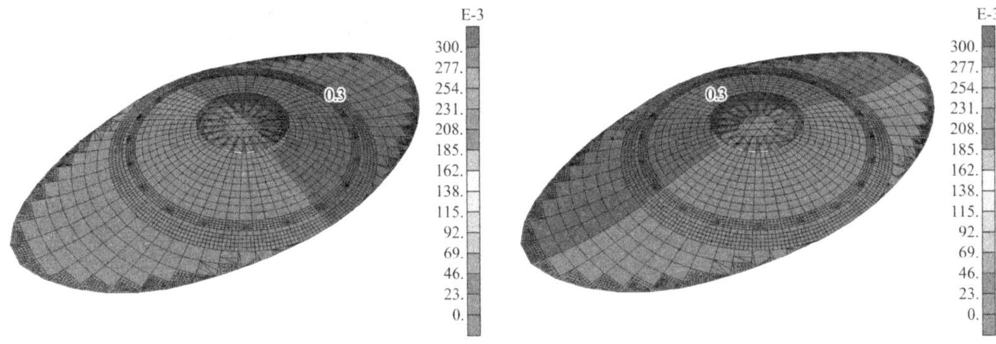

图 1.6-9 （$+X$）半跨屋面雪荷载布置图（单位：kN/m²）

图 1.6-10 （$+Y$）半跨屋面雪荷载布置（单位：kN/m²）

1.6.5 风荷载

基本风压：按 100 年重现期取值$w_0 = 0.40\text{kN/m}^2$。

地面粗糙度：B 类

风压高度变化系数μ_z：按照《建筑结构荷载规范》GB 50009—2012 表 9.2.1 取值$\mu_z = 1.52$。

风荷载体型系数μ_s：按规范取值$\mu_s = -0.6$。施工图设计时将根据风洞试验结果校核并调整设计。

风洞试验模型和测压点分区如图 1.6-11 和图 1.6-12 所示。

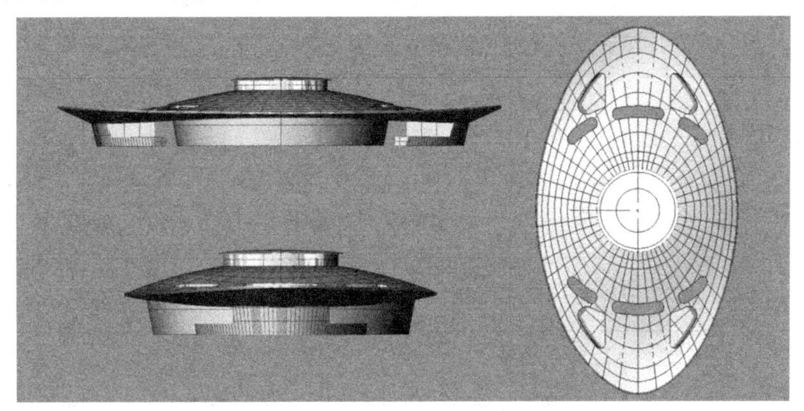

图 1.6-11　风洞试验全模型 CAD 图预览

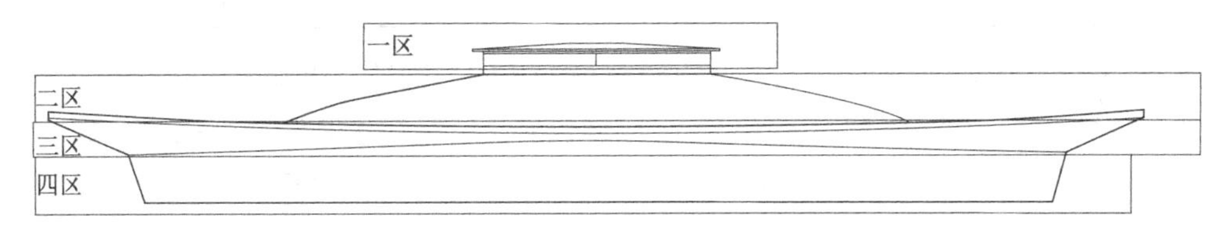

图 1.6-12　测压点分区图示

西北大学长安校区体育馆风洞试验数据处理采用梯度风压高度的参考风速和参考风压，由于试验中没有进行地貌的模拟，因此梯度风压高度的参考风速和参考风压取为风洞测量的自由流的风速和风压。

为测量各测压点在不同风向角下的瞬时风压系数和平均风压系数$C_{p,i}$，在每一风向角下进行数据采集，采集时长 240s，每秒采集 10 次，共采集 2400 个瞬时风压，取平均值得到平均风压，数据处理公式如下：

$$C_{p,i} = \frac{\Delta p}{\frac{1}{2}\rho v^2} \tag{1.6-1}$$

式中：Δp——测量得到的测量点压力与参考点静压之间的差值；

$\frac{1}{2}\rho v^2$——参考点动压。

注意：由于未模拟地貌，计算的风压系数是与地貌无关的梯度风压为参考风压的风压系数。

风荷载的定义及说明见表 1.6-5。

风荷载定义　　　　表 1.6-5

序号	荷载模式	名称	类型	说明
7	风荷载			
	7.1	W000	Wind	一区 0° 二区 0°

续表

序号	荷载模式	名称	类型	说明
	7.2	W045	Wind	一区 45° 二区 45°
	7.3	W090	Wind	一区 90° 二区 90°
	7.4	W135	Wind	一区 135° 二区 135°
	7.5	W180	Wind	一区 180° 二区 180°
	7.6	W225	Wind	一区 225° 二区 225°
	7.7	W270	Wind	一区 270° 二区 270°
	7.8	W315	Wind	一区 315° 二区 315°

试验中，风速沿高度风向没有变化，没有模拟地貌，则计算出来的风压系数即为局部风压体型系数。此外由于模型阻塞度较小，因此没有进行阻塞度和洞壁干扰的修正。一区、二区的风压系数见图 1.6-13 和图 1.6-14，风荷载布置见图 1.6-15 和图 1.6-16。

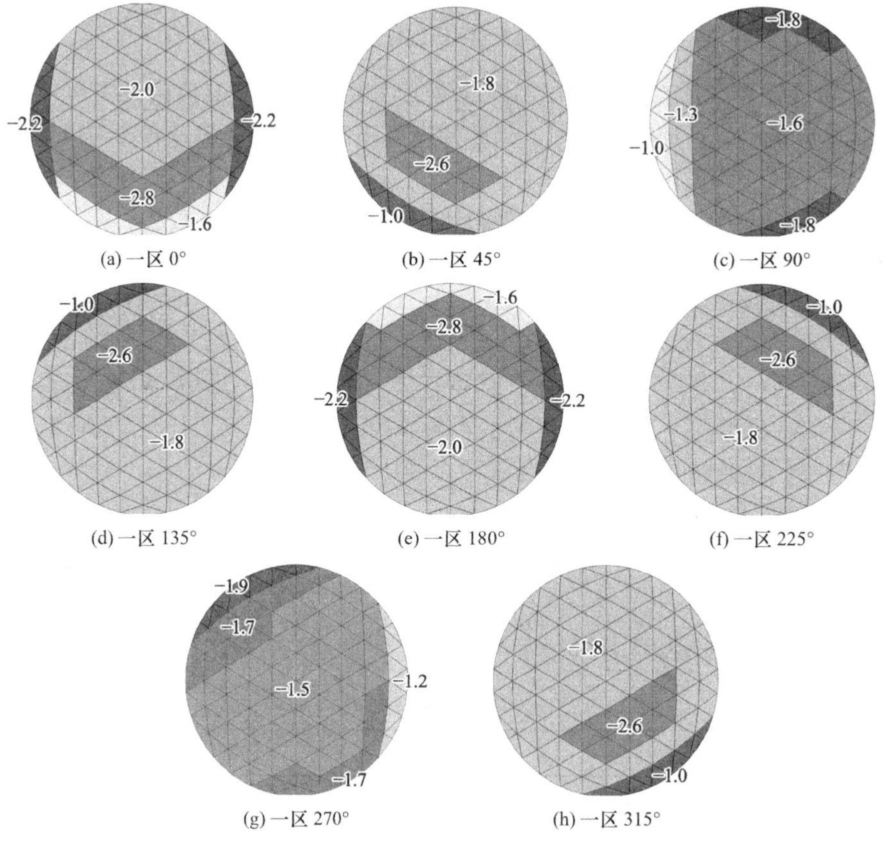

图 1.6-13 一区风压系数

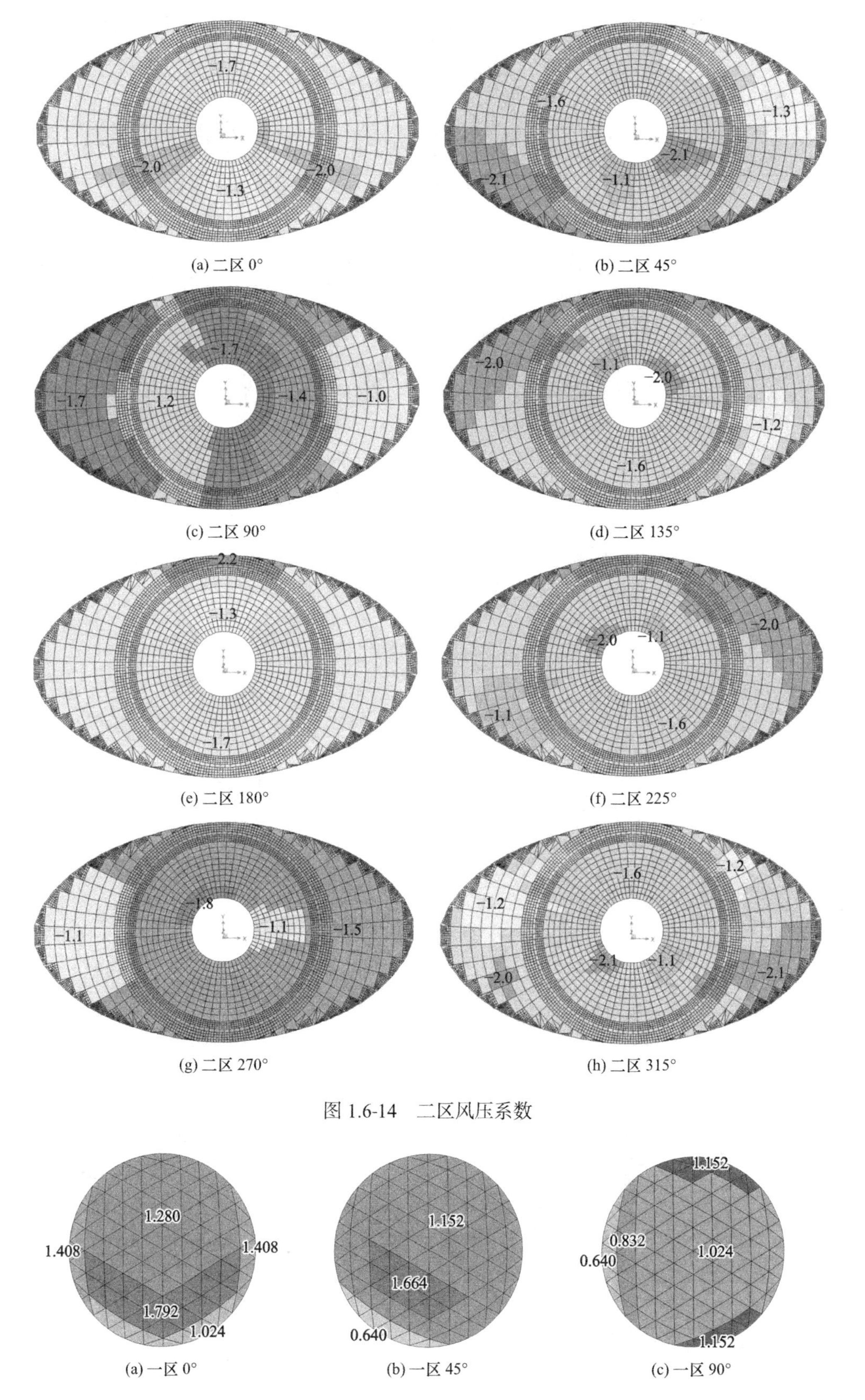

(a) 二区 0°　(b) 二区 45°

(c) 二区 90°　(d) 二区 135°

(e) 二区 180°　(f) 二区 225°

(g) 二区 270°　(h) 二区 315°

图 1.6-14　二区风压系数

(a) 一区 0°　(b) 一区 45°　(c) 一区 90°

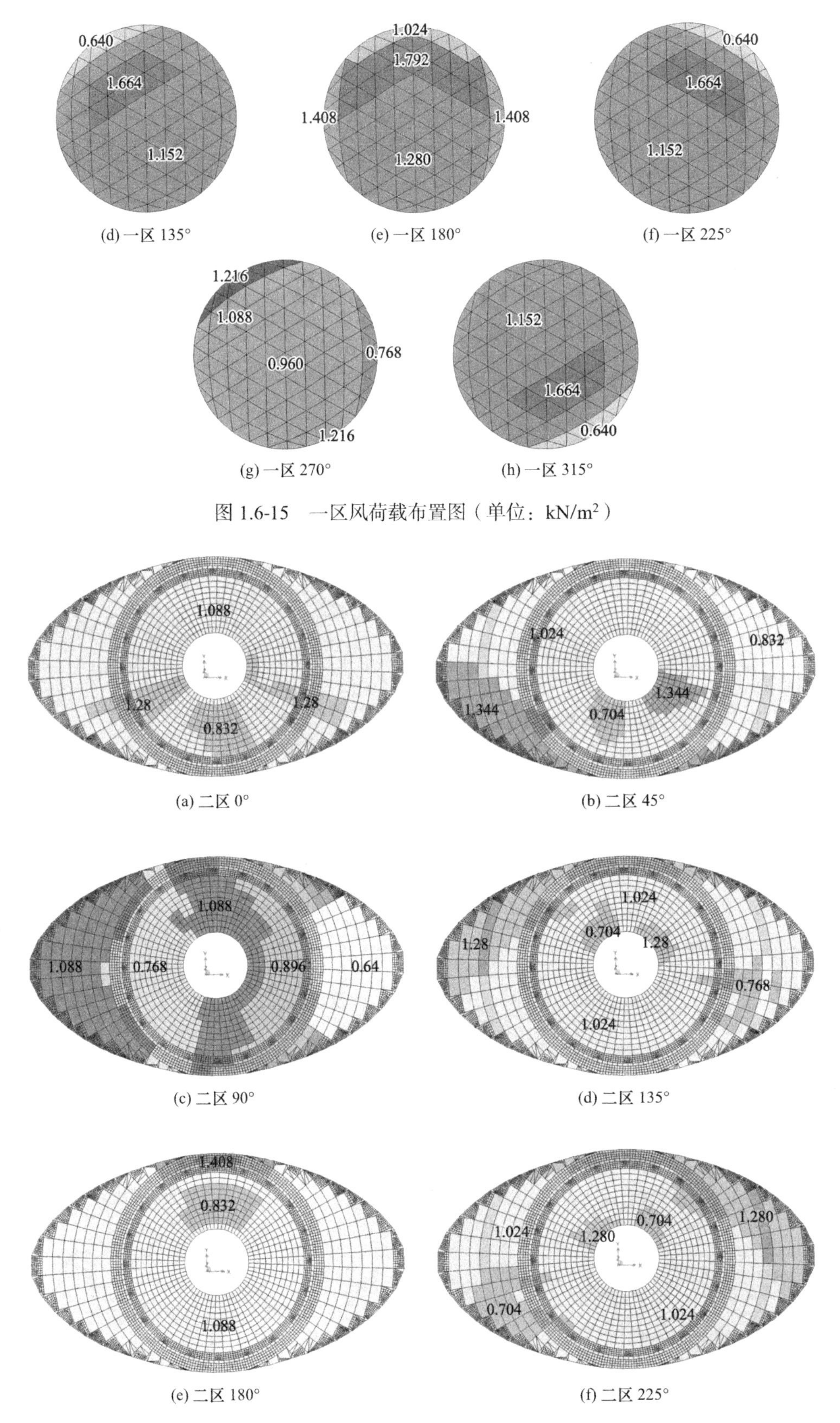

(d) 一区 135°　(e) 一区 180°　(f) 一区 225°

(g) 一区 270°　(h) 一区 315°

图 1.6-15　一区风荷载布置图（单位：kN/m²）

(a) 二区 0°　(b) 二区 45°

(c) 二区 90°　(d) 二区 135°

(e) 二区 180°　(f) 二区 225°

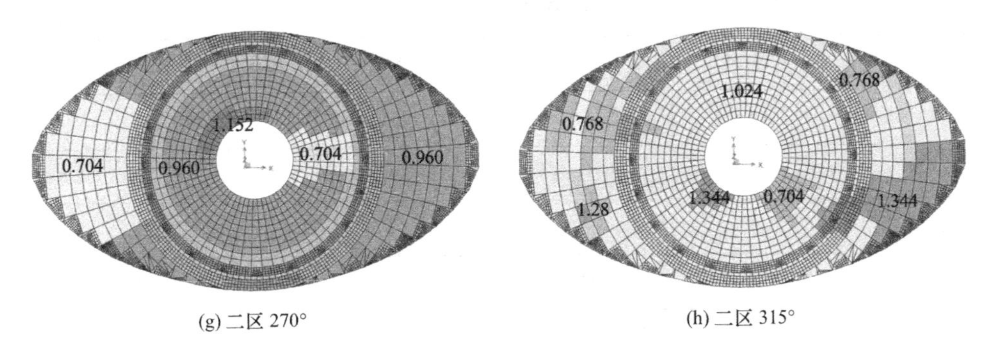

(g) 二区 270°　　(h) 二区 315°

图 1.6-16　二区风荷载布置图（单位：kN/m²）

1.6.6 地震作用

根据《建筑抗震设计规范》GB 50011—2010（2016 年版），地震设计参数见表 1.6-6，反应谱如图 1.6-17 所示。

地震设计参数　　表 1.6-6

结构安全等级	二级	结构设计使用年限	50 年
抗震设防类别	标准设防类（乙类）	体育馆等级	甲级
地面粗糙度	B 类	设计基本地震加速度	0.20g
抗震设防烈度	8 度	设计地震分组	第二组
场地最大冻深	0.6m	建筑物场地类别	Ⅱ类
环境类别	室内：一类； 室外：二（b）类	特征周期	0.40s

根据《建筑抗震设计规范》GB 50011—2010（2016 年版）第 10.2.8 条中“屋盖钢结构和下部支承结构协同分析时，阻尼比应符合下列规定：①当下部支承结构为钢结构或屋盖直接支承在地面时，阻尼比可取 0.02。②当下部支承结构为混凝土结构时，阻尼比可取 0.025～0.035”，本屋盖结构直接支承在地面，阻尼比可取 0.02。

根据《建筑抗震设计规范》GB 50011—2010（2016 年版）第 5.1.4 条中建筑结构的地震影响系数应根据烈度、场地类别、设计地震分组和结构自振周期以及阻尼比确定，其水平地震影响系数最大值应按表 1.6-7 采用；特征周期应根据场地类别和设计地震分组按表 1.6-8 采用，计算罕遇地震作用时，特征周期应增加 0.05s。

水平地震影响系数最大值　　表 1.6-7

地震影响	6 度	7 度	8 度	9 度
多遇地震	0.04	0.08（0.12）	0.16（0.24）	0.32
罕遇地震	0.28	0.50（0.72）	0.90（1.20）	1.40

注：括号中数值分别用于设计基本地震加速度为 0.15g和 0.30g的地区。

特征周期值（单位：s）　　表 1.6-8

设计地震分组	场地类别				
	I₀	I₁	Ⅱ	Ⅲ	Ⅳ
第一组	0.20	0.25	0.35	0.45	0.65
第二组	0.25	0.30	0.40	0.55	0.75
第三组	0.30	0.35	0.45	0.65	0.90

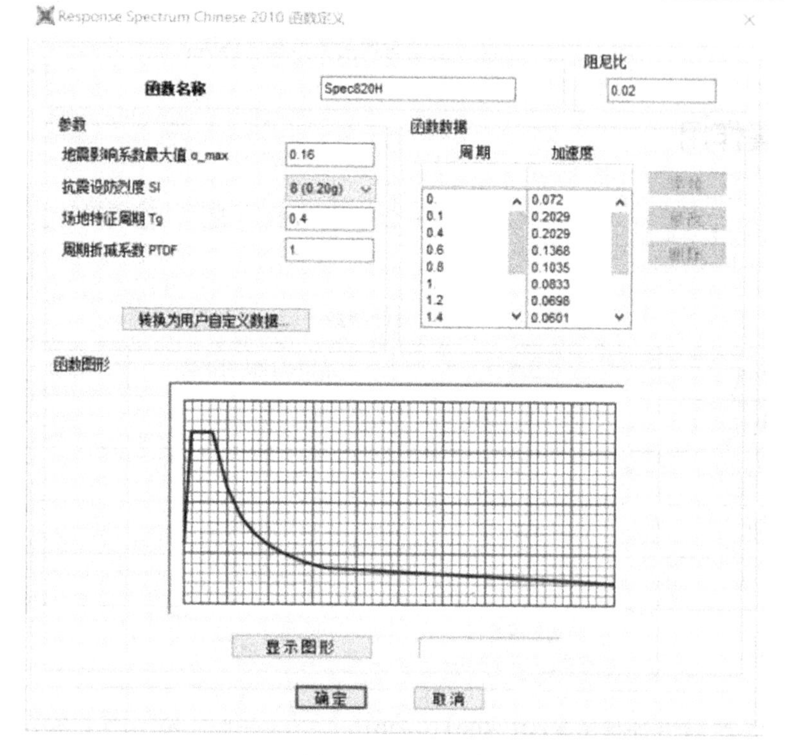

图 1.6-17　反应谱

第 2 章　结构静力性能研究

静力性能研究主要内容包括静力荷载及小震组合作用下结构位移、关键构件内力、应力分布情况及支座反力。

2.1　结构分析模型

建成后的主馆为大跨空间轮辐式弦支桁架结构见图 2.1-1 和图 2.1-2，由空间轮辐式桁架、弦支索及屋盖顶部单层网壳三部分组成，相对滑移施工阶段的模型增加了弦支索结构及屋盖顶部单层网壳结构。空间轮辐式桁架结构即为滑移施工所安装的结构；弦支索结构由 4 道环向索、16 根稳定索、80 根径向索及撑杆组成；屋盖顶部单层网壳结构由 4 种规格的圆钢管和 2 种规格的方钢管组成，均采用 Q345B 级钢材。

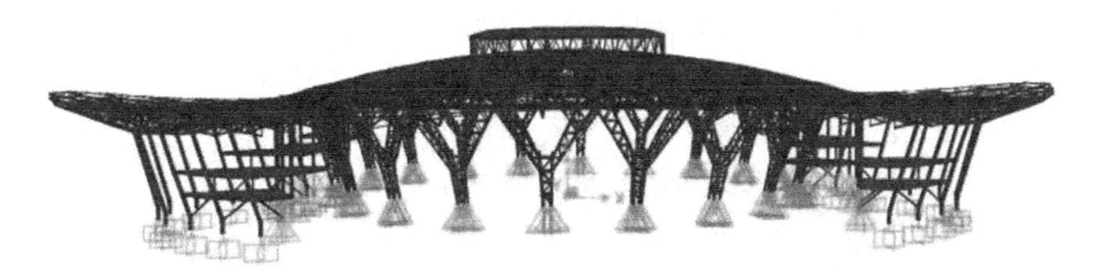

图 2.1-1　大跨空间轮辐式弦支桁架结构 1

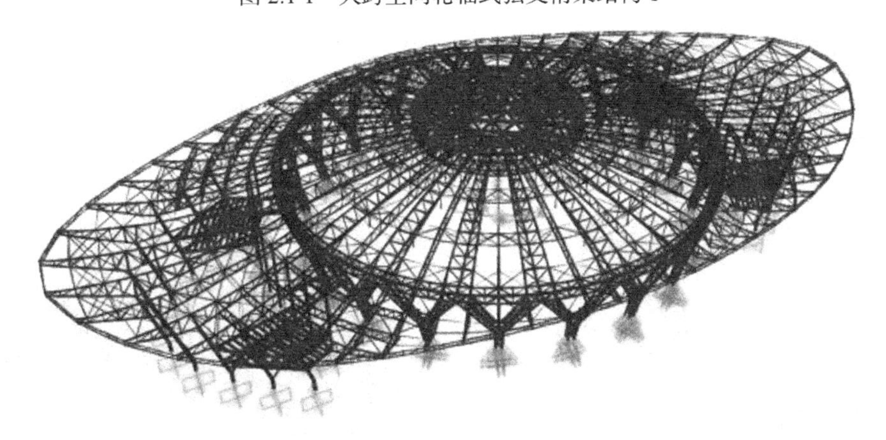

图 2.1-2　大跨空间轮辐式弦支桁架结构 2

结构的阻尼比取 0.02，根据轮辐式桁架与单层网壳的受力情况，其杆件采用每个节点有 3 个平动自由度和 3 个转动自由度的梁单元模拟。拉索采用高钒索，抗拉强度标准值为 1670MPa，弹性模量为 160GPa。根据弦支索结构受力情况，拉索采用只受拉单元模拟；撑杆采用梁单元模拟，同时释放梁端约束，仅约束与撑杆垂直方向的两个转动自由度，索和杆的密度均为 7850kg/m³。由于结构在使用阶段 Y 形格构柱与底部钢筋混凝土结构刚接，其边界条件与滑移阶段略有不同，因此需限制 Y 形格构柱平动与转动；中心环桁架底部的支撑胎架已经拆除，因此中心环桁架没有约束，存在 3 个平动自由度和 3 个转动自由度。由规范可知，应取重力荷载代表值计算结构动力性能，根据体育馆实际情况，100%永久荷载：结构自重转化为材料密度；金属屋面材料自重、暖通风管荷载、马道及其附加吊重均按荷载分布情况施加到相应节点处。可变荷载：50%屋面雪荷载，不计屋面活荷载及风荷载。

2.2　结构变形分析

采用 SAP2000 分析软件，进行张弦屋盖钢结构建模分析，研究大跨度空间张弦屋盖钢结构在永久荷载以及可变荷载作用下，结构的各个方向位移情况。

2.2.1　永久荷载作用下张弦结构的位移及整体分析

1）恒荷载作用下张弦结构的位移

由图 2.2-1 可以看得出，张弦屋盖钢结构在恒荷载工况作用下，X方向的位移最大区域出现在副馆区域，整体呈现出沿y轴（短跨方向）对称的分布特征；Y方向整体的位移与X向相近，外加强环处位移较大，整体呈现出沿x轴（长跨方向）对称的分布特征。Z方向主馆的位移明显大于副馆，整体呈现中心对称的分布特征。

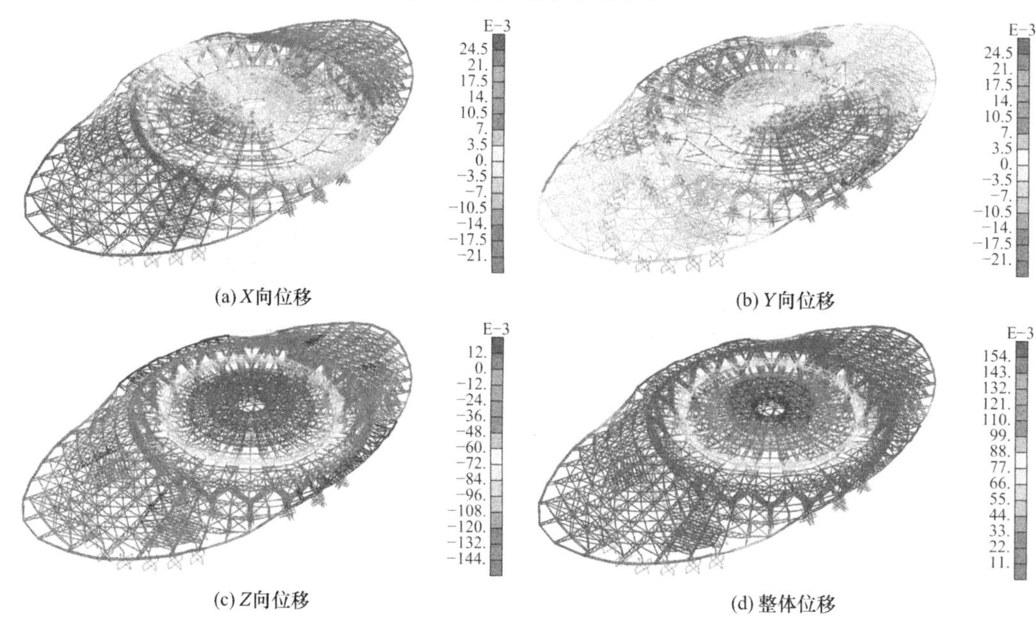

(a) X向位移　　(b) Y向位移

(c) Z向位移　　(d) 整体位移

图 2.2-1　恒荷载作用下张弦屋盖钢结构的位移

2）预应力荷载作用下张弦结构的位移

由图 2.2-2 可以看出，张弦屋盖钢结构在预应力荷载工况作用下，X方向的位移整体呈现出沿y轴（短跨方向）对称的分布特征；Y方向整体的位移比X向位移大一些，与恒荷载作用时的Y向位移相近，整体呈现出沿x轴（长跨方向）对称的分布特征。Z方向主馆的位移明显大于副馆，且位移较大区域集中在主馆的单层网壳结构处，整体呈现中心对称的分布特征。整体位移情况与在恒荷载作用时相比，预应力荷载工况对副馆区域的影响相对较小。

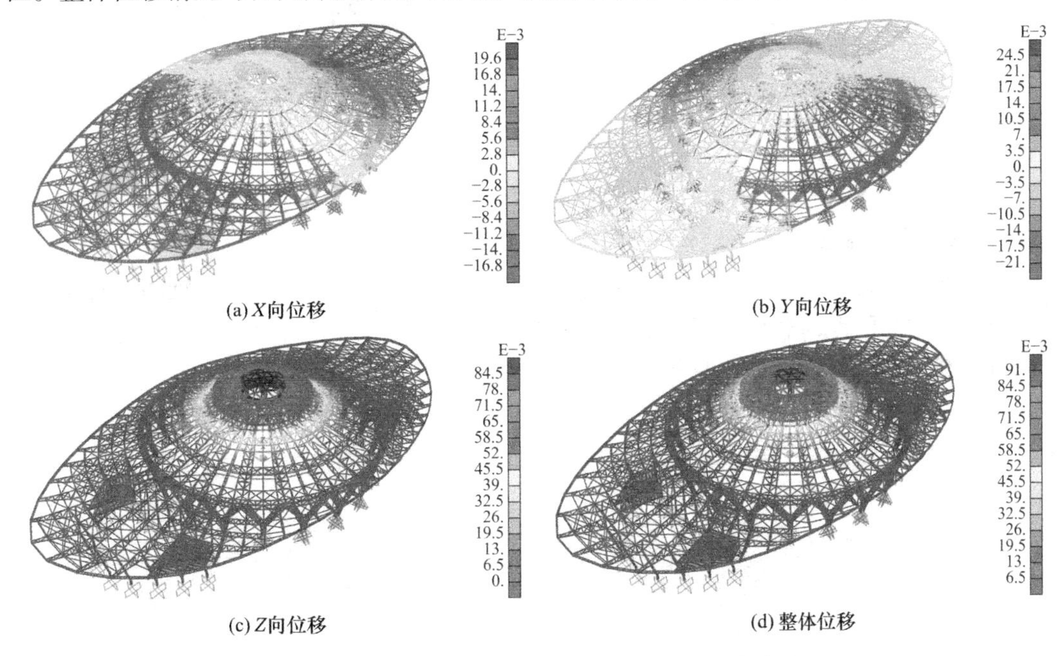

(a) X向位移　(b) Y向位移

(c) Z向位移　(d) 整体位移

图 2.2-2　预应力荷载作用下张弦屋盖钢结构的位移

2.2.2　可变荷载作用下张弦结构的位移及整体分析

1）活荷载作用下张弦结构的位移

由图 2.2-3 可以分析得出，张弦屋盖钢结构在活荷载工况作用下，X方向的位移最大区域出现在副馆区域，整体呈现出沿y轴（短跨方向）对称的分布特征；Y方向的位移与X向相近，整体呈现出沿x轴（长跨方向）对称的分布特征。Z方向主馆的位移明显大于副馆，整体呈现中心对称的分布特征。活荷载工况作用下，张弦屋盖结构的位移整体呈现中心对称的分布特征，结构的最大位移区域位于主馆位置，且主馆的位移明显大于副馆位移。从结构的整体位移分布情况来看，活荷载作用下结构整体位移与恒荷载作用下相比有很大程度的相似性，活荷载工况下结构的整体位移相对恒荷载工况作用时较大。

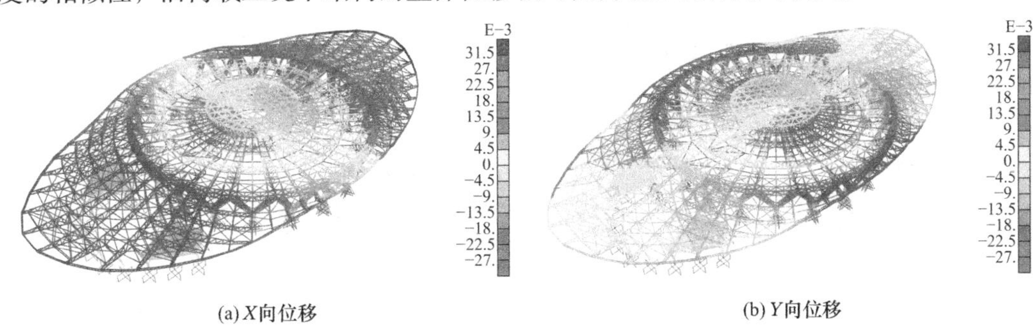

(a) X向位移　(b) Y向位移

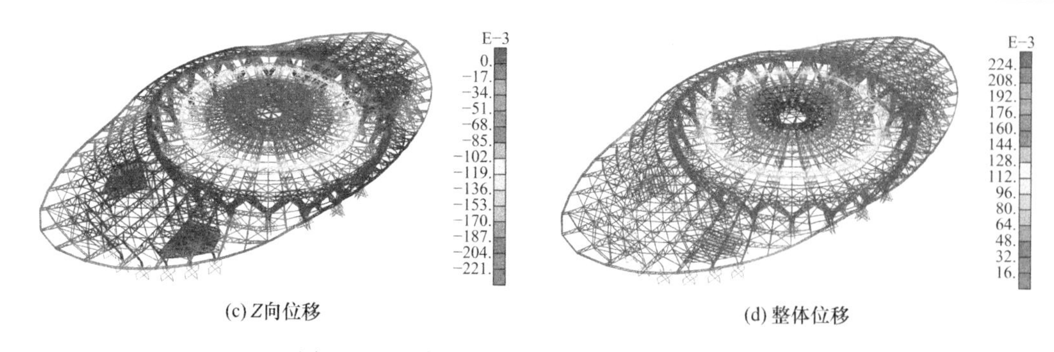

(c) Z向位移　　(d) 整体位移

图 2.2-3　活荷载作用下张弦屋盖钢结构的位移

2）多方向风荷载影响下结构的Z向变形

由图 2.2-4 可以看出，Z方向主馆的位移明显大于副馆，整体呈现中心对称的分布特征。在 8 个不同方向的风荷载作用下，结构受风吸力的作用产生的竖向变形形态相近，其中 0° 方向风荷载对结构竖向变形影响相对较大。值得注意的是，在风荷载作用下，结构外环桁架处出现了一些局部区域变形较大的现象。综合多种荷载作用下张弦桁架结构的整体位移情况可知，空间张弦结构跨度较大，受风荷载作用影响较为明显。

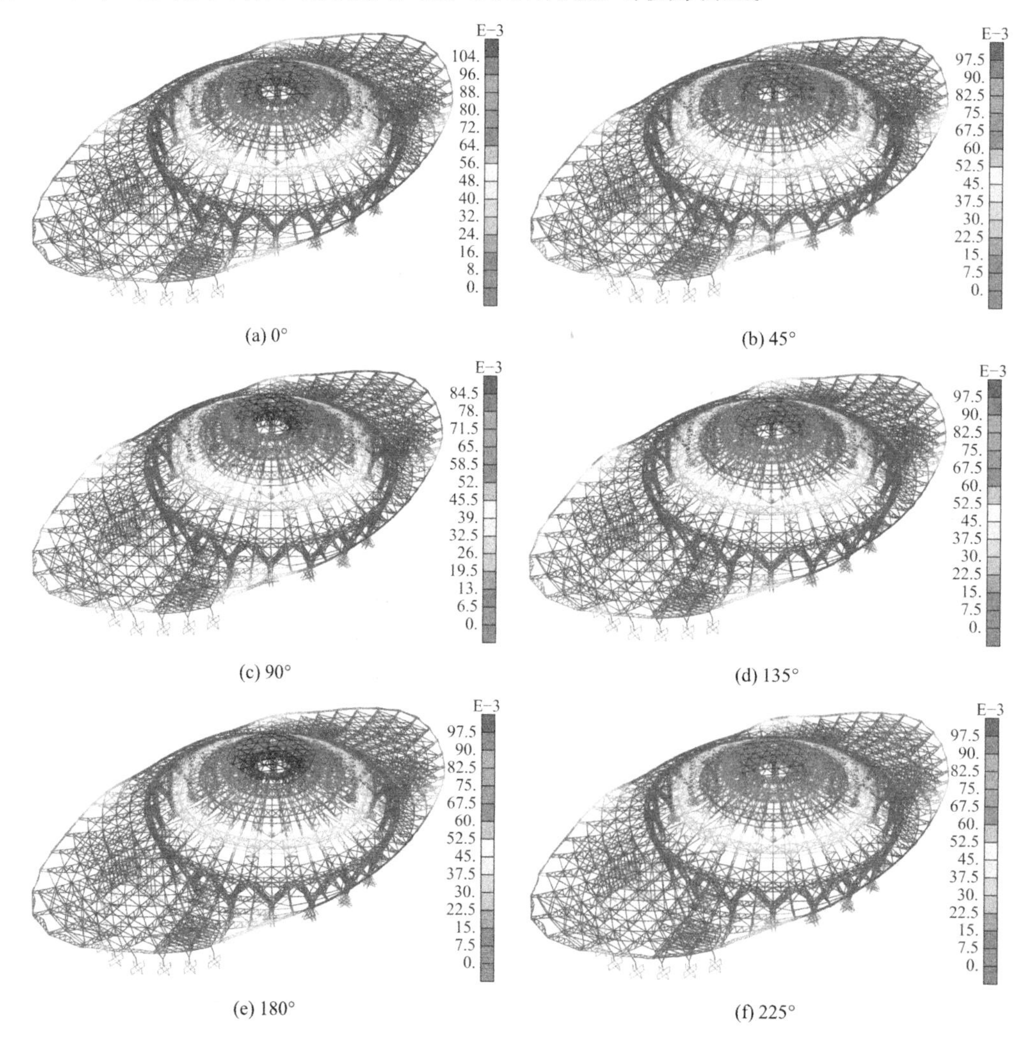

(a) 0°　　(b) 45°

(c) 90°　　(d) 135°

(e) 180°　　(f) 225°

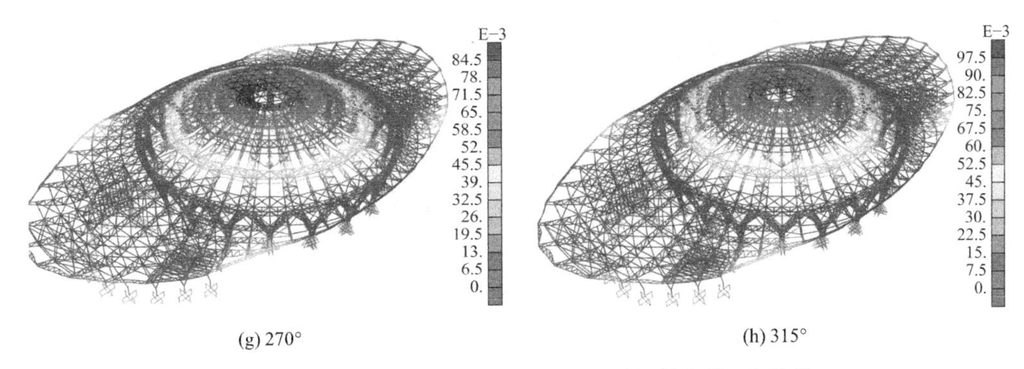

(g) 270°　　(h) 315°

图 2.2-4　多方向风荷载作用下张弦屋盖钢结构的Z向位移

3）多方向雪荷载影响下结构的变形

应用 SAP2000 分析软件，对张弦屋盖结构进行建模分析，研究大跨度空间张弦屋盖钢结构在多方向雪荷载作用下结构的整体位移情况。

（1）（X-）方向（长跨方向）半跨雪荷载作用下张弦屋盖结构变形如图 2.2-5 所示。

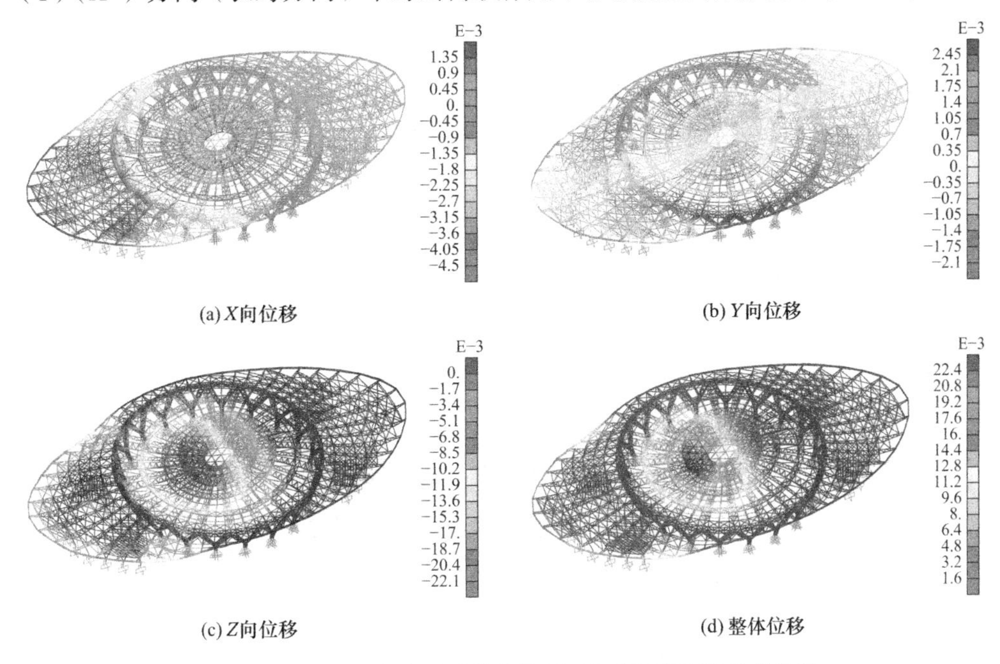

(a) X向位移　　(b) Y向位移

(c) Z向位移　　(d) 整体位移

图 2.2-5　（X-）方向半跨雪荷载作用下张弦屋盖钢结构的位移

（2）（Y-）方向（长跨方向）半跨雪荷载作用下张弦屋盖结构变形如图 2.2-6 所示。

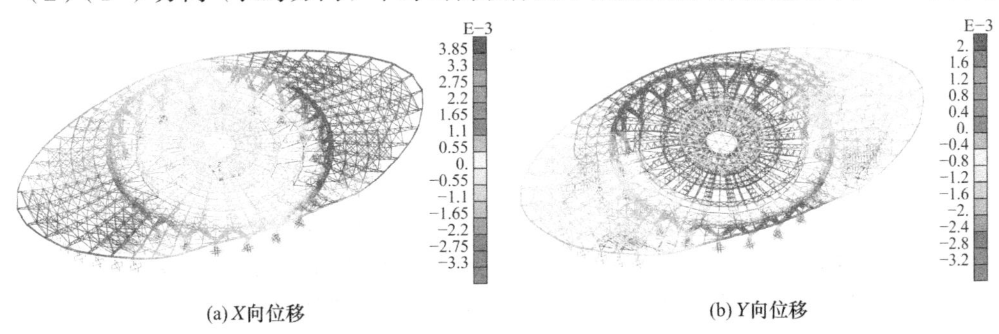

(a) X向位移　　(b) Y向位移

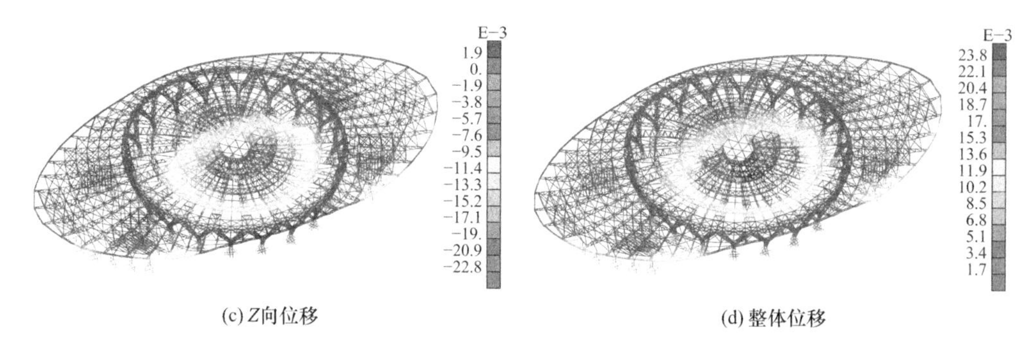

(c) Z向位移　　　(d) 整体位移

图 2.2-6　（Y-）方向半跨雪荷载作用下张弦屋盖钢结构的位移

结构在标准荷载组合作用下的最大挠度为 252mm < 103295/250 = 413mm，满足规范中对张弦桁架结构的变形控制要求。

2.3　结构应力分析

该体育馆钢结构部分共 15032 根杆件，除去斜杆、支撑类杆件，需要校核强度的共 11031 根杆件，利用软件对本章节中所列的荷载组合分别进行运算，并输出应力比包络值，结果如图 2.3-1 和图 2.3-2 所示。

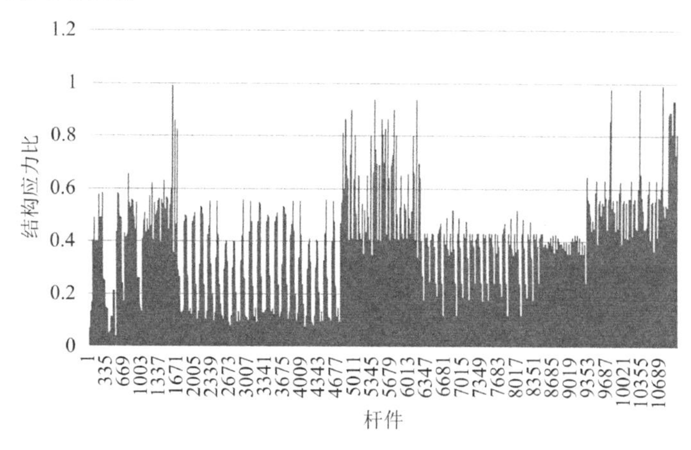

图 2.3-1　不考虑施工过程的结构应力比

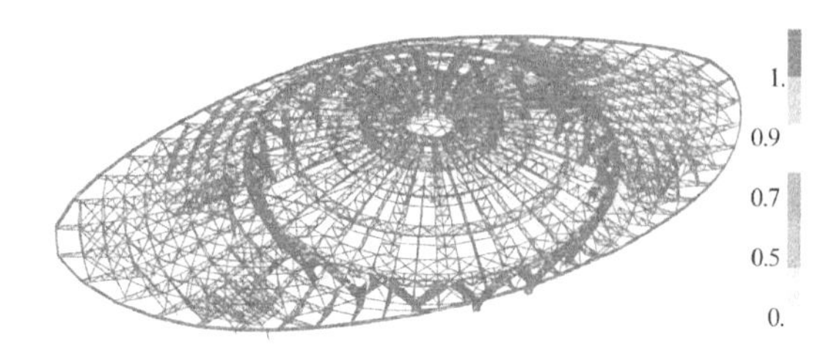

图 2.3-2　结构应力比云图

由图可以看出，主体结构部分应力比全部小于 1，杆件应力比分布见表 2.3-1。其中结构应力较大的杆件集中在格构柱、内侧副馆柱、与结构最外圈桁架形成的四处三角形区域，也就是下部无支撑的副馆桁架部分，该部分的桁架几乎处于完全悬挑状态。

静力工况下杆件应力比分布　　表 2.3-1

范围	0.85～1.00	0.7～0.85	0.6～0.7	0.3～0.6	0.0～0.3
百分比	1.15%	2.72%	3.35%	24.30%	68.46%

经过软件计算可以发现，共有 4 根应力比大于 0.95 的杆件，且都是在温度起控制作用的荷载组合下出现的，更具体来讲是在温升作用起控制作用的荷载组合下，即：1.2 恒荷载 + 0.98 活荷载 + 1.4 温升作用；应力比大于 0.9 小于 0.95 的杆件共有 17 根，且都是在温降作用起控制作用的荷载组合下出现的，更具体的包括：1.2 恒荷载 + 0.98 活荷载 + 1.4 温降作用；可见该荷载组合在整个结构设计结构优化中起到了控制作用。

2.4　结构整体稳定分析

空间弦支轮辐式桁架结构将传统弦支穹顶结构体系的上部网壳结构优化为由辐射状倒三角桁架、加强平面次桁架与环桁架组成，其下部由环向索及径向索组成，上部结构与下部结构之间通过竖向撑杆连接，两者协同工作形成自平衡体系，理论上比单层网壳具有更好的稳定性。

基于非线性分析，考虑一致缺陷模态法，对整体结构各节点坐标按照最低阶特征值屈曲模态进行修正，按 1.0 恒荷载加载，分析结果如图 2.4-1 所示，屈曲因子为 4.4，满足行业标准《空间网格结构技术规程》JGJ 7—2010 的要求。

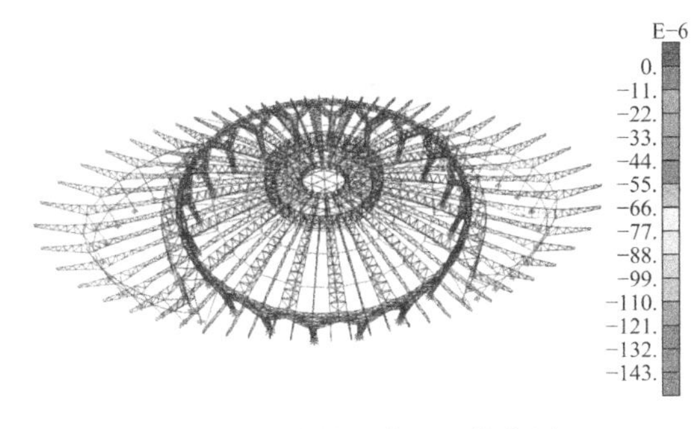

图 2.4-1　结构屈曲因子分布图

2.5　本章小结

本章针对西北大学长安校区体育馆变形、应力、整体稳定性进行分析，研究了空间弦支轮辐式桁架结构的静力性能，得出如下结论：进一步完善了对该工程结构抗震、抗倒塌性能的评估。具体结论如下：

（1）在永久荷载和活荷载工况作用下，X方向的位移最大区域出现在副馆区域，整体呈现出沿y轴（短跨方向）对称的分布特征；Y方向整体的位移与X向相近，外加强环处位移较大，整体呈现出沿 x 轴（长跨方向）对称的分布特征。

（2）在永久荷载和活荷载工况作用下，Z 方向主馆的位移明显大于副馆，整体呈现中心对称的分布特征。风荷载作用下，Z 方向主馆的位移明显大于副馆，整体呈现中心对称的分布特征。在 8 个不同方向的风荷载作用下，结构受风吸力的作用产生的竖向变形形态相近，其中 0°方向风荷载对结构竖向变形影响相对较大。值得注意的是，在风荷载作用下，结构外环桁架处出现了一些局部区域变形较大的现象。

（3）综合多种荷载作用下张弦桁架结构的整体位移情况可知，空间张弦结构跨度较大，受风荷载作用影响较为明显。结构在标准荷载组合作用下的最大挠度为 $252\text{mm} < 103295/250 = 413\text{mm}$，满足规范中对张弦桁架结构的变形控制要求。

（4）结构在静力荷载作用下整体内力分布较均匀，无应力集中现象，位移、挠度均满足规范要求，其中温度作用在所有荷载模式中起相对控制作用。

（5）恒荷载和活荷载作用下，副馆柱下支座的支座反力响应最大；预应力工况和 0°风荷载作用下，格构柱下支座反力响应最大；温度作用下，框架柱下支座反力响应最大。相比之下，恒荷载对结构支座反力的影响最大。

（6）考虑一致缺陷模态法，基于非线性分析，对整体结构各节点坐标按照最低阶特征值屈曲模态进行修正，按 1.0 恒荷载加载，屈曲因子为 4.4，空间弦支轮辐式桁架结构整体性能比网壳更为稳定。

第 3 章 空间弦支轮辐式桁架结构静力参数化分析

为了更充分地了解空间弦支轮辐式桁架结构的静力性能，考察结构在各类设计参数变化时的力学行为规律，分析杆件受力、节点位移和整体结构在竖直和水平两个方向上刚度的变化趋势，对结构的预应力和空间桁架形态进行了参数化设计分析。主要的变化参数包括结构环向索预应力比值及大小、矢跨比、撑杆长度、外环桁架刚度、撑杆截面积、拉索截面积等。同时设计了多种荷载工况，选取其中最能体现结构力学性能的荷载工况，通过分级加载的方式，详细考察结构的静力性能指标，为空间弦支轮辐式桁架结构后续的优化设计和建造提供理论依据和数据支持。

3.1 结构概况

西北大学长安校区体育馆针对传统弦支穹顶结构上部网壳整体刚度较弱的情况，提出一种大跨空间弦支轮辐式桁架结构，上部网壳结构由辐射状倒三角桁架、加强平面次桁架与环桁架组成，其下部由环向索及径向索组成，上、下部结构之间通过竖向撑杆连接，两者协同工作形成自平衡体系，能够跨越更大的空间、承担重型荷载，并能保证良好的结构受力性能。本工程整体结构体系构成图如图 3.1-1 所示。

(a) 拉索布置图

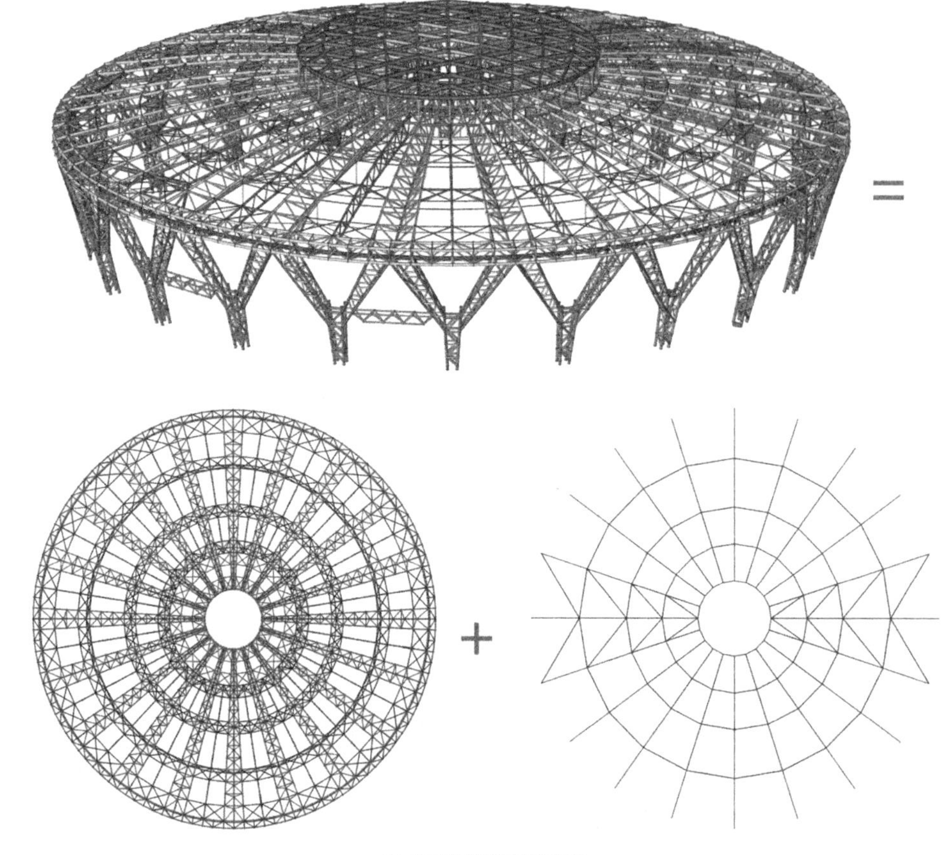

(b) 弦支结构体系构成图

图 3.1-1 整体结构三维示意图及结构体系构成图

采用 midas Gen 分析软件，通过控制结构形态及预应力参数，建立了多个结构分析模型，研究结构在荷载作用下的杆件受力变化趋势，以及节点在各个方向的位移情况。根据上部倒三角钢桁架的受力特点，杆件采用梁单元模拟，约束整体杆件两端的平动和转动自由度。根据下部索撑体系的受力特点，拉索采用只受拉单元模拟；撑杆采用桁架单元模拟，仅约束与撑杆垂直方向的两个转动自由度。支撑结构的 Y 形格构柱底部设置为半刚性连接，约束 4 个柱脚端部的 3 个平动自由度。根据体育馆实际情况，恒荷载主要包括结构杆件自重、屋面板自重、其他设备荷载等；可变荷载包括屋面活荷载、雪荷载、风荷载等。所有荷载均通过板单元传递转化为节点荷载。结构各类杆件截面和材料信息见表 3.1-1，有限元模型见图 3.1-2。

杆件截面和材料信息 **表 3.1-1**

序号	构件名称	规格	材料类型
1	中心环系杆	P102 × 4	Q235
2	环向杆及系杆	P152 × 5、P203 × 8	Q345
3	Y 形格构柱系杆、撑杆	P203 × 6	Q345
4	主桁架上下弦、外环桁架上弦	P400 × 10、P400 × 12	Q345

续表

序号	构件名称	规格	材料类型
5	Y 形格构柱上下端	P325 × 8、P640 × 16	Q345
6	内外环桁架下弦	P600 × 16、P600 × 20	Q345
7	副馆框架柱	P640 × 16	Q345
8	斜拉索、径向索 1～3 圈	ϕ48	高钒索
9	径向索第 4 圈	ϕ55	高钒索
10	环向索 1～3 圈	ϕ80	高钒索
11	环向索第 4 圈	ϕ100	高钒索

(a) 空间弦支轮辐式桁架结构轴测图

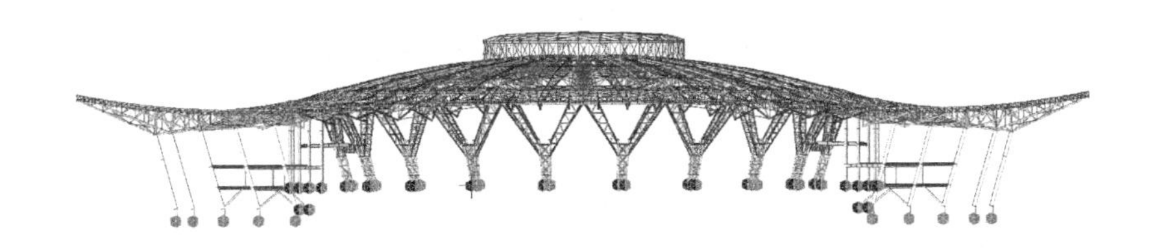

(b) 空间弦支轮辐式桁架结构立面图

图 3.1-2　空间弦支轮辐式桁架结构有限元模型

在进行参数化分析之前，首先对标准设计模型在目标荷载作用下的杆件整体应力、内力分布、结构位移进行分析，图 3.1-3 分别为结构屋盖梁单元应力云图、杆件轴力云图和结构位移云图，由图可以看出：

（1）屋盖结构梁单元应力最大区域主要位于主桁架与外环桁架相交位置，这是因为主桁架受荷载作用跨中位移较大，导致与外环桁架相交处发生应力集中现象。此外中心屋盖下方加强环桁架处单元应力也较大，这是因为中心屋盖下方加强环桁架杆件截面较小，屋盖中心的位移拉扯此位置的杆件，使其应力水平较高，但经强度验算结构各位置杆件均能满足强度设计要求。

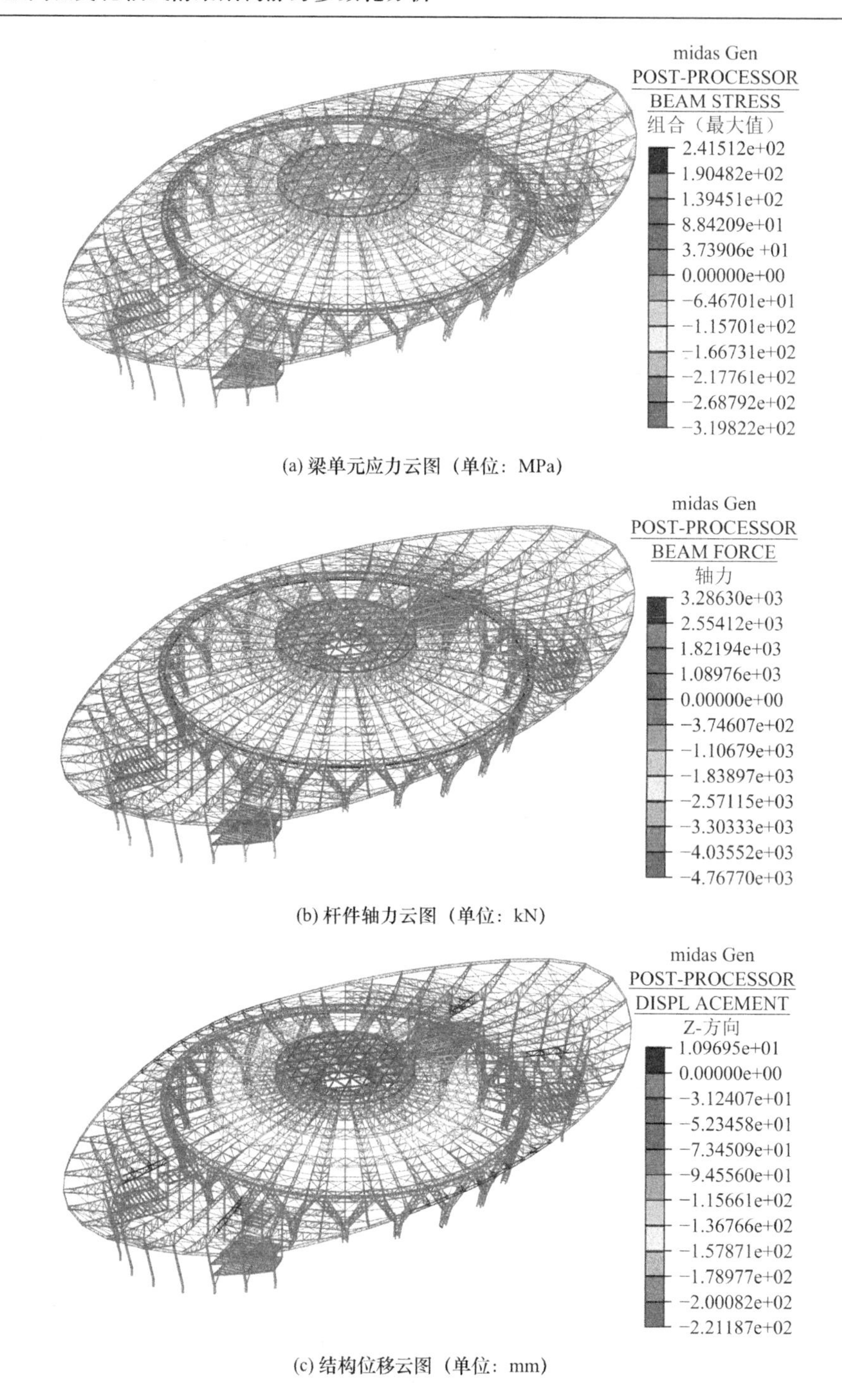

(a) 梁单元应力云图（单位：MPa）

(b) 杆件轴力云图（单位：kN）

(c) 结构位移云图（单位：mm）

图 3.1-3　标准设计模型受力及位移云图

（2）结构内外环桁架的轴力远大于其他位置杆件，这是由于屋盖整体荷载传递路径依赖内外环桁架进行平衡。在荷载值较小时，内环桁架上弦基本处于受拉状态，随着荷载的增加，内环桁架上弦由受拉状态向受压过渡，内环桁架下弦始终承受着较大压力。结构外环桁架在荷载值较小时，由于下部拉索的预应力作用，桁架上下弦均处于受压状态，随着荷载的增加，外环桁架逐渐由受拉状态向受压过渡。

（3）结构在标准荷载作用下的最大竖向位移位于主馆处，且主馆的位移明显大于副馆位移。结构的整体位移呈现中心对称的分布特征，中心最大挠度为221mm，满足规范要求。

3.2 预应力参数化分析

本节将对预应力比值及预应力幅值进行参数化分析，通过不同的预应力设计方案给出的多组预应力设计结果，以1.3恒荷载＋1.5活荷载为目标荷载，每次加载20%荷载值，通过5个荷载步的分级加载，在结构中考察各环索的索力值、屋面杆件最大轴力值、主桁架杆件以及撑杆轴力值的变化量，详细的杆件及节点位置见图3.2-1。位移监测点包括内环桁架的竖向位移最大值、外环桁架与Y形柱连接处节点的水平位移最大值，位移按以下三种工况进行加载：

工况1：1.3恒荷载＋1.5活荷载，满跨均布；

工况2：1.3恒荷载满跨均布，1.5活荷载长轴方向半跨布置；

工况3：1.3恒荷载满跨均布，1.5活荷载短轴方向半跨布置。

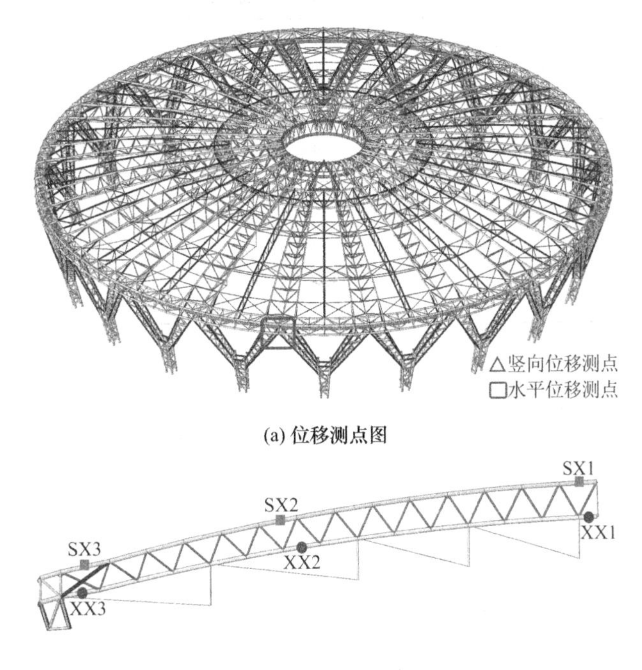

(a) 位移测点图

(b) 主桁架轴力测点图

图3.2-1 位移节点及杆件测点图

3.2.1 预应力比值

1）预应力比值对索力的影响

不同预应力比值的结构在目标荷载作用下的环索索力值如图3.2-2所示，各环索索力比值见表3.2-1，由图3.2-2和表3.2-1可知：

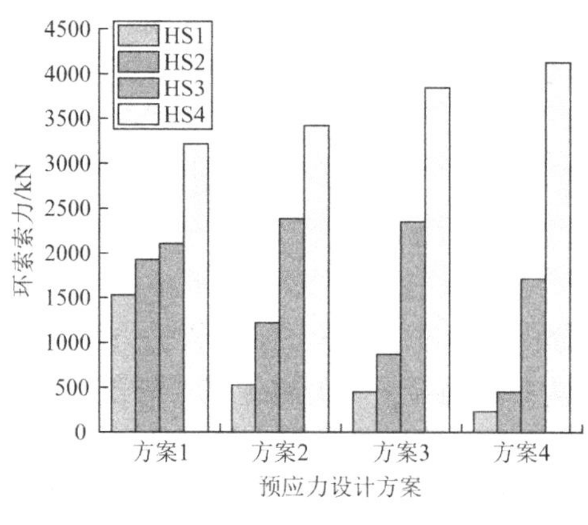

图 3.2-2 预应力比值对索力的影响

（1）预应力比值的变化对结构下部拉索的受力有很大影响，四种方案中，设计预应力比值越高的环索，在荷载作用下的索力值也越大，例如方案 1 和方案 4 中 HS1 的索力值分别为 1529kN 和 236kN，减小了 84.6%；HS4 的索力值则分别为 3217kN 和 4130kN，增加了 28.4%。

（2）在目标荷载作用下环索索力的比值见表 3.2-1，可以看出与设计值相比，方案 2、方案 3、方案 4 的环索索力比值均有较大变化，具体表现为三种方案中 HS2、HS3、HS4 与 HS1 的比值均有不同程度的减小，且设计值差别越大时，减小的幅度也越大，这说明在目标荷载作用下，结构发生了明显的索力重分布，方案 1 的索力变化幅度最小，表明该方案的适配度较高，即几何法更加适合大跨空间桁架弦支穹顶的预应力设计。

目标荷载作用下各环索索力比值 表 3.2-1

方案号	各环索索力比值			
	HS1	HS2	HS3	HS4
1	1	1.2	1.4	2.1
2	1	2.3	4.5	6.4
3	1	1.9	5.2	8.5
4	1	1.9	7.3	17.5

2）预应力比值对结构位移的影响

不同预应力比值的结构在三种荷载工况作用下内环桁架下弦节点的最大竖向位移值如图 3.2-3 所示，竖向位移以向下为负，水平位移以靠近结构中心点为负，以远离结构中心点为正。

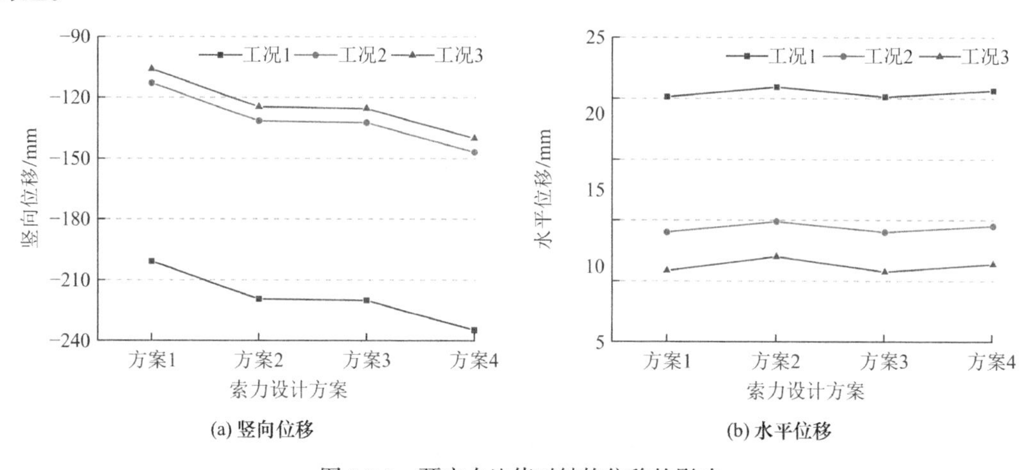

图 3.2-3 预应力比值对结构位移的影响

由图 3.2-3 可知：

（1）方案 1 时结构在目标荷载作用下的竖向位移最小，从方案 1 到方案 4，结构的中心桁架竖向位移持续增加，分别为 200.7mm、219.3mm、220mm、234.7mm，方案 1 到方案 4 的增幅为 16.9%。在分级加载的过程中，预应力比值对结构中心桁架竖向位移的变化趋势没有产生影响，不同预应力比值下结构的竖向位移值基本保持线性同步，这说明结构的竖向刚度受预应力比值的影响程度不大。

（2）由于设计方案采用的结构水平位移补偿原则，所以不同方案的预应力比值对结构水平位移产生的影响一致，在分级加载过程中各方案位移变化趋势的一致也表明了结构在不同预应力比值下水平刚度没有发生变化。

3）预应力比值对结构内力的影响

预应力比值变化时结构屋盖杆件在分级加载过程中的轴力最大值变化情况如图 3.2-4 所示。

由图 3.2-4 可知：

（1）预应力比值的变化对屋盖杆件最大轴力值产生了很大程度的影响，在目标荷载作用下，结构预应力比值为方案 4 时，屋盖的轴力最大值达到了−2464kN，比方案 1 时的−2151kN 增加了 14.6%。

（2）同时在分级加载过程中方案 1 屋盖杆件轴力变化幅度更小，其他几种方案屋盖最大轴力基本随荷载增加而线性增加，这说明预应力比值的变化影响了屋面荷载的传递路径，方案 1 时结构受荷载影响程度更低，杆件内力波动更小，索力设计更加合理。

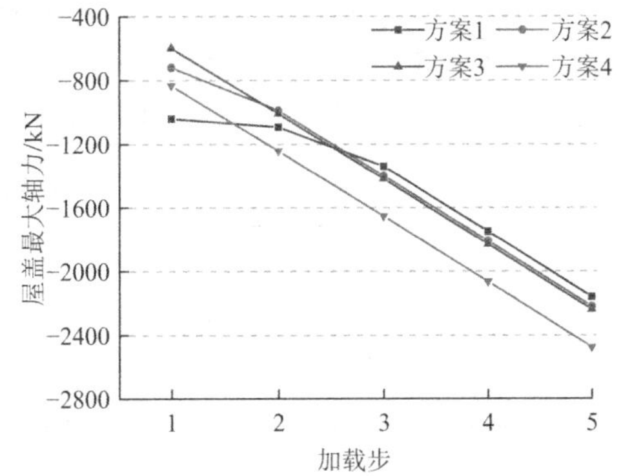

图 3.2-4 预应力比值对屋盖最大轴力的影响

不同预应力比值设计方案的结构在目标荷载作用下结构主桁架上下弦轴力值的变化趋势如图 3.2-5 所示。

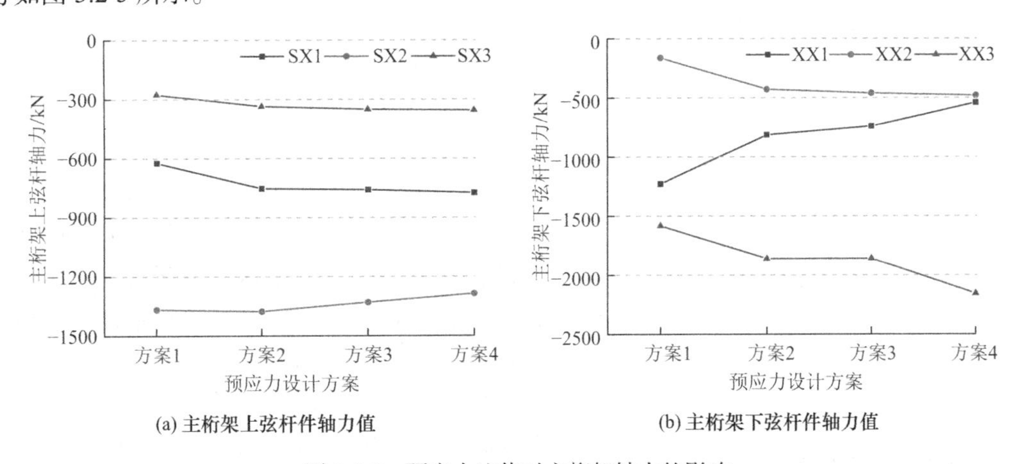

(a) 主桁架上弦杆件轴力值

(b) 主桁架下弦杆件轴力值

图 3.2-5 预应力比值对主桁架轴力的影响

由图 3.2-5 可知：

（1）预应力比值的变化对结构主桁架的受力产生了一定的影响，结构预应力比值由方案 1 到方案 4 的过程中，桁架上弦 SX2 杆件轴力从−1368kN 减小到了−1287kN，降幅为 5.9%，其余两根杆件轴力略有增加；桁架下弦的轴力变化更为明显，XX2、XX3 轴力分别从−162kN、−1582kN 增加至−480kN、−2157kN，增幅分别为 196%、36.3%；XX1 杆件轴力从−1228kN 降低至−541kN，降幅为 55.9%。

（2）结合主桁架不同位置杆件轴力的变化规律可以看出，预应力比值的大小对主桁架上弦杆件的影响比较有限，对下弦杆件的影响更为明显。方案 1 到方案 4 的过程中，下弦内侧杆件的轴力值不断减小，外侧杆件轴力值则逐渐增加，表明外侧环索预应力比值的增加使得主桁架下弦内侧承担的荷载值降低，下弦外侧杆件承担的荷载值增加。

3.2.2　初始预应力幅值

弦支穹顶结构设计过程中预应力幅值影响着结构的初始态和荷载作用下的平衡态，是又一个重要参数。本小节以初始预应力值为变量，在其他参数不变的情况下，以第 2 章中几何法确定的环索预应力值为基础，设计了 5 组不同的预应力幅值方案，具体见表 3.2-2。

初始预应力幅值　　表 3.2-2

预应力系数	初始预应力值/kN			
	HS1	HS2	HS3	HS4
0.8	1112	1360	1440	2208
0.9	1251	1530	1620	2484
1.0	1390	1700	1800	2760
1.1	1529	1870	1980	3036
1.2	1668	2040	2160	3312

1）初始预应力对索力的影响

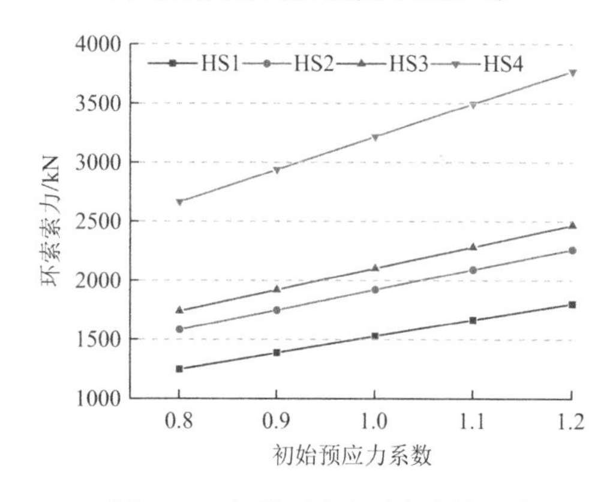

图 3.2-6　初始预应力对索力的影响

不同初始预应力的结构在目标荷载作用下的环索索力值如图 3.2-6 所示。

由图 3.2-6 可以看出：

初始预应力的变化对结构下部拉索的受力有很大影响，随着初始预应力系数的持续增大，在相同荷载作用下拉索索力不断增大。初始预应力系数从 0.8 增加到 1.2 的过程中，HS1、HS2、HS3 和 HS4 的索力分别从 1248.6kN、1583kN、1742kN 和 2664kN 增加到了 1803kN、2263kN、2468kN 和 3771kN，增幅分别为 44.5%、42.9%、41.7%和 41.5%。

在初始预应力由小变大的过程中，各圈拉索的增幅基本相等，同时，增速与初始预应力系数保持线性相关，这表明预应力的幅度对结构荷载的传递基本不产生影响。

2）初始预应力对结构位移的影响

不同初始预应力系数的结构在不同工况作用下的最大位移值如图 3.2-7 所示。

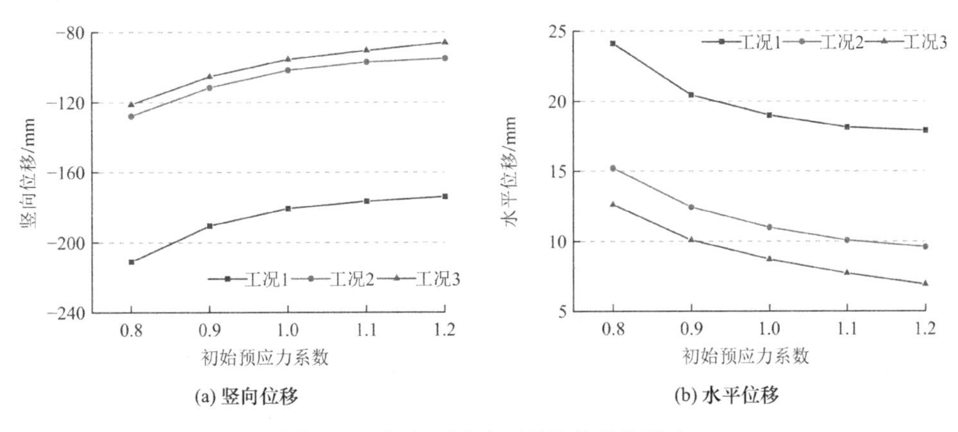

图 3.2-7　初始预应力对结构位移的影响

由图 3.2-7 可知：

（1）初始预应力的变化对结构跨中节点竖向位移有着很大的影响，随着初始预应力系数的持续增大，结构在荷载作用下的位移不断减小，在初始预应力系数由 0.8 增加到 1.2 的过程中，工况 1 下的节点位移由 211mm 减小到了 174mm，降幅达到了 17.5%。在工况 2 和工况 3 作用下，不同预应力系数的结构节点位移的变化趋势基本一致，不同预应力水平下结构的竖向位移值与荷载值保持线性同步，这说明结构的竖向刚度不受初始预应力水平的影响。

（2）初始预应力的变化对结构水平位移有很大影响，在初始预应力系数为 0.8 时，结构最大水平位移为 24.1mm，当初始预应力系数为 1.2 时，结构最大水平位移为 17.9mm，位移值降低了 25.7%。根据结构水平位移的变化规律可知，结构水平位移随着结构初始预应力的增加而逐渐减小，但降低的幅度与初始预应力系数的变化相比越来越小。不同初始预应力系数的结构在不同工况下的水平位移变化幅度程度相同，这表明初始预应力的增加改善了结构的水平位移量，但不改变结构水平刚度。

3）初始预应力对结构内力的影响

初始预应力变化时结构在分级加载中屋盖杆件的最大轴力值如图 3.2-8 所示。

由图 3.2-8 可知：

（1）在初始预应力系数增加过程中，结构屋盖最大轴力整体呈现增大的趋势，在目标荷载作用下，结构初始预应力系数为 0.8 时，屋盖杆件轴力最大值为−2047kN，在初始预应力系数增加到 1.2 时，屋盖杆件轴力最大值增大到了−2278kN，增幅为 11.3%。

（2）结构屋盖杆件轴力最大值的变化规律表明，随着初始预应力的增加，杆件轴力也不断增大。在分级加载的过程中，不同初始预应力时屋盖杆件轴力的变化速率基本相同，说

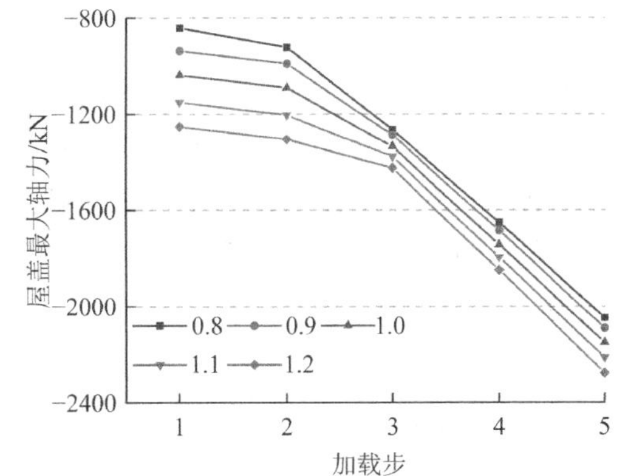

图 3.2-8　初始预应力对屋盖轴力的影响

明初始预应力的大小不影响屋面荷载的传递路径。

不同初始预应力系数的结构在目标荷载作用下结构主桁架上下弦轴力值的变化趋势如图 3.2-9 所示。

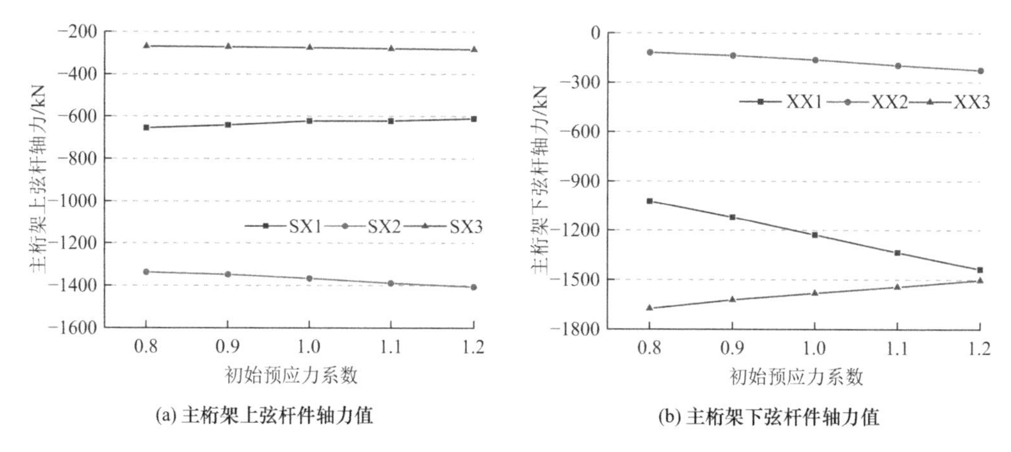

(a) 主桁架上弦杆件轴力值　　(b) 主桁架下弦杆件轴力值

图 3.2-9　初始预应力对主桁架轴力的影响

由图 3.2-9 可知：

（1）初始预应力的变化对结构主桁架上弦的受力产生了一定的影响，在结构初始预应力系数由 0.8 增加到 1.2 时，桁架上弦 SX2 杆件轴力从−1339kN 增加到了−1408kN，增幅为 5.2%，其余两根杆件轴力基本没有变化；桁架下弦的轴力变化更为明显，XX1、XX2 轴力分别从−1023kN、−119kN 增加至−1437kN、−225kN，增幅分别为 40.6%、89.1%；XX3 杆件轴力从−1676kN 降低至−1503kN，降幅为 10.3%。

（2）结合结构不同位置主桁架轴力的变化规律可以看出，初始预应力的大小对主桁架上弦杆件的影响十分有限，对下弦杆件有明显影响。下弦内侧杆件的轴力值随初始预应力的增加而增加，外侧杆件轴力值则逐渐减小，表明初始预应力的增加使下弦内侧承担的荷载值增加，下弦外侧杆件承担的荷载值减少。

3.3　结构形态参数化分析

为了更全面地考察不同参数对结构的静力性能影响趋势和程度，将本章 3.2 节中方案 1 的设计预应力作为基础值，开展结构形态参数化分析。以自重 + 1.3 恒荷载 + 1.5 活荷载为目标荷载，通过 5 次分级加载，研究并分析各参数对结构索力、位移、杆件内力的影响规律及程度。每小节取一个参数作为变量，同时保持其他参数不变，以此来为结构体系的建造提供合理的参数选择范围参考，考察变量与 3.2 节所述节点及杆件位置一致，本处不再赘述。

3.3.1　矢跨比

作为最主要的形态设计参数之一，矢跨比对于空间弦支轮辐式桁架结构的静力性能有着巨大影响，本小节对结构的矢跨比进行调整，在保持跨度不变的情况下，设置5种不同的矢高。通过分级加载，研究不同矢跨比对结构杆件的内力分布及节点位移的影响趋势及程度，设计矢跨比见表3.3-1。

矢跨比设计方案　　表3.3-1

跨度/m	113				
矢高/m	2.26	4.52	6.78	9.04	11.3
矢跨比	0.02	0.04	0.06	0.08	0.1

1）矢跨比对索力的影响

不同矢跨比的结构在目标荷载作用下的环索索力值如图3.3-1所示。

由图3.3-1可知：

（1）矢跨比的变化对结构下部拉索的受力有很大影响，随着矢跨比的增大，在相同荷载下拉索索力不断减小，但减小的幅度逐渐趋于平稳。例如，矢跨比从0.02到0.04这一过程中，HS2和HS3索力的降幅就分别达到了15.9%和11.2%，而矢跨比从0.04到0.1，则索力分别降低了12.1%和9.1%；矢跨比对于靠近外环的拉索索力影响幅度更小，内环拉索受影响幅度更大。例如，矢跨比从0.02到0.1过程中，HS1索力的降幅达到了37.4%，而HS4的降幅仅为11.4%。

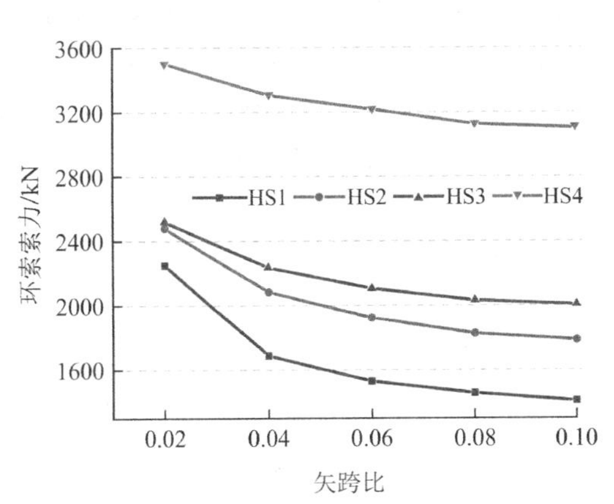

图3.3-1　矢跨比对环索索力的影响

（2）在矢跨比由小变大的过程中，内环拉索与外环拉索的索力比值在不断变小，表明随着矢跨比的增加，内环拉索所承担的荷载被结构其他杆件逐渐顶替。

2）矢跨比对结构位移的影响

不同矢跨比的结构在分级加载时结构竖向和水平位移值如图3.3-2所示。

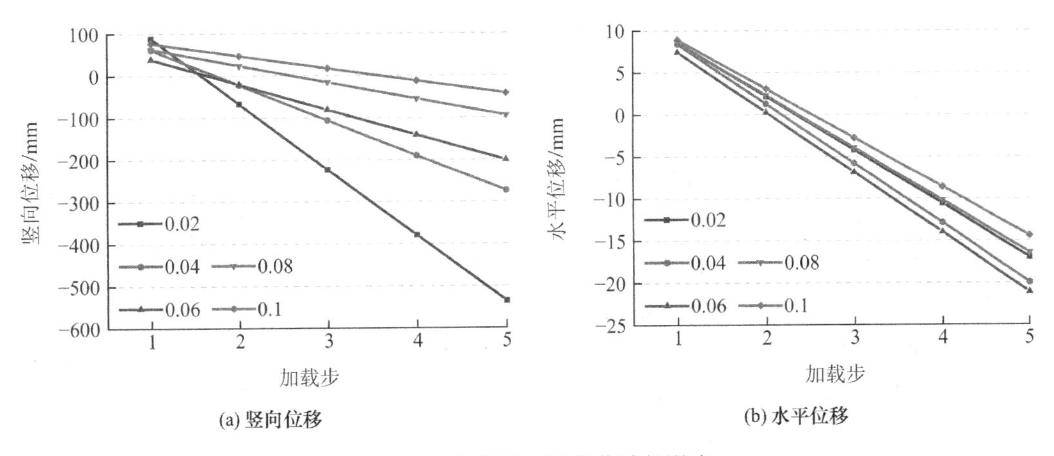

(a) 竖向位移　　(b) 水平位移

图3.3-2　矢跨比对结构位移的影响

由图 3.3-2 可知：

（1）矢跨比的变化对结构竖向位移有着极大影响，矢跨比的增加使结构在最大荷载下的位移不断减小，在矢跨比由 0.02 增加到 0.1 的过程中，最大荷载下的节点位移由−535.5mm（位移值已经超过了规范限值）减小到了−42.4mm，降幅达到了 92.1%。在分级加载的过程中，不同矢跨比结构的节点位移变化趋势有着很大差异，具体表现为随着矢跨比增加，结构在相同的初始预应力和 20%目标荷载作用下，矢跨比越大，节点向上位移越小；而在目标荷载作用下，矢跨比越大，节点向下位移越小。根据结构跨中节点位移以上两个变化规律，可以得出结论，矢跨比对结构竖向刚度有着很大影响，在矢跨比为 0.02 时，结构竖向刚度已不能满足相关设计要求，随着矢跨比的增加，结构竖向刚度逐渐增大。

（2）矢跨比的变化对结构水平位移有一定影响，在矢跨比为 0.06 时，结构最大结构水平位移为−21.1mm，当矢跨比为 0.1 时，结构最大结构水平位移为−14.4mm，位移值降低了 31.7%。结构水平位移与结构矢跨比并不呈线性相关，而是在 0.06 时达到最大值，在小于此数值时，结构水平位移随矢跨比增加而增加，大于此数值时，结构水平位移随矢跨比增加而减小。根据结构水平位移的变化规律，可以得出结论，矢跨比对结构水平位移有着一定影响，在矢跨比为 0.06 时，结构水平刚度为最小值，当矢跨比大于 0.06 时，随着矢跨比的增加，结构刚度逐渐增大。

3）矢跨比对结构内力的影响

不同矢跨比的结构在分级加载时结构内环桁架上下弦轴力值如图 3.3-3 所示。

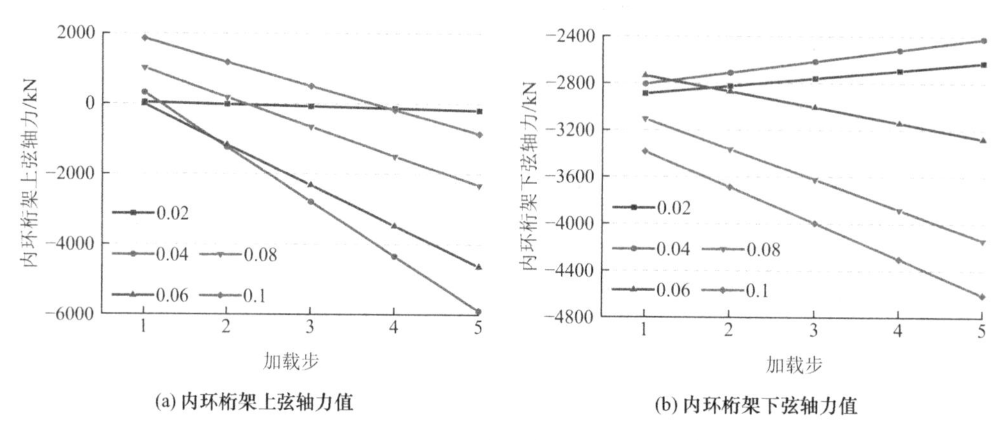

(a) 内环桁架上弦轴力值

(b) 内环桁架下弦轴力值

图 3.3-3　矢跨比对内环桁架轴力的影响

由图 3.3-3 可知：

（1）矢跨比的变化对结构内环桁架的受力产生了很大影响，在结构矢跨比为 0.04 时，桁架上弦出现轴力最大值，达到了−5892kN，在矢跨比为 0.1 时桁架下弦达到了最大值−4607kN。在矢跨比为 0.02 时，结构内环桁架上弦几乎未承担荷载，当矢跨比大于 0.04 时，继续增大使得结构内环桁架上弦承担的压力逐渐减小，下弦承担的压力逐渐增加。

（2）根据结构内环桁架上下弦轴力的变化规律，可以看出，矢跨比对内环桁架上下弦轴力有着很大的影响，在矢跨比为 0.02 时，结构内环桁架上弦几乎未承担荷载，这说明在矢跨比小于 0.02 时结构的传力体系已经不能使桁架上下层协同受力。当矢跨比大于 0.04 并继续增加时，上弦承担的荷载权重越来越多，上下弦受力逐渐趋于平衡。

不同矢跨比的结构在分级加载时结构外环桁架上下弦轴力值如图 3.3-4 所示。

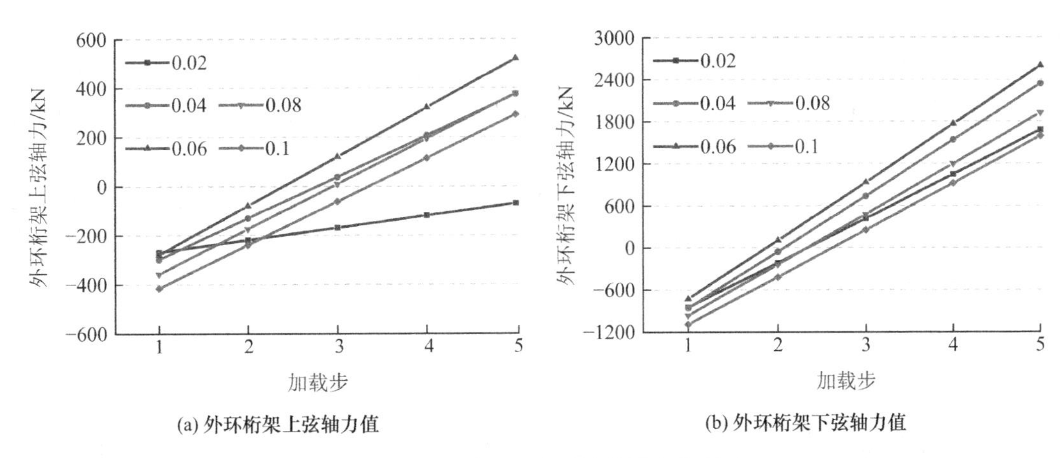

(a) 外环桁架上弦轴力值　　(b) 外环桁架下弦轴力值

图 3.3-4　矢跨比对外环桁架轴力的影响

由图 3.3-4 可知：

（1）矢跨比的变化对结构外环桁架的受力产生了很大的影响，在结构矢跨比为 0.06 时，桁架上弦出现轴力最大值，达到了 520kN，比矢跨比为 0.02 时增加了 113.4%，此时桁架下弦同样达到了最大值 2595kN，比矢跨比为 0.1 时增加了 38.6%。此外，不论矢跨比的增减，外环桁架在同样荷载作用下轴力值都趋于减少。

（2）根据结构外环桁架轴力的变化规律，可以看出，矢跨比对外环桁架上下弦轴力有着很大的影响，在矢跨比为 0.02 时，结构外环桁架上弦轴力随荷载增加的幅度明显降低，这说明此时结构的传力体系已经不能使桁架上下层协同受力。当矢跨比逐渐增加到 0.06 时，结构外环桁架上下弦的轴力均达到了最大值，此时结构形态使荷载向外环桁架的传递效率最高。此后，随着矢跨比继续增加，桁架上下弦轴力又开始减小。

不同矢跨比的结构在目标荷载作用下结构主桁架上下弦轴力值的变化趋势如图 3.3-5 所示，其中 SX1、SX2、SX3 分别为上弦最内侧、跨中、最外侧杆件，XX1、XX2、XX3 分别为下弦最内侧、跨中、最外侧杆件。

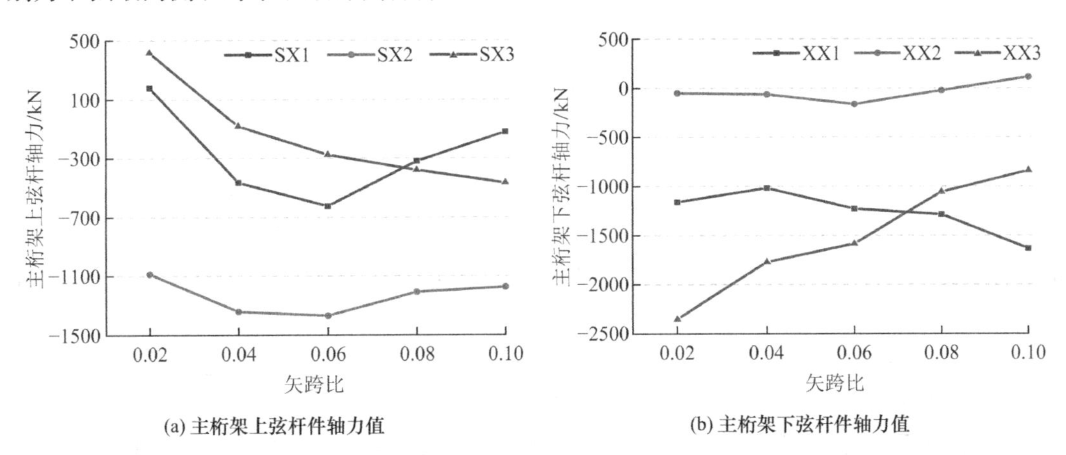

(a) 主桁架上弦杆件轴力值　　(b) 主桁架下弦杆件轴力值

图 3.3-5　矢跨比对主桁架轴力的影响

由图 3.3-5 可知：

（1）矢跨比的变化对结构主桁架的受力产生了很大的影响，在结构矢跨比为 0.06 时，桁架上弦 SX1、SX2 杆件出现轴力最大值，分别达到了−623kN 和−1368kN，比矢跨比为 0.02 时分别增加了 129%和 20.6%，此时桁架下弦对应位置的 XX1、XX2 杆件轴力处于最小值，分别为−928kN 和−162kN。位于最外侧的上弦 SX3 杆件随着矢跨比的增加不断向受压状态转变，下弦 XX3 轴力值则减小 64.3%。

（2）根据结构不同位置主桁架轴力的变化规律，可以看出，同一位置的上下弦受力趋势具有相关性，具体表现为上弦杆件逐渐承受更多压力，下弦杆件的轴力值逐渐减小。结构矢跨比从 0.02 增加到 0.1 的过程中，上弦杆件承担的荷载权重也在不断增加。

3. 3. 2　撑杆长度

撑杆直接传递着下部预应力拉索对上部钢结构力的竖向支撑力作用，因此撑杆长度也是空间弦支轮辐式桁架结构的重要设计参数之一。为了寻找一个合理的取值范围，本小节以撑杆长度为变量，建立了撑杆长分别为 3m、4m、5m、6m、7m 的分析模型，研究了不同长度的撑杆对结构变形和各位置杆件内力的影响规律。

1）撑杆长度对索力的影响

不同撑杆长度时结构在目标荷载作用下的拉索索力值如图 3.3-6 所示。

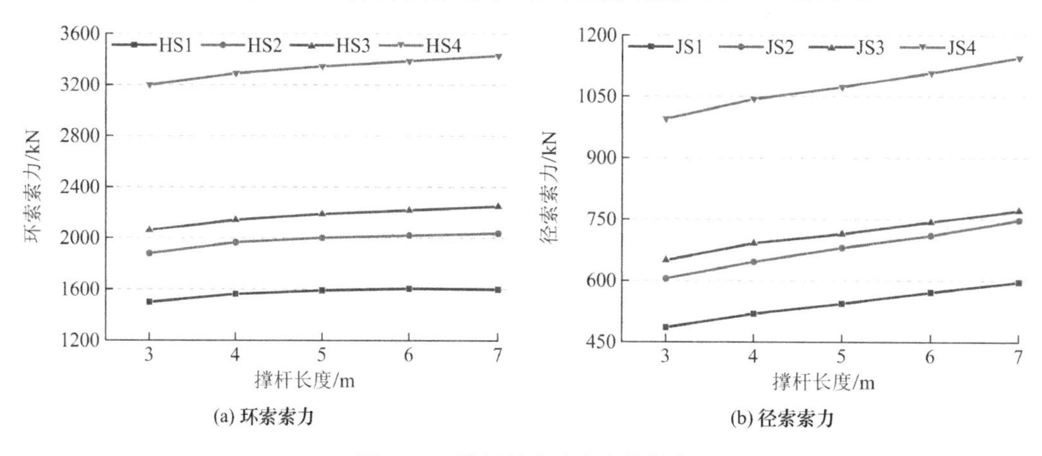

图 3.3-6　撑杆长度对索力的影响

由图 3.3-6 可知：

（1）撑杆长度的变化对结构下部拉索的受力有一定影响，随着撑杆长度的持续增加，在相同荷载下环索索力也不断增加，且增加的幅度非常平稳。撑杆长度从 3m 增加到 7m 的过程中，HS1、HS2、HS3 和 HS4 的索力分别增加了 5.2%、3.9%、5.2%和 4.6%。

（2）撑杆长度的变化对于不同位置的径索索力影响幅度略有差异，撑杆长度从 3m 增长到 7m 的过程中，JS1、JS2、JS3 和 JS4 的索力分别增加了 22.8%、23.6%、18.8%和 15.2%，原因是内部两圈径索长度更短，受撑杆影响更大，同时径索与环索的角度也随撑杆长度而发生变化，使得径索索力的变化幅度比环索更大。

2）撑杆长度对结构位移的影响

不同撑杆长度的结构在分级加载时结构各节点的竖向和水平位移值如图 3.3-7 所示。

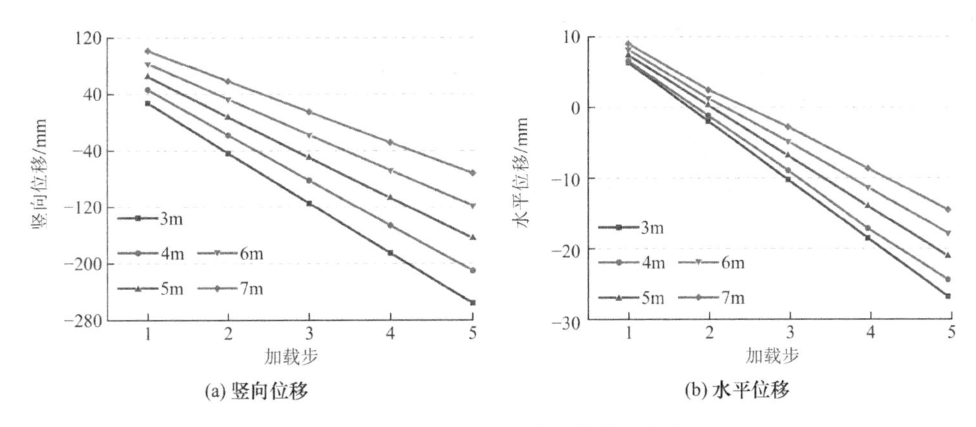

(a) 竖向位移　　(b) 水平位移

图 3.3-7　撑杆长度对结构位移的影响

由图 3.3-7 可知：

（1）撑杆长度的变化对结构跨中竖向位移有着明显的影响，随着撑杆长度的持续增大，结构在目标荷载作用下的位移逐渐减小，撑杆长度由 3m 增长到 7m 时，100%目标荷载作用下的节点位移由 256.1mm 减小到 71.9mm，降幅达到 71.9%；在分级加载的过程中，不同撑杆长度的结构节点竖向位移变化趋势与荷载值基本保持线性相关。同时，撑杆越长结构竖向位移变化幅度越小，这说明撑杆长度的增加可以提高结构的竖向刚度。

（2）撑杆长度的变化对结构水平位移有明显影响，在撑杆长度为 3m 时，结构最大水平位移为−26.8mm，当撑杆长度为 7m 时，结构最大水平位移为−14.5mm，位移值降低了 45.9%，撑杆长度的增加可以降低结构的结构水平位移；在分级加载的过程中，结构水平位移在不同撑杆长度下与荷载值基本呈线性相关。同时，不同撑杆长度的结构水平位移变化斜率有所不同，这说明撑杆长度的增加可以提高结构的水平刚度。

3）撑杆长度对结构内力的影响

不同撑杆长度的结构在分级加载时内环桁架轴力值如图 3.3-8 所示。

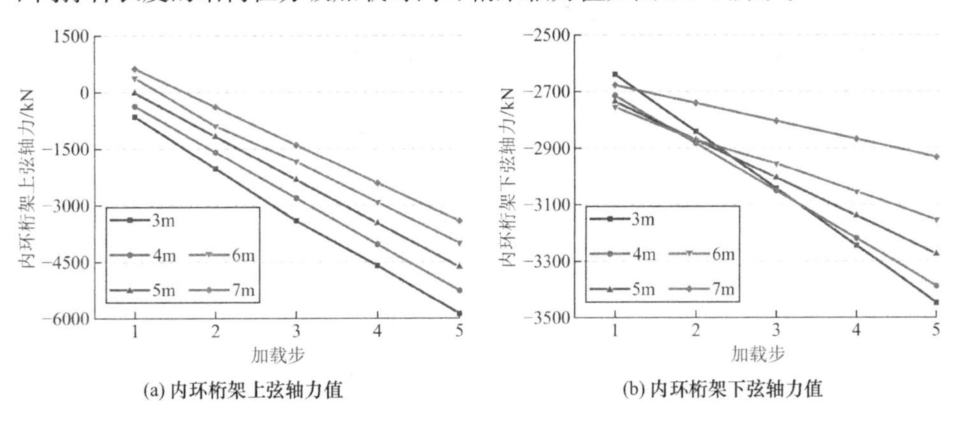

(a) 内环桁架上弦轴力值　　(b) 内环桁架下弦轴力值

图 3.3-8　撑杆长度对内环桁架轴力的影响

由图 3.3-8 可知：

（1）撑杆长度的变化对结构内环桁架的受力产生了很大影响，在目标荷载作用下，结构撑杆长度为 3m 时，桁架上弦出现轴力最大值，达到了−5875kN，在撑杆长度为 7m 时桁架上弦处于轴力最小值−3419kN，降幅为 41.8%。桁架下弦与上弦相同，在撑杆长度为 3m 时，桁架下弦轴力最大，为−3446kN；撑杆长度为7m时桁架下弦轴力最小，为−2931kN，降幅为14.9%。

（2）根据结构内环桁架上下弦轴力的变化规律，可以看出，撑杆长度的增加使相同荷载作用下内环桁架上下弦的轴力逐渐减小。当撑杆长度从3m增加至7m的过程中，上弦承担的荷载权重从63%降低到54%，撑杆长度的不断增加使得内环桁架上下弦受力值逐渐接近。

不同设计撑杆长度的结构在分级加载时外环桁架上下弦轴力值的变化趋势如图3.3-9所示。

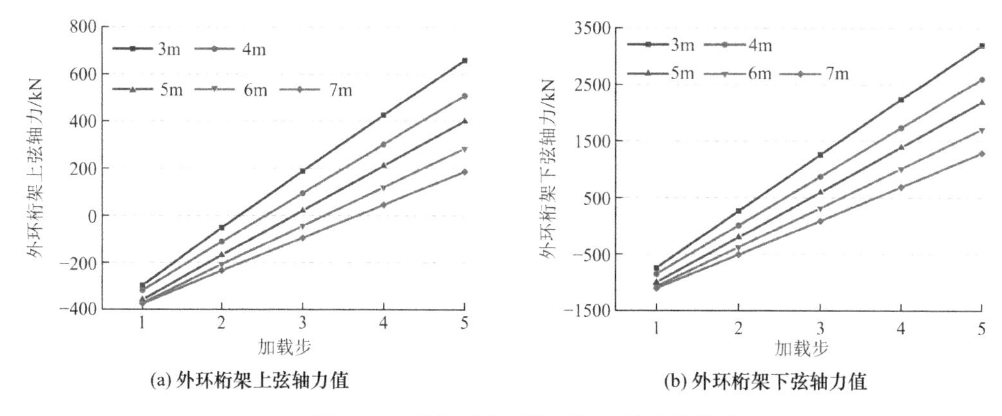

(a) 外环桁架上弦轴力值　(b) 外环桁架下弦轴力值

图3.3-9　撑杆长度对外环桁架轴力的影响

由图3.3-9可知：

（1）撑杆长度的变化对结构外环桁架的受力产生了很大的影响，在结构撑杆长度为3m时，桁架上弦出现轴力最大值，达到658kN，撑杆长度为7m时桁架上弦轴力为最小值186kN，降低了71.7%。桁架下弦与上弦具有同样的规律，在撑杆长度3m时达到了轴力最大值3199kN，撑杆长度为7m时轴力为1288kN，降低了59.7%。撑杆长度的增加，使外环桁架在同样荷载作用下轴力值趋于减少。

（2）根据结构外环桁架轴力的变化规律可以看出，撑杆长度对外环桁架上下弦轴力的主要影响在于使荷载向外环传递的量值发生了变化。撑杆长度的增加使得下部索撑结构承担了更多的竖向荷载，进而减轻了外环桁架的轴力值。同时，外环桁架轴力与撑杆长度的变化量基本呈线性相关，说明结构屋面荷载的传递路径没有发生变化。

不同撑杆长度的结构在目标荷载作用下结构主桁架上下弦轴力值的变化趋势如图3.3-10所示。

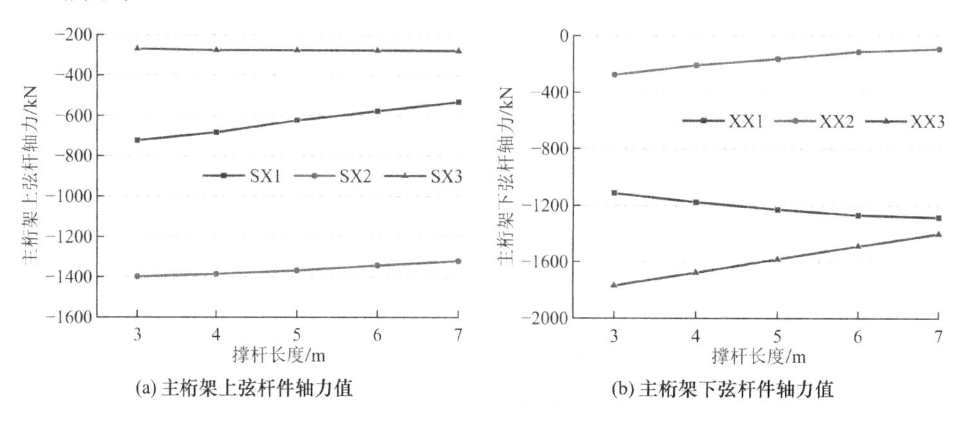

(a) 主桁架上弦杆件轴力值　(b) 主桁架下弦杆件轴力值

图3.3-10　撑杆长度对主桁架轴力的影响

由图 3.3-10 可知：

（1）撑杆长度的变化对结构主桁架的受力产生了明显的影响，在结构撑杆长度为 3m 时，桁架上弦 SX1、SX2 杆件出现轴力最大值，分别达到−724kN 和−1399kN，撑杆长度为 7m 时分别减小到−532kN 和−1321kN，分别降低了 26.5%和 5.6%，位于最外侧的上弦 SX3 杆件随着撑杆长度的增加轴力基本不变。桁架下弦杆件轴力变化规律与上弦有所不同，撑杆长度从 3m 增加到 7m 的过程中，下弦 XX1 轴力值增加了 15.2%，XX2 和 XX3 的轴力值则分别减小了 66.7%和 18.5%。

（2）综合不同位置主桁架轴力的变化规律整体来看，撑杆长度的增加改善了主桁架的受力情况，降低了主桁架大部分杆件的轴力值，特别是上弦杆件和下弦靠近外侧的杆件变化尤为明显。同时轴力的减少量与撑杆长度的增加量基本为线性相关。

不同撑杆长度的结构在目标荷载作用下各圈撑杆轴力值的变化趋势如图 3.3-11 所示。

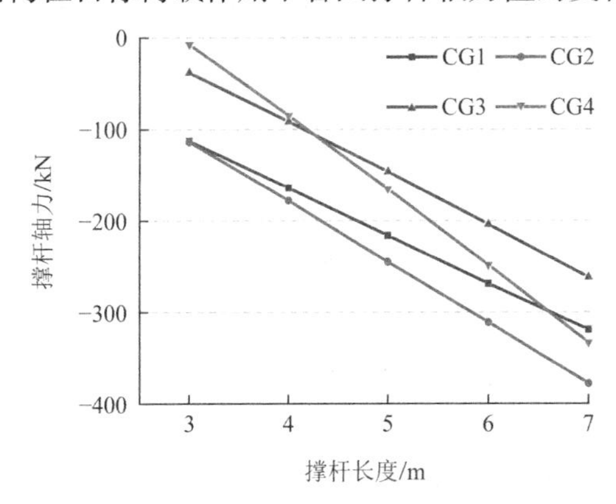

图 3.3-11　撑杆长度对撑杆轴力的影响

由图 3.3-11 可知：

（1）撑杆长度的变化对结构主桁架的受力产生了很大的影响，在结构撑杆长度为 3m 时，撑杆 CG1、CG2、CG3 和 CG4 均处在轴力最小值，分别为−112kN、−113kN、−38kN 和−7.3kN，当撑杆长度增加到 7m 时，分别增加到−319kN、−378kN、−262kN 和−333kN，分别增长到原来的 2.8 倍、3.3 倍、6.9 倍和 45.6 倍。

（2）撑杆轴力由内到外逐渐增大，这与环索索力的大小顺序相反，原因是各圈撑杆轴力实为拉索在竖直方向的分量，由于越靠外侧的撑杆与拉索夹角越大，所以力的传递大幅减少。同时，撑杆长度的增加使得撑杆与拉索的夹角发生变化，索力向撑杆方向传递的分量逐渐增加，下部索撑体系承担更多荷载，进而导致撑杆轴力值也随之增加。

3.3.3　外环桁架刚度

传统弦支穹顶结构对于上部网格结构中的主桁架、次桁架、环桁架等功能杆件的区分不太明确，计算时一般把上部网格结构看作一个整体的壳体，这也导致荷载产生的水平推力主要由索网体系和支座承担。空间弦支轮辐式桁架结构与传统弦支穹顶结构最主要的区别在于将上部网格结构替换为了桁架结构，使得外环桁架直接承担荷载产生的水平推力。本小节以外环桁架刚度为变量，通过设置五组不同的刚度系数，分别为原始刚度的 0.5、

0.75 倍、1.0 倍、1.25 倍和 1.5 倍，考察对于结构变形和杆件受力的影响程度。

1）外环桁架刚度对索力的影响

不同外环桁架刚度的结构在目标荷载作用下的环索索力值如图 3.3-12 所示。

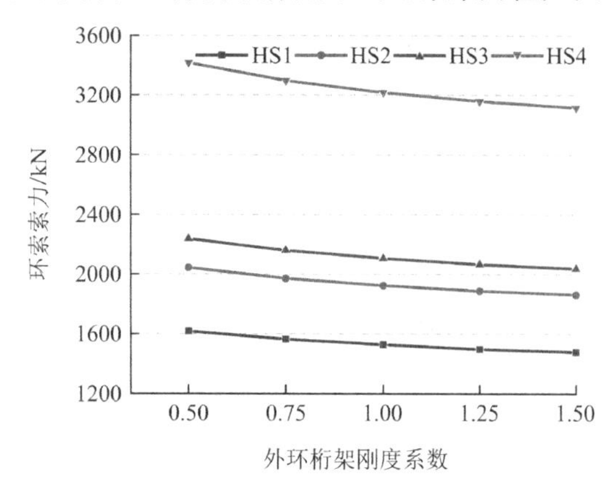

图 3.3-12　外环桁架刚度对索力的影响

由图 3.3-12 可知：

（1）外环桁架刚度的变化对结构下部拉索的受力有很大影响，随着外环桁架刚度的持续增大，在相同荷载下环索索力不断减小。外环桁架刚度系数从 0.5 增加到 1.5 的过程中，HS1、HS2、HS3 和 HS4 的索力分别从 1618kN、2043kN、2239kN 和 3418kN 降低到 1480kN、1863kN、2036kN 和 3115kN，降幅分别为 8.5%、8.8%、9.1%和 8.9%。

（2）在外环桁架刚度由小变大的过程中，各圈拉索的降幅基本相等，同时，随着外环桁架刚度增加到一定程度后，环索索力降低的幅度也越来越小。

2）外环桁架刚度对结构位移的影响

不同外环桁架刚度的结构在分级加载时节点的竖向和水平位移值如图 3.3-13 所示。

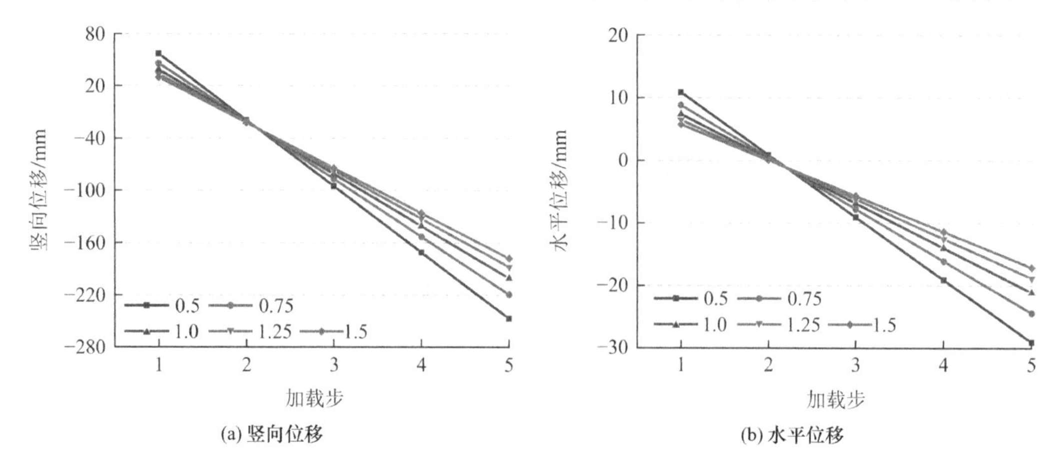

图 3.3-13　外环桁架刚度对结构位移的影响

由图 3.3-13 可知：

（1）外环桁架刚度的变化对结构跨中竖向位移有着很大的影响，随着外环桁架刚度的持续增大，结构在荷载作用下的竖向位移不断减小，在外环桁架刚度系数由 0.5 增加到 1.5

的过程中，100%目标荷载下的节点位移由−247mm 减小到−178mm，降幅达到 27.9%。在分级加载的过程中，外环桁架刚度对结构节点位移变化趋势有着很大影响，具体表现为结构在 20%目标荷载作用下，外环桁架刚度越大，节点向上位移越小；而在目标荷载作用下，外环桁架刚度越大，节点向下位移越小；由此可以得出结论，外环桁架刚度对结构竖向刚度有着很大影响，随着外环桁架刚度的增加，结构竖向刚度逐渐增加，但在这个过程中二者并非线性相关，竖向刚度增加的幅度逐渐变小。

（2）外环桁架刚度的变化对结构水平位移有很大影响，在外环桁架刚度系数为 0.5 时，结构最大结构水平位移为−29mm，当外环桁架刚度系数为 1.5 时，结构最大结构水平位移为−17.1mm，位移值降低了 41%。根据结构水平位移的变化规律可知，结构水平位移随着结构外环桁架刚度的增加而逐渐减小，但幅度越来越低。同时不同外环桁架刚度系数的结构在分级加载过程中水平位移与荷载值也呈线性关系，这表明外环桁架刚度的增加不只减少了支座向外的位移量，也提高了结构整体的水平刚度。

3）外环桁架刚度对内环桁架轴力的影响

外环桁架刚度变化时结构在分级加载中内环桁架上下弦轴力值的变化趋势如图 3.3-14 所示。

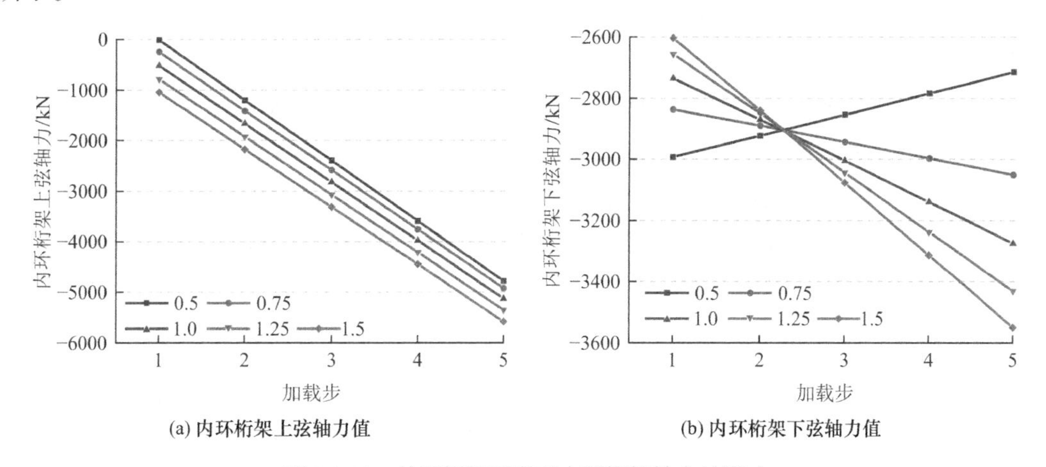

图 3.3-14 外环桁架刚度对内环桁架轴力的影响

由图 3.3-14 可知：

（1）外环桁架刚度的变化对结构内环桁架的上下弦影响程度有明显差异，在目标荷载作用下，结构外环桁架刚度系数为 0.5 时，桁架上弦出现轴力最小值，达到了−4730kN，此时桁架下弦轴力处于最小值−2714kN。在外环桁架刚度系数为 1.5 时，结构内环桁架上弦轴力增加到−5582kN，增幅为 18%，下弦轴力则增加到−3550kN，增幅为 30.8%。

（2）根据结构内环桁架上下弦轴力的变化规律，可以看出，外环桁架刚度对内环桁架上下弦轴力有着很大的影响，在外环桁架刚度系数为 0.5 时，下弦轴力随荷载值增加而逐渐减小，这表明结构的荷载传递路径发生了变化，内环上下弦已经不能同时承担荷载，随着外环桁架刚度的不断增加，内环桁架下弦开始承担屋盖上部荷载，且外环桁架刚度越大，内环桁架下弦承担的荷载值也越大。

不同外环桁架刚度的结构在分级加载时外环桁架上下弦轴力值的变化趋势如图 3.3-15 所示。

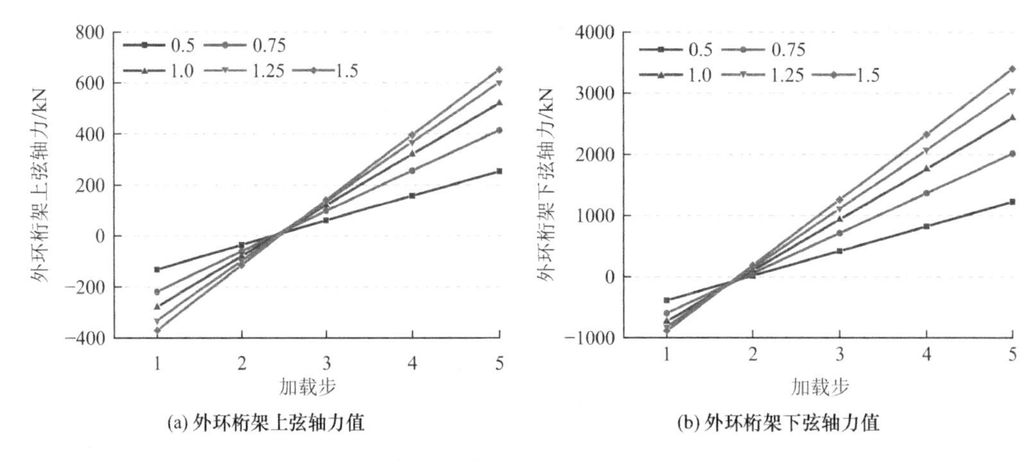

(a) 外环桁架上弦轴力值　　(b) 外环桁架下弦轴力值

图 3.3-15　外环桁架刚度对外环桁架轴力的影响

由图 3.3-15 可知：

（1）外环桁架刚度的变化对结构外环桁架的受力产生了很大的影响，在结构外环桁架刚度系数为 1.5 时，桁架上弦出现轴力最大值，达到了 651kN，比外环桁架刚度为 0.5 时增加了 156.3%，此时桁架下弦同样达到了最大值 3395kN，比外环桁架刚度为 0.5 时增加了 177.6%，且在整个加载阶段都呈现此规律。

（2）外环桁架刚度系数的增加使杆件在同样荷载作用下轴力值大幅增加，但刚度增加到一定程度后，轴力值的变化量逐渐趋于平缓。同样，结构外环桁架的轴力值与荷载值也保持同步增长的趋势，这说明外环桁架刚度越大，承担的上部荷载值越多。

不同外环桁架刚度的结构在目标荷载作用下结构主桁架上下弦轴力值的变化趋势如图 3.3-16 所示。

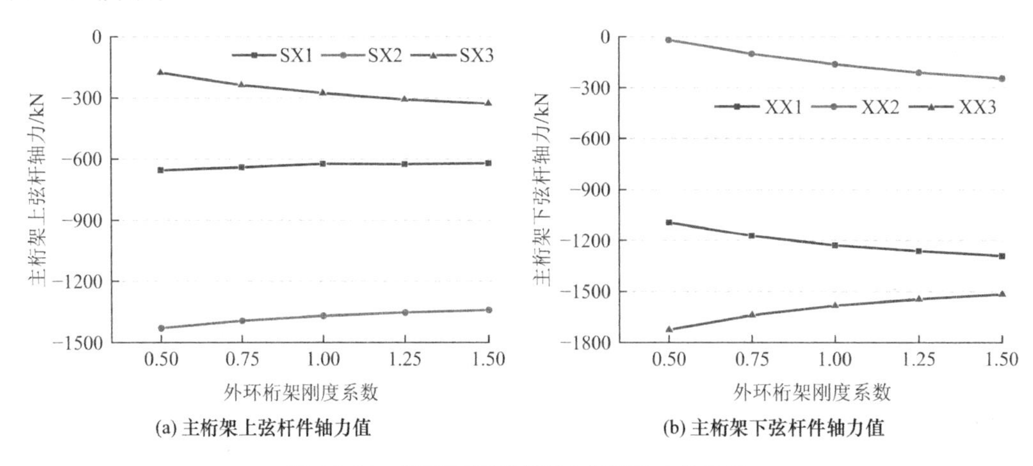

(a) 主桁架上弦杆件轴力值　　(b) 主桁架下弦杆件轴力值

图 3.3-16　外环桁架刚度对主桁架轴力的影响

由图 3.3-16 可知：

（1）外环桁架刚度的变化对结构主桁架的受力产生了一定的影响，在结构外环桁架刚度为 1.5 时，桁架上弦 SX1、SX2 杆件出现轴力最小值，分别达到了−621kN 和−1341kN，比外环桁架刚度为 0.5 时分别减少了 5.2%和 6.2%，外环桁架刚度为 0.5 时桁架下弦对应位置的 XX1、XX2 杆件轴力处于最小值，分别为−1093kN 和−9.7kN。位于最外侧的上弦 SX3

杆件随着外环桁架刚度的增加不断向受压状态转变，下弦 XX3 轴力值则减小 12.1%。

（2）根据结构不同位置主桁架轴力的变化规律，可以看出，上下弦轴力变化趋势具有相关性，具体表现为随着外环桁架刚度的增加，上弦 SX1、SX2 轴力值逐渐减小，SX3 轴力值逐渐增加，下弦杆件 XX1、XX2 的轴力值略有增加，XX3 轴力值逐渐减小。这说明结构外环桁架刚度的增加使上弦内侧和下弦外侧杆件承担的荷载值减少，上弦外侧和下弦内侧杆件承担的荷载值增加。

3.4 本章小结

本章以西北大学长安校区体育馆为具体对象，为明晰空间弦支轮辐式桁架结构的受力特点，对结构进行了参数化设计分析。针对预应力和结构形态两方面，分别建立了不同环索预应力比值、环索预应力幅值、结构矢跨比、撑杆长度、外环桁架刚度等的参数化分析模型，探究结构在各类设计参数变化时的力学行为规律，主要结论如下：

（1）在不同的预应力比值设计方案中，几何法在荷载作用下的索力重分布幅度最小，位移和杆件受力相对均匀，更加适合空间弦支轮辐式桁架结构预应力设计。

（2）预应力幅值的变化小幅度影响结构的位移和部分杆件内力，对结构整体静力性能影响较小，在工程设计中可根据屋面造型要求，选择恰当的设计参数。

（3）提高矢跨比可明显降低结构在荷载作用下的位移，提高结构整体刚度，但当矢跨比超过 0.08 时，结构屋盖上下层杆件受力不再均衡，建议实际工程中矢跨比保持在 0.06 到 0.08 之间。

（4）撑杆长度的增加可以改善结构的受力性能，增加下部索网结构承担的荷载比重，在实际工程中应根据建筑物尺寸和建筑使用高度的关系，尽量使撑杆长度保持在 4m 以上，以提高结构受力性能。

（5）外环桁架刚度的增加可以提高结构屋盖部分刚度，减小拉索内力，降低结构对支座的水平推力，建议在实际工程中增加外环桁架截面尺寸。

（6）拉索和撑杆截面尺寸的改变，对结构的静力性能影响较小，实际工程中拉索和撑杆尺寸满足材料强度和杆件变形即可。

第4章 空间弦支轮辐式桁架结构稳定性分析

稳定性作为结构静力性能的重要衡量指标，也是结构设计选型的关键考查量之一。空间弦支轮辐式桁架结构由传统弦支结构改进而来，针对此结构的自身特点，在前一章的基础上，本章对环索预应力比值及大小、矢跨比、撑杆长度、外环桁架刚度等各因素对结构稳定性及极限承载力的影响开展研究，量化分析各因素对结构极限承载力的影响程度大小，并对发生的力学行为进行原因分析。

目前结构稳定性分析主要采用的方法有基于特征值分析的线性屈曲分析方法，以及考虑荷载-位移全过程的非线性屈曲分析方法。前者是按照弹性理论求解承载力，由于无法反映结构的后屈曲性能，求解值相比实际值往往偏大；后者考虑结构的非线性效应，计算结构更贴近实际值。本章在考虑初始缺陷的基础上，采用一致缺陷模态法对整体结构进行特征值屈曲分析，而后通过位移控制法分别对不同参数设置的结构进行非线性屈曲分析，考察结构稳定性变化趋势。

4.1 特征值屈曲分析

4.1.1 特征值屈曲

特征值屈曲分析通过求解结构的刚度矩阵和荷载矩阵，可以得到结构的特征值和特征向量。特征值表示了结构在不同受力状态下的稳定性，而特征向量，即屈曲模态则描述了结构最先可能发生破坏的位置。

$$(K_l + \lambda K_G)\Phi = 0 \tag{4.1-1}$$

式中：K_l——弹性刚度矩阵；

K_G——几何刚度矩阵；

λ——特征值，即荷载因子；

Φ——位移特征向量。

在特征值屈曲分析基础上，采用一致缺陷模态法，根据屈曲分析中结构低阶模态更新模型，节点误差按照规范规定的安装误差限值设置为1/300。特征值屈曲分析中荷载组合取1.0恒荷载+1.0活荷载组合，并按3.2节所述的三种设计工况分别进行特征值屈曲分析。

4.1.2 屈曲分析结果

使用有限元软件依次分析了上述3种荷载工况作用下的结构前20阶特征值及相应的

屈曲模态，由于篇幅有限，表 4.1-1 仅列出结构的前 10 阶特征值。

不同工况下结构前 10 阶特征值　　　　表 4.1-1

阶次	工况 1	工况 2	工况 3
1	6.94	8.96	8.99
2	6.94	9.11	9.06
3	7.05	9.32	9.20
4	7.06	11.15	10.93
5	9.24	13.07	13.27
6	9.25	13.13	13.55
7	9.41	13.36	14.31
8	9.42	13.44	14.65
9	9.91	13.58	15.60
10	9.91	14.05	16.01

根据表 4.1-1 可知：

（1）在工况 1 作用下，结构的前 4 阶特征值均比较接近，这是由于结构整体形态为中心对称式，前 4 阶特征位移向量较为接近。同时结构 5～8 阶特征值同样较为接近，证明结构相邻 4 阶的特征位移向量具有对称性。

（2）在工况 2 和工况 3 作用时，结构的特征值有显著增大，同时从第 3 阶开始，各阶特征值间差距均匀增加，说明结构在非均布荷载作用下，特征位移向量不再对称。但特征值的增大表明该结构体系受非对称布置荷载的影响不大。

图 4.1-1～图 4.1-3 分别列出了结构在三种不同荷载工况作用下的前 6 阶屈曲模态。

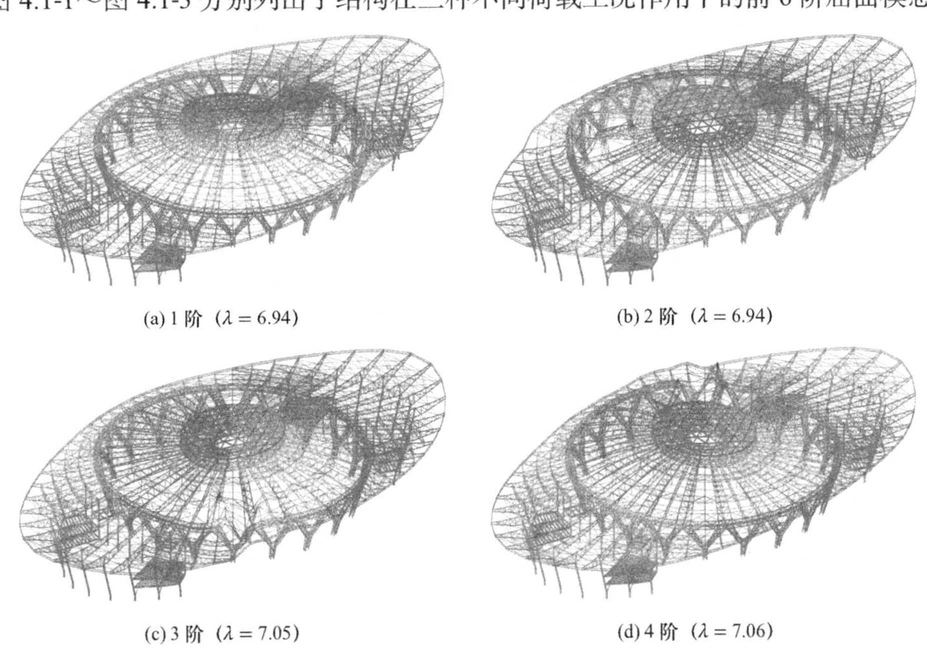

(a) 1 阶（$\lambda = 6.94$）　(b) 2 阶（$\lambda = 6.94$）

(c) 3 阶（$\lambda = 7.05$）　(d) 4 阶（$\lambda = 7.06$）

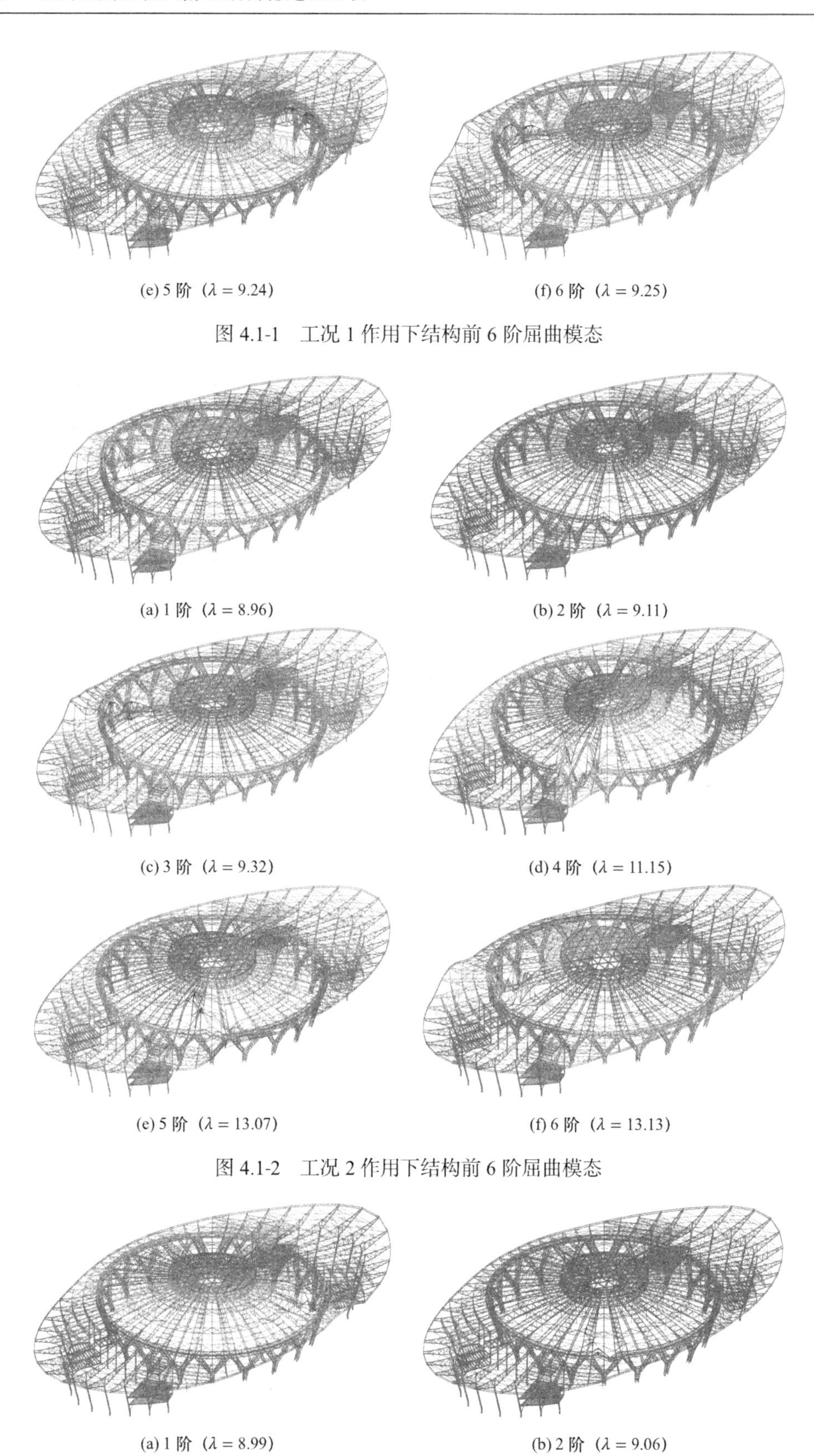

(e) 5 阶（$\lambda = 9.24$）　　(f) 6 阶（$\lambda = 9.25$）

图 4.1-1　工况 1 作用下结构前 6 阶屈曲模态

(a) 1 阶（$\lambda = 8.96$）　　(b) 2 阶（$\lambda = 9.11$）

(c) 3 阶（$\lambda = 9.32$）　　(d) 4 阶（$\lambda = 11.15$）

(e) 5 阶（$\lambda = 13.07$）　　(f) 6 阶（$\lambda = 13.13$）

图 4.1-2　工况 2 作用下结构前 6 阶屈曲模态

(a) 1 阶（$\lambda = 8.99$）　　(b) 2 阶（$\lambda = 9.06$）

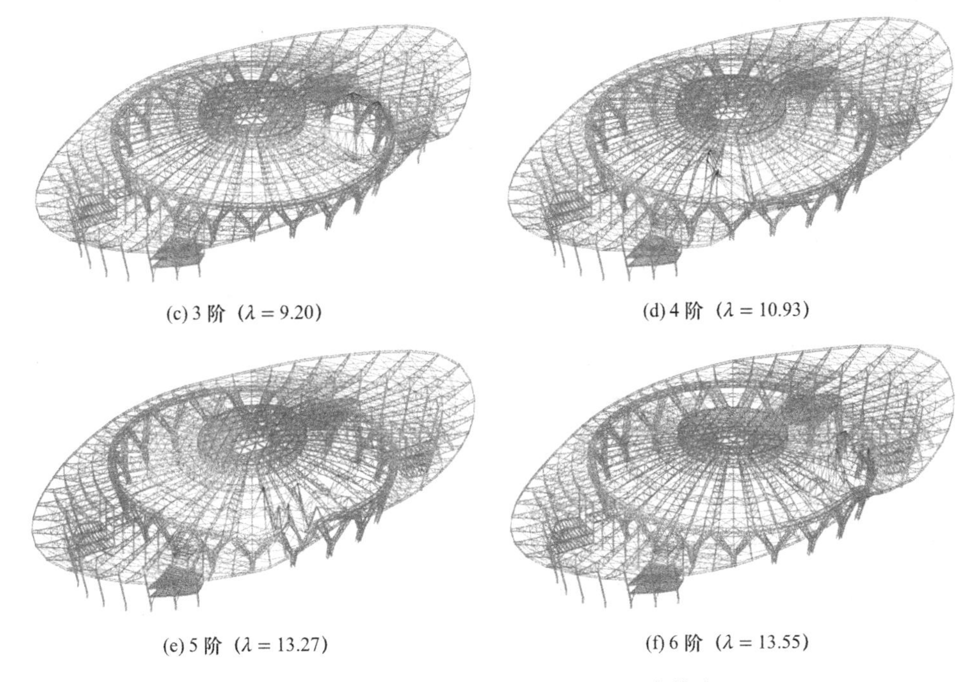

(c) 3 阶（$\lambda = 9.20$）　(d) 4 阶（$\lambda = 10.93$）

(e) 5 阶（$\lambda = 13.27$）　(f) 6 阶（$\lambda = 13.55$）

图 4.1-3　工况 3 作用下结构前 6 阶屈曲模态

由图 4.1-1～图 4.1-3 可知：

（1）结构在工况 1 作用下前 4 阶屈曲模态基本呈对称分布，同样是由于结构整体为中心对称。结构最先发生屈曲破坏的位置均位于主馆屋盖 45°主桁架处，这是由于此桁架端部处于主馆与副馆交接处，距离主馆及副馆支撑柱均较远，容易在荷载作用下发生较大变形，从而引起局部构件失稳。

（2）在工况 2 和工况 3 作用时，结构发生屈曲的位置均出现在活荷载所布置的范围内，且对称性不明显，这是由于结构所受荷载不均匀导致的，同时也可以看出结构并未发生较突出的杆件变形，这也说明结构受不利荷载分布的影响并不明显，与类似工程相比，空间弦支轮辐式桁架结构稳定性优于传统单层网壳弦支穹顶。

4.2　非线性屈曲分析

在计算弦支穹顶这类大跨度钢结构极限承载力时，特征值屈曲虽然计算量较小，计算过程快速方便，能直观表示结构在极限状态时的形态分布和杆件特征，但由于计算过程不考虑结构屈曲后变形过程，刚度矩阵建立在结构未受载时的初始形态上，特别针对结构发生较大变形的情况下，导致其计算结果往往偏大，对于实际工程的指导意义有限。因此，为更准确计算结构设计参数变化影响极限承载力系数的程度，在原有模型的基础上，采用非线性屈曲计算方法，考虑屈曲后结构大变形导致的几何非线性影响，考察结构极限承载力的变化情况。本节中荷载-位移曲线所选节点均位于结构中心环桁架下弦处，施加的荷载组合为工况1。

4.2.1 矢跨比

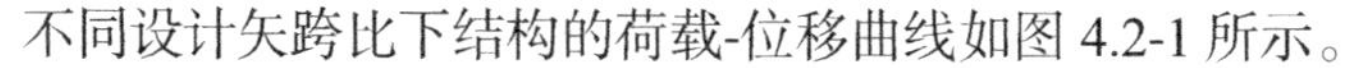

不同设计矢跨比下结构的荷载-位移曲线如图 4.2-1 所示。

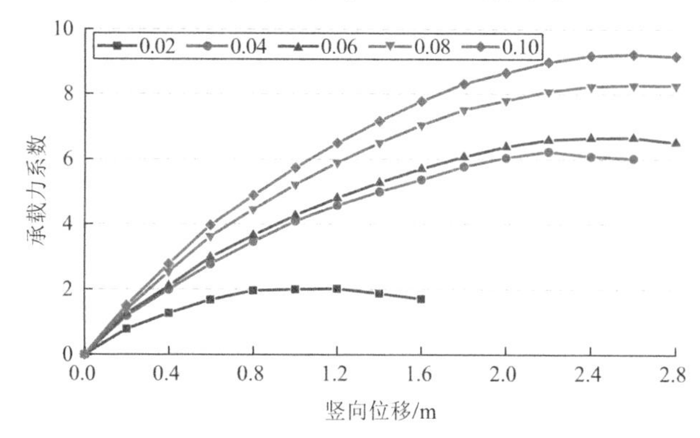

图 4.2-1　矢跨比对结构稳定性的影响

由图 4.2-1 可知：

（1）随着矢跨比的逐渐增加，结构的承载力系数也明显提高。矢跨比为 0.02 时，结构的极限承载力系数仅为 2.02，矢跨比增大到 0.1 时，结构的极限承载力系数增加到了 9.2，相比矢跨比为 0.02 时增加了 356%。

（2）矢跨比为 0.02 时，结构在中心节点位移值达到 1.2m 时承载力系数开始下降；矢跨比为 0.04 时，承载力系数下降点对应位移值为 2.2m，此后的最大承载力系数对应的位移值也在不断增加。结构最大承载力系数及对应位移值的变化说明矢跨比的增加会大幅提高结构的承载力和稳定性。

4.2.2 撑杆长度

不同撑杆长度设计值下结构的荷载-位移曲线如图 4.2-2 所示。

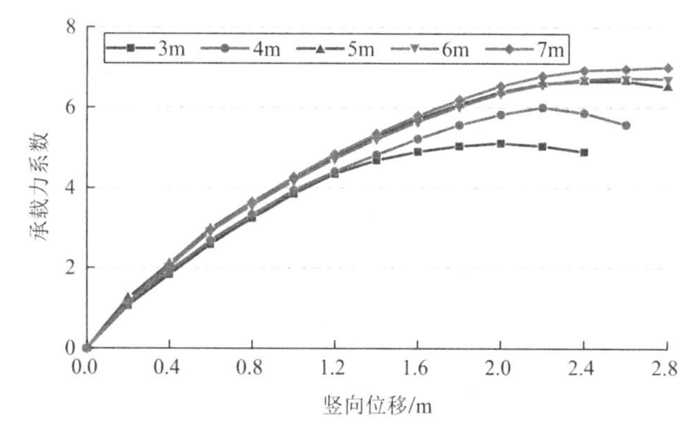

图 4.2-2　撑杆长度对结构稳定性的影响

由图 4.2-2 可知：

（1）随着撑杆长度的增加，结构的承载力系数也在逐渐提高。撑杆长度为 3m 时，结构的极限承载力系数为5.04,撑杆长度为7m时结构极限承载力系数增长到6.96,增幅为38.1%。

（2）撑杆长度为3m时，结构承载力系数下降点对应位移值为2.0m；撑杆长度为4m、5m时，承载力系数下降点对应位移值为2.2m。同时，随着撑杆长度的均匀增加，结构最大承载力系数的增加程度逐渐降低，以上规律表明撑杆长度的增加会显著提高结构的承载力和稳定性，但增加程度越来越小。

4.2.3 外环桁架刚度

不同外环桁架刚度下结构的荷载-位移曲线如图4.2-3所示。

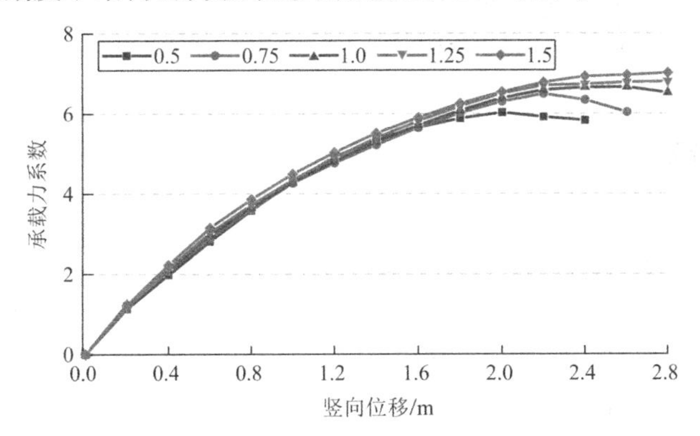

图4.2-3 外环桁架刚度对结构稳定性的影响

由图4.2-3可知：

（1）随着外环桁架刚度的逐渐增加，结构的承载力系数也在逐渐提高。外环桁架刚度系数为0.5时，结构的承载力系数为5.99，外环桁架刚度系数为1.5时，结构的承载力系数为6.63，增幅为10.5%。

（2）外环桁架刚度系数为0.5时，结构承载力系数下降点对应位移值为2.0m，外环桁架刚度系数为0.75时，结构的承载力系数下降点对应位移值为2.2m，随着外环桁架刚度系数的继续增加，结构的承载力系数下降点持续增大。以上变化表明外环桁架刚度的增加对结构的承载力和稳定性有一定程度的提高。

4.2.4 其他影响参数

上述矢跨比、撑杆长度、外环桁架刚度对结构承载力的影响程度相对较高，除此之外，拉索预应力大小、撑杆截面积、拉索截面积等对结构承载力也有小范围的影响，通过对各个设计参数进行系数调整，分析了不同模型在工况1作用下的最大承载力系数，具体的分析结果见表4.2-1。

不同参数下结构极限承载力系数 **表4.2-1**

参数化分析系数	初始预应力	拉索截面积	撑杆截面积
0.6	6.58	6.60	6.61
0.8	6.62	6.63	6.63

续表

参数化分析系数	初始预应力	拉索截面积	撑杆截面积
1.0	6.65	6.65	6.65
1.2	6.69	6.68	6.67
1.4	6.72	6.69	6.68

由表 4.2-1 可知：

各参数下结构极限承载力系数的变化幅度不大，在初始预应力、拉索截面积和撑杆截面积的分析系数由 0.6 增加到 1.4 的过程中，结构的承载力系数分别增加了 2%、1.4%和 1%，这说明以上几种参数的加强对结构的稳定性提升很小，结构在极限荷载作用下最先发生破坏的薄弱部位主要集中在屋盖钢结构上。

4.3　本章小结

本章对空间弦支轮辐式桁架结构稳定性开展研究，基于特征值屈曲分析，采用一致缺陷模态法，研究结构在不同工况下的屈曲模态区别和承载力差值。采用非线性计算方法，研究了环向索预应力水平、矢跨比、撑杆长度、外环桁架刚度、拉索截面积及撑杆截面积等各因素对结构承载力的影响，主要结论如下：

（1）结构在工况 1 作用下特征值以每 4 阶为一个周期，呈现明显周期性。在工况 2 和工况 3 作用下，结构各阶特征值相较工况 1 时增加约 27%，同时不再具有周期性。

（2）结构在工况 1 作用下，屈曲模态具有明显对称分布的特点，最先发生屈曲破坏的杆件位于主馆屋盖 45°主桁架端部位置。在工况 2 和工况 3 作用下，屈曲破坏的杆件位置未发生明显变化。

（3）矢跨比、撑杆长度、外环桁架刚度的增加均明显提高了结构的极限承载力，不同参数设置下的矢跨比、撑杆长度、外环桁架刚度对结构承载力系数的最大影响程度分别达到了 356%、38.1%、10.5%。

（4）初始预应力水平、拉索截面积、撑杆截面积的变化对结构的极限承载力影响程度很小。

第 5 章 结构动力性能及强震倒塌性能研究

5.1 结构自振特性分析

基于上述条件和有限元模型，对结构进行自振特性分析，其中质量源包括 1.0Dead（自重 + 恒荷载）+0.5Snow（雪荷载），分析得到结构前 10 阶周期及质量参与系数如表 5.1-1 所示。

模态周期和质量参与系数　　表 5.1-1

阶数	周期/s	Ux累加值	Uy累加值	Uz累加值
1	0.841	0.00011	0.50163	0.00001
2	0.838	0.00011	0.50163	0.26883
3	0.762	0.38334	0.50163	0.26883
4	0.756	0.39397	0.50177	0.26884
5	0.753	0.52461	0.50285	0.26884
6	0.750	0.52513	0.50317	0.26884
7	0.676	0.69811	0.71320	0.26884
8	0.666	0.69811	0.71346	0.26884
9	0.658	0.69811	0.71347	0.26884
10	0.538	0.69812	0.71347	0.26885

前 4 阶振型分别为 *Y* 向（短跨方向）、*X* 向、竖向平动以及竖向扭转，结构的频率十分密集。

5.1.1 副馆对自振特性的影响

在西北大学长安校区体育馆弦支桁架结构中，主馆自成自平衡体系，刚性副馆结构对其有辅助作用，提供的刚度不可忽略，对结构的自振特性必然会产生影响，因此，本节将研究是否存在副馆结构对弦支桁架结构自振特性的影响。

采用去除副馆结构后的骨架结构模型，如图 5.1-1 所示，利用同样方法对西北大学长安校区体育馆弦支桁架结构进行自振特性的分析计算。得到无副馆的弦支桁架结构的自振特性。同样，再按照规范要求复杂空间结构进行自振分析时，最少取 20 阶振型，本节取结构前 30 阶与前 8 阶振型见表 5.1-2、图 5.1-2 与图 5.1-3。

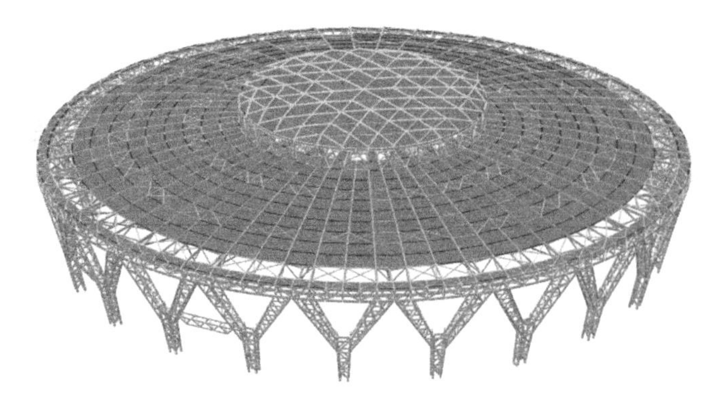

图 5.1-1　弦支桁架有限元模型

主馆结构自振频率和周期　　表 5.1-2

阶次	自振频率/Hz	周期/s	阶次	自振频率/Hz	周期/s
1	0.9123	1.0961	16	3.8553	0.2594
2	0.9134	1.0948	17	3.8597	0.2591
3	1.4537	0.6879	18	4.1480	0.2411
4	1.6763	0.5966	19	4.3601	0.2294
5	1.6814	0.5948	20	4.3626	0.2292
6	2.5563	0.3912	21	4.5393	0.2203
7	2.7648	0.3617	22	4.5521	0.2197
8	2.7919	0.3582	23	5.1471	0.1943
9	2.8697	0.3485	24	5.1952	0.1925
10	2.8851	0.3466	25	5.2197	0.1916
11	3.4855	0.2869	26	5.3559	0.1867
12	3.4997	0.2857	27	5.3572	0.1867
13	3.7362	0.2677	28	5.4050	0.1850
14	3.7495	0.2667	29	5.4113	0.1848
15	3.8538	0.2595	30	5.6045	0.1784

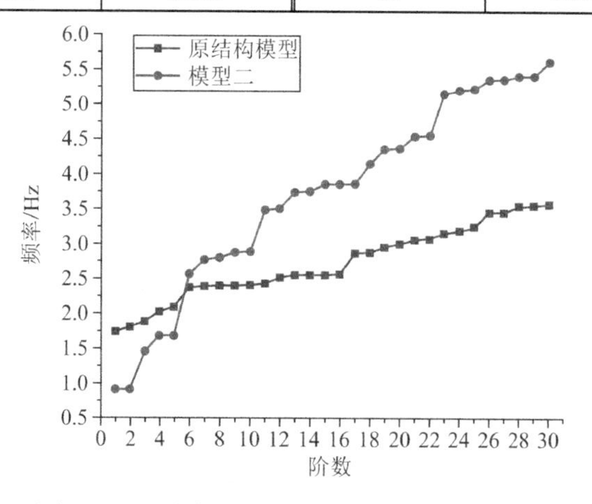

图 5.1-2　原结构模型与模型二自振频率变化图

由图 5.1-2 可以看出：

（1）模型二的前 30 阶频率相较于原结构模型较分散，第 1 阶频率为 0.9123Hz，第 30 阶频率为 5.6045Hz，频率依旧随阶数的增大而增大，相邻频率差异不大，但具有相应的跳跃式变化，产生了相邻几阶频率很相似的情形，因为结构具有多个对称轴。

（2）原结构模型与模型二的对比，两个模型频率的整体变化趋势略有差异，原结构模型频率的整体增幅比模型二要小，且原结构模型的变化相对模型二更密集，说明原结构模型的刚度分布更均匀。

（3）从低阶模态可以看出，原结构模型的前 5 阶自振频率高于模型二，且变化趋势更稳定，说明原结构模型的整体刚度相对较大。从实际情况的角度来看，原结构模型相对于模型二增加的副馆增设了若干竖向支撑与桁架梁，进一步增大了结构的整体性，模拟结果与实际情况吻合。

结构前 8 阶振型见图 5.1-3。

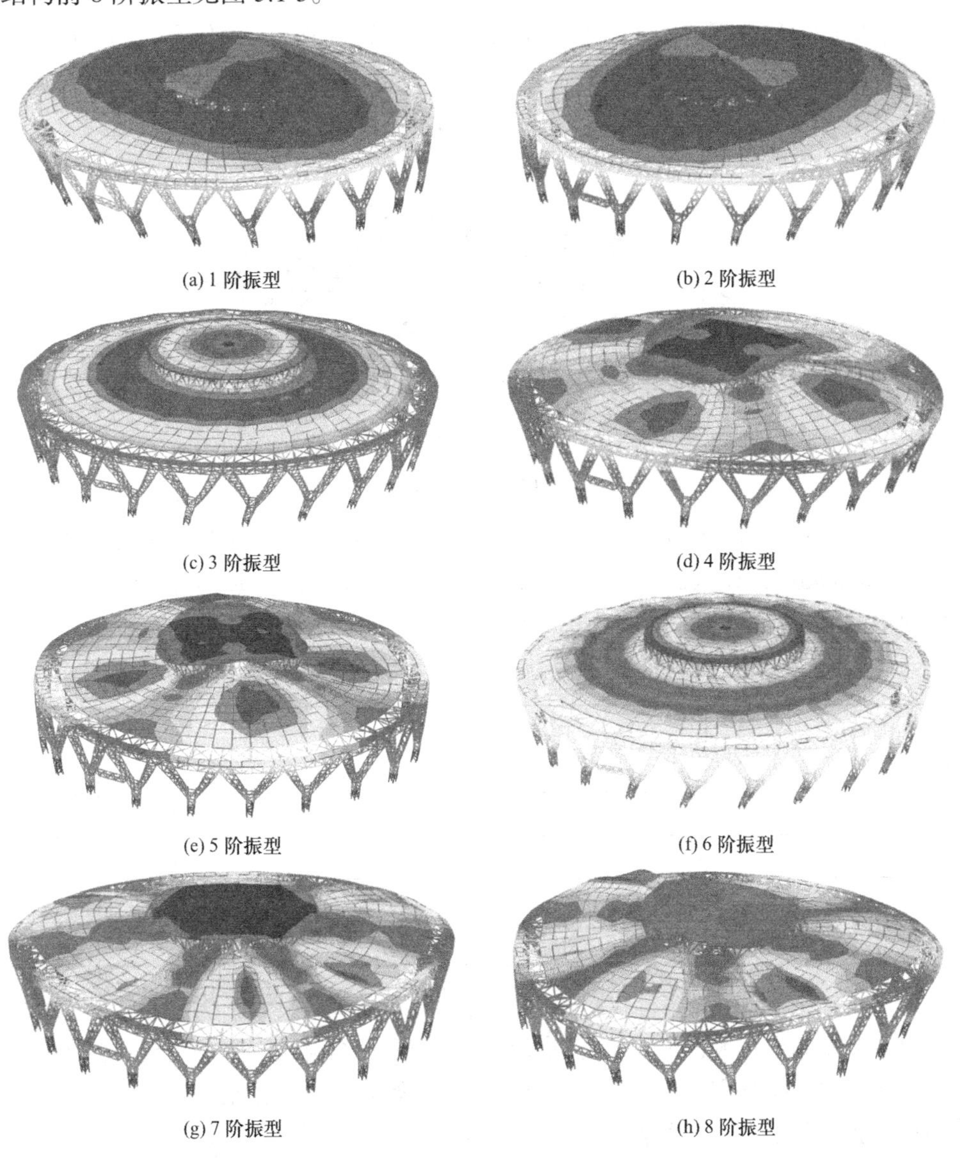

(a) 1 阶振型　(b) 2 阶振型

(c) 3 阶振型　(d) 4 阶振型

(e) 5 阶振型　(f) 6 阶振型

(g) 7 阶振型　(h) 8 阶振型

图 5.1-3　模型二（主馆结构）前 8 阶振型

由图 5.1-3 可知：

振动主要以弯曲振动、垂直振动和扭转振动为主，振动也是均匀对称分布，反映了结构的空间对称性。第 1、2 阶振型为由垂直振动和水平振动耦合的整体弯曲振动；第 3 阶振型以上部屋盖的垂直振动为主；第 4、5、7、8 阶振型同样为垂直振动与水平振动耦合的整体弯曲振动，还包括局部的扭转振动；第 6 阶振型以屋盖外部桁架的水平振动为主。原结构模型与模型二对比来看，两个模型前 6 阶振型基本一致，6 阶之后才出现差异。综上所述，有无副馆对结构的自振特性影响较大，副馆对结构的刚度有一定程度的增加，使结构刚度分布更均匀，整体性更强。

5.1.2　边界条件对自振特性的影响

弦支桁架结构是自平衡体系，不需要水平方向的约束力，而由体育馆的下部混凝土结构支撑混凝土环梁，会对水平方向有一定的制约效应，所以边界条件对结构的自振有一定的影响，为了进一步探究边界条件对结构自振的影响，在其他参数不变的情况下，设置不同的边界条件，约束节点如图 5.1-4 所示。

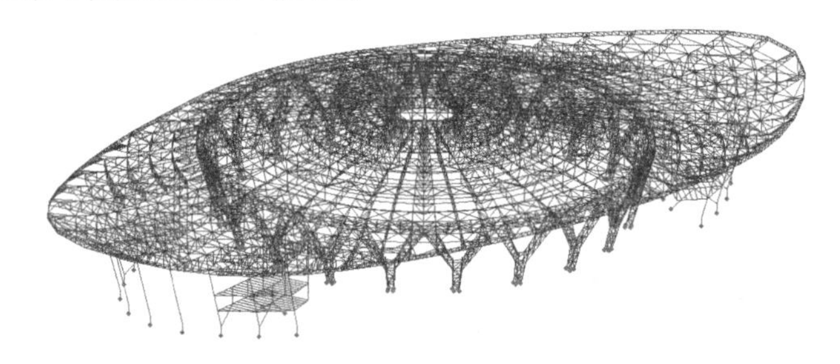

图 5.1-4　约束节点示意图

本节采用四种方案，详细信息见表 5.1-3，其中 1 代表约束；*K*代表弹性支座；刚度分布为*K*1 = 10000kN/mm，*K*2 = 3000kN/mm，*K*3 = 1000kN/mm，*K*4 = 300kN/mm。分析所得自振频率取前 15 阶对比，如图 5.1-5 所示。

不同边界条件参数　　表 5.1-3

	X	*Y*	*Z*	Rx	Ry	Rz
边界 1	1	1	1	1	1	1
边界 2	*K*1	*K*1	*K*1	1	1	1
边界 3	*K*2	*K*2	*K*2	1	1	1
边界 4	*K*3	*K*3	*K*3	1	1	1
边界 5	*K*4	*K*4	*K*4	1	1	1

如图 5.1-5 所示，边界条件仅对结构前几阶自振频率有很大影响，尤其是边界约束越强，结构的自振频率越大，说明结构刚度越大，当弹性约束较大时，结构自振频率非常接近固定约束下的自振频率，差异不大；从第 6 阶开始频率的变化基本一致，从总体来说边界条件对其影响并不大，对后若干阶频率基本没有影响。综上所述，弦支桁架的边界约束越强，其整体刚度就越大；弦支桁架结构不论是刚接还是铰接，其自振频率变化不大，对

结构的整体刚度影响并不大。所以本节模拟分析中均假定模型边界为刚性约束。

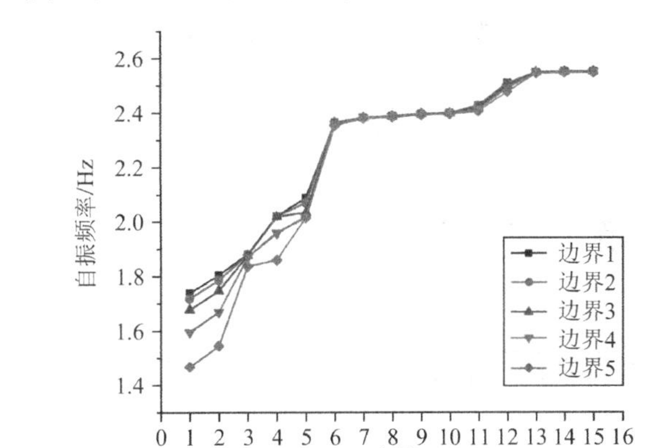

图 5.1-5 不同边界自振频率对比图

5.1.3 预应力对自振特性的影响

在张拉整体结构中，预应力极大地提升了结构的整体刚度。弦支桁架的结构特点在于桁架与拉索之间设置的索杆体系，它主要是通过对张拉拉索施加预应力，以提高结构的受力性能并降低对其他构件的依赖度，作为张拉整体结构，预应力对其动力特性有着不可忽视的影响。本节将研究拉索预应力水平对于自振特性的影响，拟对西北大学长安校区体育馆索结构施加四种不同的预应力，分析结构的自振频率。设索结构的原本预应力为*P*，另取0.2*P*、0.5*P*和 1.5*P*三种预应力水平，计算分析前 15 阶自振频率的变化如图 5.1-6 所示，由于结构前几阶振型是主要振型，故取结构前 3 阶自振频率变化如图 5.1-7 所示。

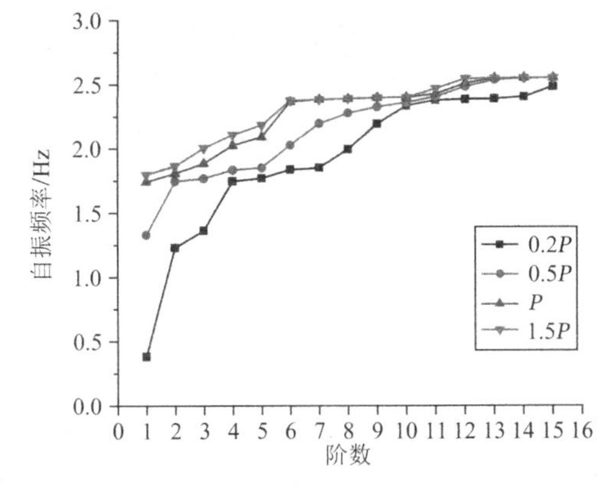

图 5.1-6 不同预应力自振频率对比图

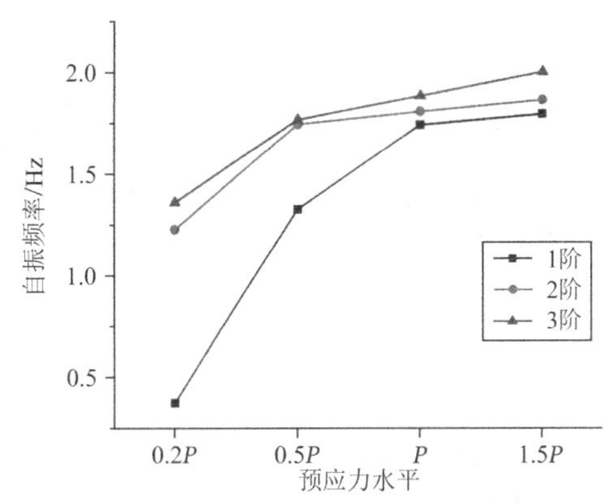

图 5.1-7 不同预应力前 3 阶自振频率对比图

由图 5.1-6 可看出结构的自振频率会随着索结构的预应力的变化而变化，在 4 种不同的预应力水平下，结构自振频率随预应力的水平增加而提高，且前 5 阶频率变化最为明显，结构自振频率越往后越趋向相同，但结构 4 种情况结构的自振频率的总体变化趋向相同；由图 5.1-7 可以看出在原有外部预应力的基础上减小外部预应力会使自振频率明显下降，而外部预应力较小时对自振频率影响也很大，但在原有预应力的基础上增加预应力时，自振频率增长不明显。

综上所述，预应力在规定范围内增大会提高结构的整体刚度，使结构自振频率提高，预应力水平达不到正常值对结构刚度影响较大；而预应力水平的变化，对自振频率整体改变趋势影响不大，因此预应力并没有直接改变结构的刚度分布。在工程中我们应该选择合适的预应力，以满足工程安全性与经济性的统一。

5.2　结构振型分解反应谱分析

5.2.1　结构在水平地震作用下的响应

分析结构整体在单向地震作用（EQx、EQy）以及双向地震作用（EQxy）下的各向位移，得出结构在重力荷载作用下的变形分布规律性更强。结构在单向水平地震下产生扭转，其水平位移较大区域出现在主馆桁架与副馆桁架的连接处，这与结构此处的振动分量较多有关。水平地震作用下结构最大竖向位移为 23.8mm，与静力荷载下的变形相差较多。由此可见，水平地震对结构不起控制作用。表 5.2-1 列出了结构在重力荷载及单、双向水平地震作用下的应力对比情况。

结构在重力荷载及单、双向水平地震作用下的应力对比　　　　表 5.2-1

类型	杆件编号	应力最大值/MPa	杆件位置
重力荷载	3189	981.3	索、主馆桁架
X向地震作用	8989	149.0	格构柱
Y向地震作用	9767	149.7	格构柱
X、Y向地震作用	9767	149.9	格构柱

结构在静力荷载作用下内力分布比较均匀，应力最大值出现在主馆桁架区域拉索；在单向水平地震作用下，杆件内力最大值出现在格构柱构件区域，且越靠近支座的杆件内力越大，结构整体内力分布仍然比较均匀。结构在双向水平地震作用下的内力分布在X、Y方向对称，这也体现了结构两个方向刚度的对称性。总体来看，水平地震作用下的杆件内力远小于静力荷载作用下的杆件内力。

5.2.2　结构在竖向地震作用下的响应

在竖向地震作用下，结构的外环桁架构件应力分布较大，最大值为 269.4MPa。构件在竖向地震作用下的内力仍然比重力荷载作用下的内力小得多，且与水平地震下的内力相比减小了许多。竖向地震作用下的竖向节点位移最大值为 19.6mm，与单向水平地震作用的影响相近。

5.3　结构弹塑性地震响应时程分析

根据 FEMA 356 中规定的结构抗震性能量化指标，可以判断结构进入三个抗震设防等级中“小震不坏，中震可修，大震不倒”的具体设防等级，即对应 SAP2000 定义的塑性铰力-位移曲线中的 IO、LS、CP 三个设防等级。结构位移性能指标见表 5.3-1，SAP2000 中定义的塑性铰力-位移曲线如图 5.3-1 所示。其中，BC 段中的点 IO、LS、CP 分别对应 FEMA 356 中所规定的直接使用、生命安全、防止倒塌三个性能指标，在非线性分析后，可根据结构中铰的性能状态来判定结构是否满足指定地震作用下的结构期望的能力目标。

本节选用 P 铰和 PMM 铰两种塑性铰来模拟结构的材料非线性。P 铰设置在桁架腹杆和屋盖环向支撑单元的中部；PMM 铰设置在桁架弦杆、格构柱杆件的两端。

结构位移性能指标　　表 5.3-1

网架位移性能指标	超越概率	地震危险性	最大水平位移/跨度	最大竖向位移/高度
直接使用	50 年内 63.2%	不坏	1/500	1/250
生命安全	50 年内 10%	可修	1/200	1/100
防止倒塌	50 年内 2%～3%	不倒	1/100	1/50

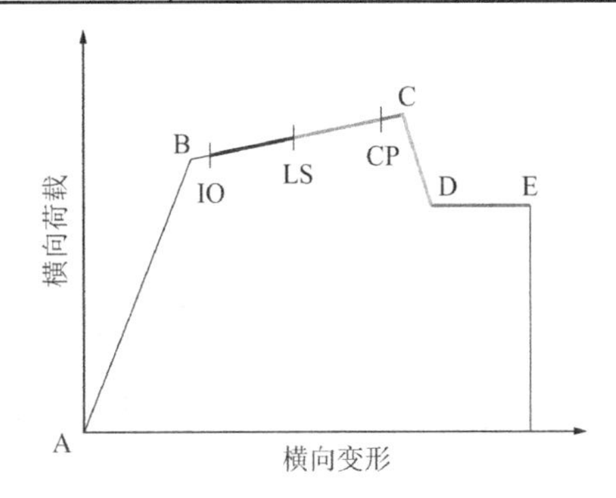

图 5.3-1　塑性铰力-位移曲线

5.3.1 地震波的选取

本结构按照《建筑抗震设计规范》GB 50011—2010（2016 年版）要求选取Ⅱ类场地的一组实际地震动记录和一组人工模拟的加速度时程曲线进行计算。其中实测地震波为在太平洋地震工程研究中心 PEER 中选取的 RSN55_SFERN 波。人工拟合波为Ⅱ类场地，地震分组为第二组情况下模拟出的，地震持时为 30s，时间间隔为 0.02s。地震波形图如图 5.3-2 所示，对应每种地震波的地震影响系数曲线如图 5.3-3 和图 5.3-4 所示。

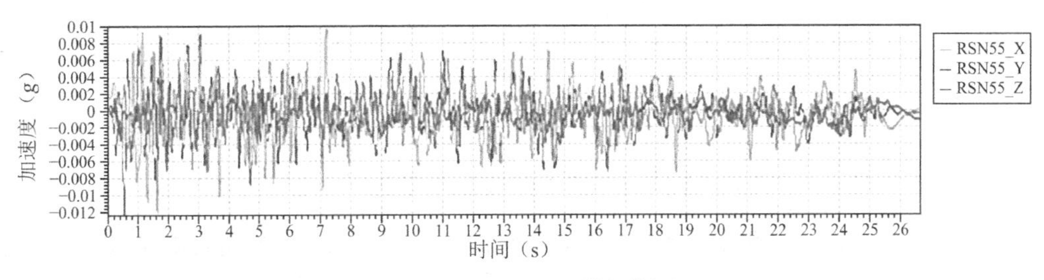

(a) RSN55_SFERN 波波形图

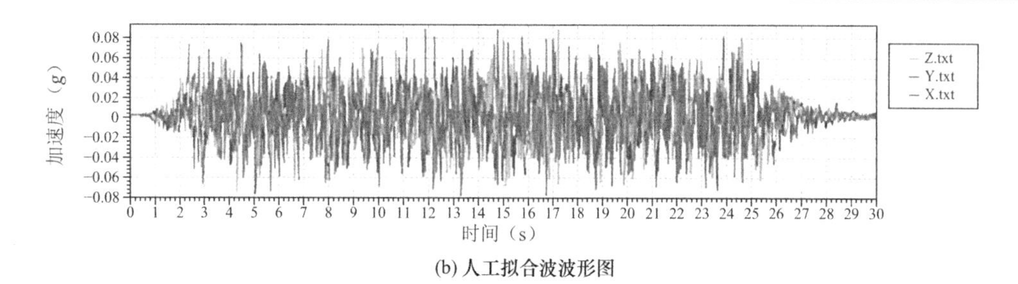

(b) 人工拟合波波形图

图 5.3-2　时程分析选用地震波

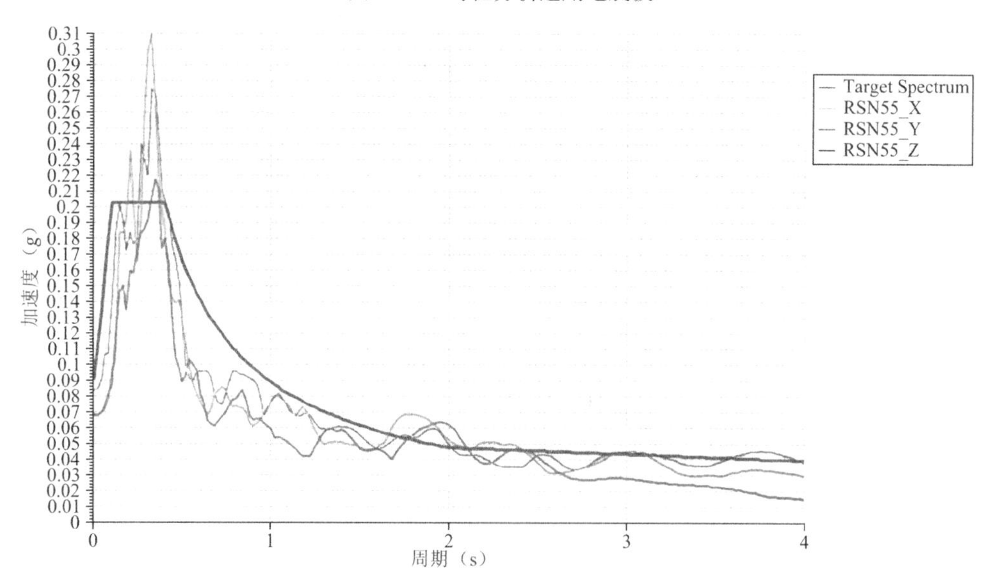

图 5.3-3　RSN55_SFERN 波加速度反应谱曲线

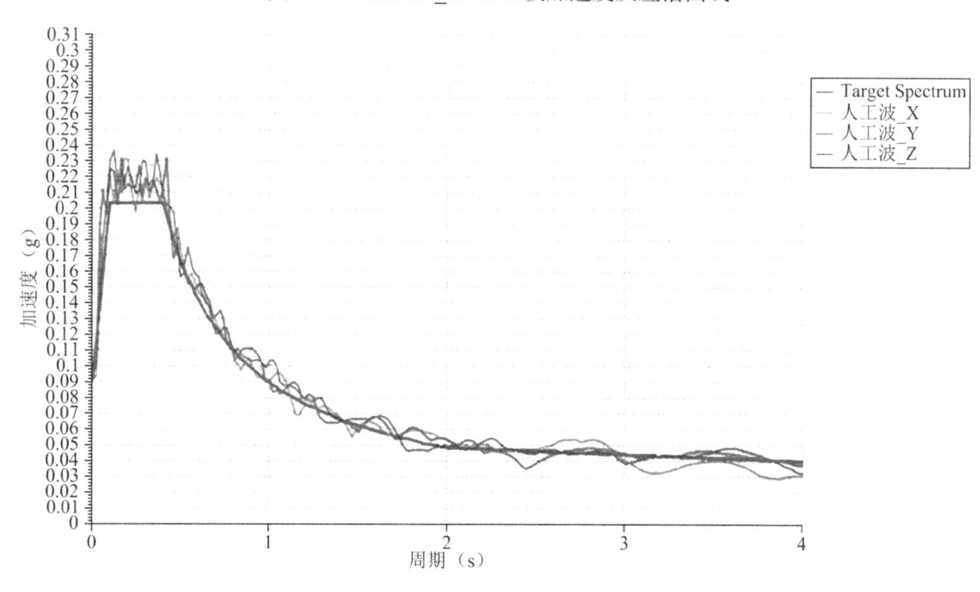

图 5.3-4　人工拟合波加速度反应谱曲线

由图 5.3-3 和图 5.3-4 所示，RSN55_SFERN 波及人工波的平均地震影响系数曲线与振型分解反应谱法所用的地震影响系数曲线相比，在各个周期点上相差不大于 20%，符合《建筑抗震设计规范》GB 50011—2010（2016 年版）中的规定：多组时程曲线的平均地震影响系数曲线应与振型分解反应谱法所采用的地震影响系数曲线在统计意义上相符。

5.3.2 地震波作用下的结构响应分析

讨论屋盖结构在 RSN55_SFERN 地震波作用下的弹塑性分析，分析所用地震波曲线的最大值按最不利考虑，并对该地震波的加速度峰值进行了修改。依据规范中规定 8 度（0.20g）罕遇地震时程分析所用地震加速度时程的最大值为 400cm/s^2，将罕遇地震作用下波的加速度峰值修改为 400Gal，持时 26s。修改后的 RSN55_SFERN 波的波形如图 5.3-5 所示。

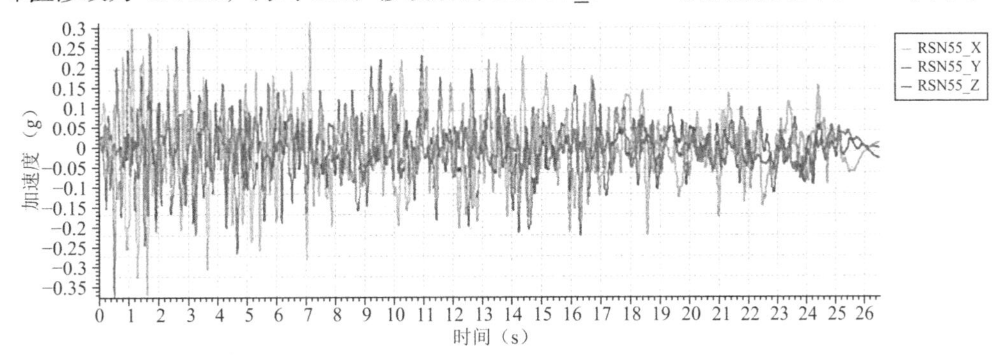

图 5.3-5 调幅后的 RSN55_SFERN 波波形

考虑结构在水平和竖向地震作用下的位移，并用位移指标来描述结构的抗震性能。

1）水平地震作用下的弹塑性时程分析

通过弹塑性时程分析得出，结构在水平多遇及罕遇地震作用下，结构在 X、Y、Z 方向产生最大位移的节点编号分别为 2081、2089、1251，其节点位置如图 5.3-6 所示，最大节点位移及比值见表 5.3-2。

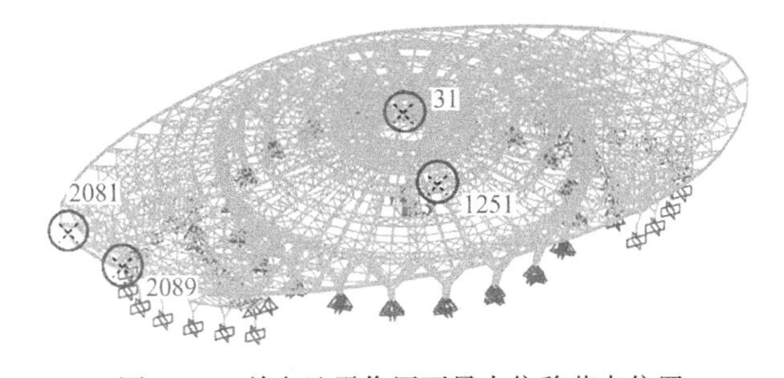

图 5.3-6 单向地震作用下最大位移节点位置

水平地震作用下最大节点位移及比值 表 5.3-2

项目	X		Y		Z	
	U_1/mm	U_1/L	U_2/mm	U_2/L	U_3/mm	U_3/H
多遇	28.693	1/3600	19.065	1/5418	19.052	1/1975
罕遇	137.877	1/749	94.920	1/1088	94.856	1/397

节点 2081、2089、1251 在水平地震多遇和罕遇地震作用下分别对应的 X、Y、Z 方向的节点位移的时程曲线如图 5.3-7～图 5.3-9 所示。

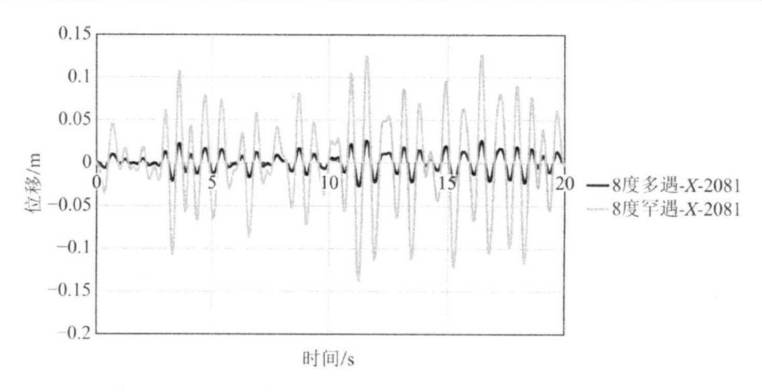

图 5.3-7　节点 2081 在X方向的位移时程曲线

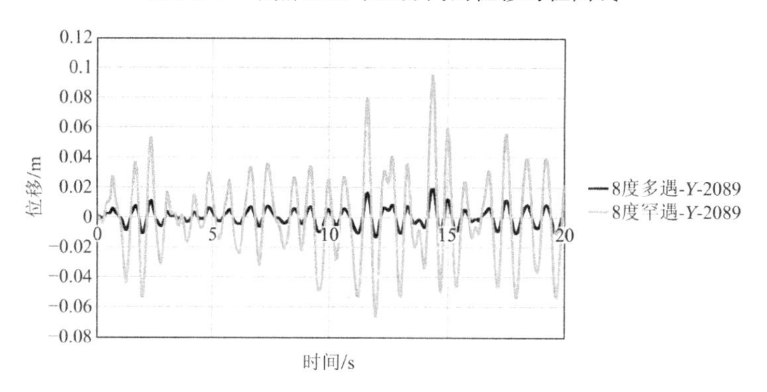

图 5.3-8　节点 2089 在Y方向的位移时程曲线

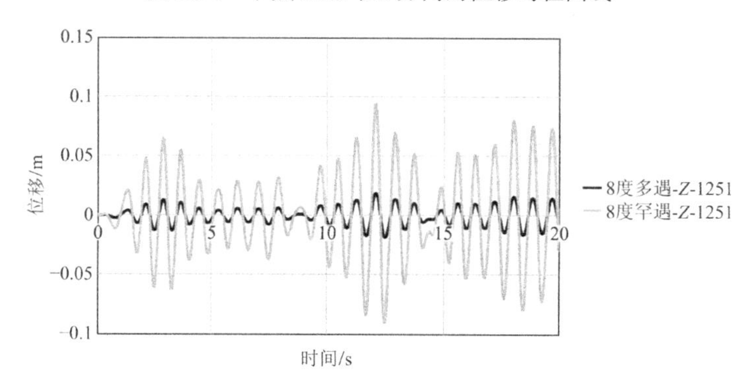

图 5.3-9　节点 1251 在Z方向的位移时程曲线

屋盖结构的X、Y方向跨度均为 103.295m，高度为 37.619m，由表 5.3-2 可得，在 8 度多遇地震作用下，屋盖结构的X、Y方向最大水平位移和相对应的跨度之间的比值均远小于正常使用状态下所容许的比值 1/500，Z方向最大竖向位移与网架高度的比值远小于正常使用状态下的容许比值 1/250。故该张弦屋盖结构满足在 8 度多遇地震作用下的“正常使用”设计要求。在 8 度罕遇地震作用下，X、Y方向最大水平位移和相对应的跨度之间的比值均小于震后可修状态下所容许的比值 1/200，Z方向最大竖向位移与网架高度的比值小于震后可修状态下的容许比值 1/100。网架结构满足在 8 度罕遇地震作用下“震后可修”的要求。

综上可知，结构在规定的抗震设防烈度为 8 度的多遇和罕遇水平地震作用下，均能满足抗震规范的要求。

2）竖向地震作用下的弹塑性时程分析

通过分析得出结构在竖向多遇地震作用下，屋盖结构在 19.70s 产生最大竖向位移，其节点编号为 31，节点位置如图 5.3-6 所示。结构的最大竖向位移为 14.3mm，该位移远小于水平地震作用下的节点最大竖向位移，故满足正常使用的要求。在竖向罕遇地震作用下，网架仍在 19.70s 时产生最大竖向位移，其节点编号仍为 31，产生的最大竖向位移为 71.4mm，节点在多遇和罕遇地震作用下竖向位移时程曲线如图 5.3-10 所示。该位移小于水平地震作用下的节点最大竖向位移，故满足“震后可修”的要求。

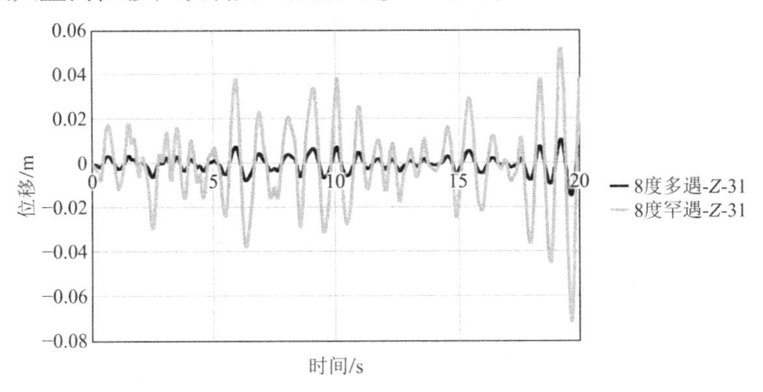

图 5.3-10　节点 31 在Z方向的位移时程曲线

综上可得，水平地震作用下结构各个方向的最大位移要远大于竖向地震，该屋盖结构在抵抗竖向地震作用下的能力要强于抵抗水平地震作用下的能力，即结构在水平地震作用下是单向地震中最不利的情况。张弦屋盖结构在水平地震和竖向地震作用下，多遇地震满足结构“正常使用”的要求，罕遇地震满足结构“震后可修”的要求。结构的设计满足抗震规范的要求，并有较高的冗余度，具有良好的抗倒塌能力。

3）双向地震作用下的弹塑性时程分析

双向地震作用下要考虑结构时程曲线的组合系数，即 $1.0X \times 0.85Y$，由于上节讨论结果表明结构在水平地震作用下结构的节点位移最大，结构最不安全。考虑结构的最不利组合，本节只考虑X、Y双向地震作用下结构的动力响应和X、Z双向地震作用下的结构响应，来分析结构节点在各个工况中的最大位移，从而确定结构的最不利组合。

（1）X、Y双向地震作用下的弹塑性时程分析

在X、Y双向地震作用下，张弦屋盖结构在 8 度多遇地震作用下各个方向产生的最大节点位移所对应的节点与 8 度罕遇地震作用下最大位移所对应的节点相同，X、Y、Z三个方向最大位移节点分别为 1490、2089、2783，其节点位置如图 5.3-11 所示，最大节点位移及比值见表 5.3-3。

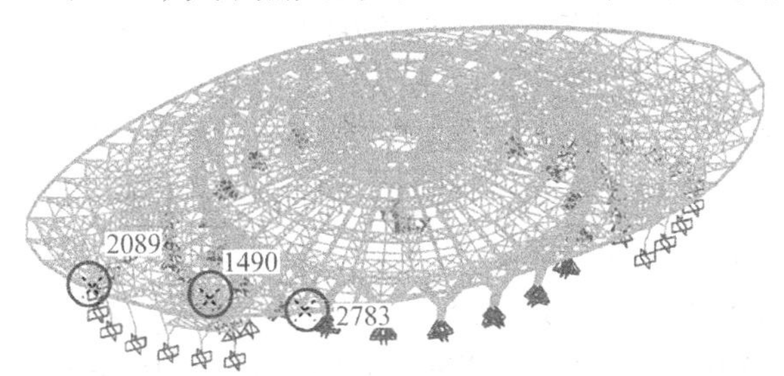

图 5.3-11　X、Y双向地震作用下最大位移节点位置

X、Y 方向地震作用下最大节点位移及比值　　　　表 5.3-3

项目	X		Y		Z	
	U_1/mm	U_1/L	U_2/mm	U_2/L	U_3/mm	U_3/H
多遇	27.807	1/3715	18.259	1/5657	21.985	1/1711
罕遇	138.444	1/746	90.909	1/1136	109.461	1/344

由表 5.3-3 可以看出，多遇地震和罕遇地震在X、Y方向产生的最大位移与相对应的跨度之间的比值为 1/746，最大竖向位移与结构高度之间的比值为 1/344，小于结构震后可修的限值 1/200 和 1/100，说明结构在双向地震作用下的水平位移满足规范规定中“震后可修”的要求。

（2）X、Z双向地震作用下的弹塑性时程分析

在多遇和罕遇地震作用下，结构各个方向最大位移节点相同，X、Y、Z方向产生最大位移的节点编号分别为 2081、4847、82，其节点位置如图 5.3-12 所示，最大节点位移及比值见表 5.3-4。

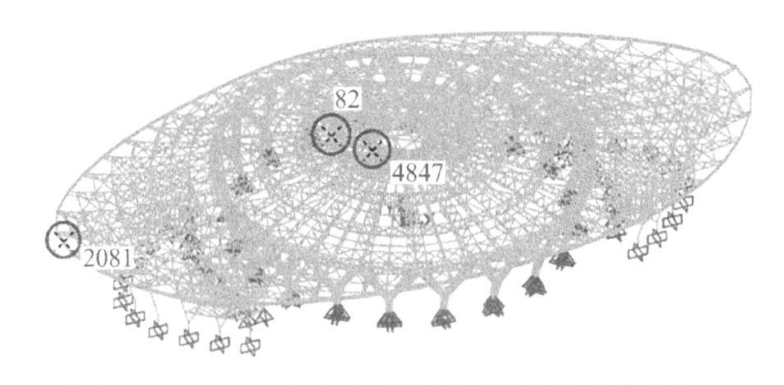

图 5.3-12　X、Z方向地震作用下最大位移节点位置

X、Z 方向地震作用下最大节点位移及比值　　　　表 5.3-4

项目	X		Y		Z	
	U_1/mm	U_1/L	U_2/mm	U_2/L	U_3/mm	U_3/H
多遇	28.152	1/3669	10.812	1/955	18.465	1/2037
罕遇	140.162	1/737	53.833	1/1919	91.933	1/409

通过计算得出，结构在 8 度多遇及罕遇地震作用下，X、Y方向最大水平位移与相对应的跨度之间的比值为 1/737，Z方向最大竖向位移与结构高度的比值为 1/409，均满足抗震规范的“震后可修”的要求。

综上可得，结构在双向地震作用下，水平方向最大节点位移要大于单向地震作用下的最大节点位移，在X、Y方向地震作用时，最为薄弱的为X方向，节点最大位移满足抗震规范的安全使用要求，在X、Z方向地震作用时，最为薄弱的为X方向，节点最大位移满足抗震规范的震后可修的要求。综上所述，结构在双向地震作用下，结构满足抗震规范的安全使用的要求，具有一定的抗垮塌性能。

4）三向地震作用下的弹塑性时程分析

结构在三向地震作用下，输入地震波曲线时要考虑三向地震作用下的组合系数，即：$1.0X \times 0.85Y \times 0.65Z$。通过弹塑性时程分析，得出结构在三向地震作用下的结构各个方向

对应的最大位移，在8度多遇地震和罕遇地震作用下，结构在X、Y、Z方向的最大位移对应的节点编号分别为2081、2089、626，其节点位置如图5.3-13所示，最大节点位移及比值见表5.3-5。

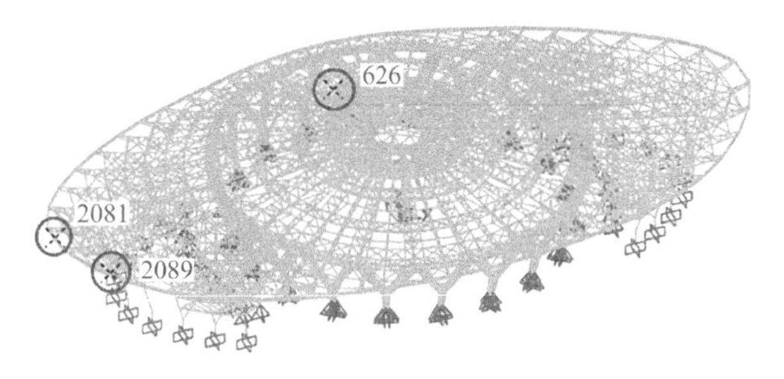

图5.3-13 最大位移节点位置

三向地震作用下最大节点位移及比值 表5.3-5

项目	X		Y		Z	
	U_1/mm	U_1/L	U_2/mm	U_2/L	U_3/mm	U_3/H
多遇	28.140	1/3671	18.386	1/5618	22.427	1/1677
罕遇	140.102	1/737	91.540	1/1128	111.660	1/337

通过计算得出，结构在三向8度多遇及罕遇地震作用下，X、Y方向最大水平位移与相对应的跨度之间的比值为1/737，Z方向最大竖向位移与结构高度的比值为1/337，均满足抗震规范的“震后可修”的要求。

下面以本结构的格构柱和副馆柱为主要研究对象，如图5.3-14所示，探究在以Y方向为主方向的三向罕遇地震作用下，结构柱子的塑性铰发展过程及分布规律。以$1.0Y \times 0.85X \times 0.65Z$输入RSN55_SFERN三向地震波，为了较细致直观地反映出大震作用下柱子塑性铰的发展过程，共设置了三个不同地震波峰值下的荷载工况：400Gal、800Gal和1000Gal。

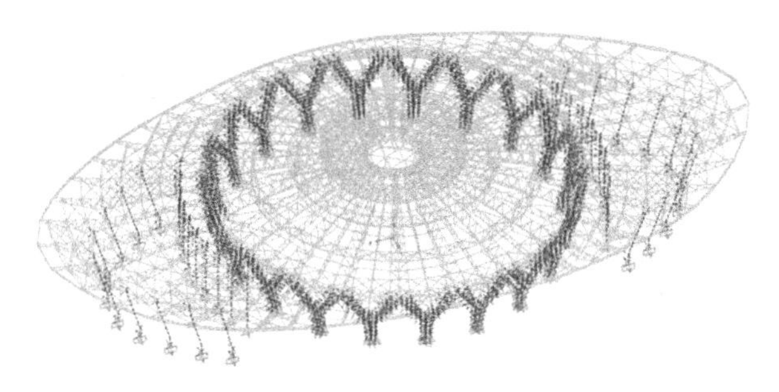

图5.3-14 研究对象

RSN55_SFERN地震波峰值为400Gal时，结构在9s时第一次在格构柱柱底出现少量塑性铰，其间在相邻的格构柱陆续出现越来越多的塑性铰，直至25.4s时，结构达到塑性发展峰值，其后保持不变，如图5.3-15所示。整体结构在主桁架中部产生较大的竖向变形，最大挠度为420mm，主馆桁架跨度为103.295m，稍微超过结构的允许挠度103295/250 = 413mm。

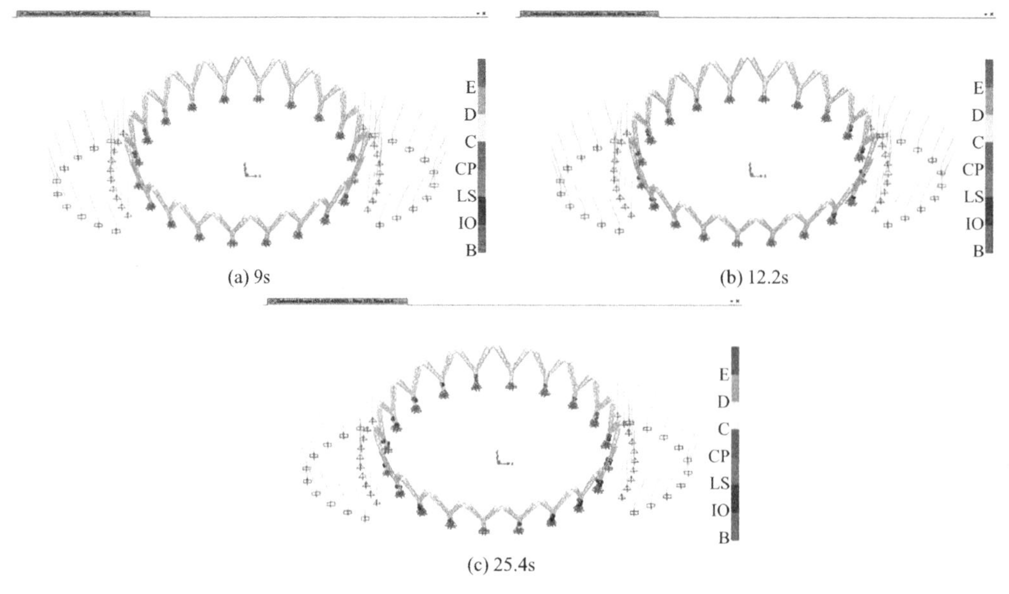

(a) 9s (b) 12.2s (c) 25.4s

图 5.3-15 地震波峰值为 400Gal 时出铰结果

调整 RSN55_SFERN 地震波峰值为 800Gal，结构在 2s 时第一次在格构柱柱底出现少量塑性铰，其间每个格构柱底部陆续出现越来越多的塑性铰，但是塑性铰的位置及程度不同，直至 14.6s 时，SAP2000 退出运算，由图 5.3-16 可知，全部格构柱均有杆件进入塑性阶段。结构的整体最大竖向位移为 593mm，结构产生较大变形，变形超过允许挠度值，但并未超过网架倒塌变形量化指标 103295/100 = 1033mm，结合柱子出铰情况，可以认为结构在地震波峰值为 800Gal 时仍未倒塌。

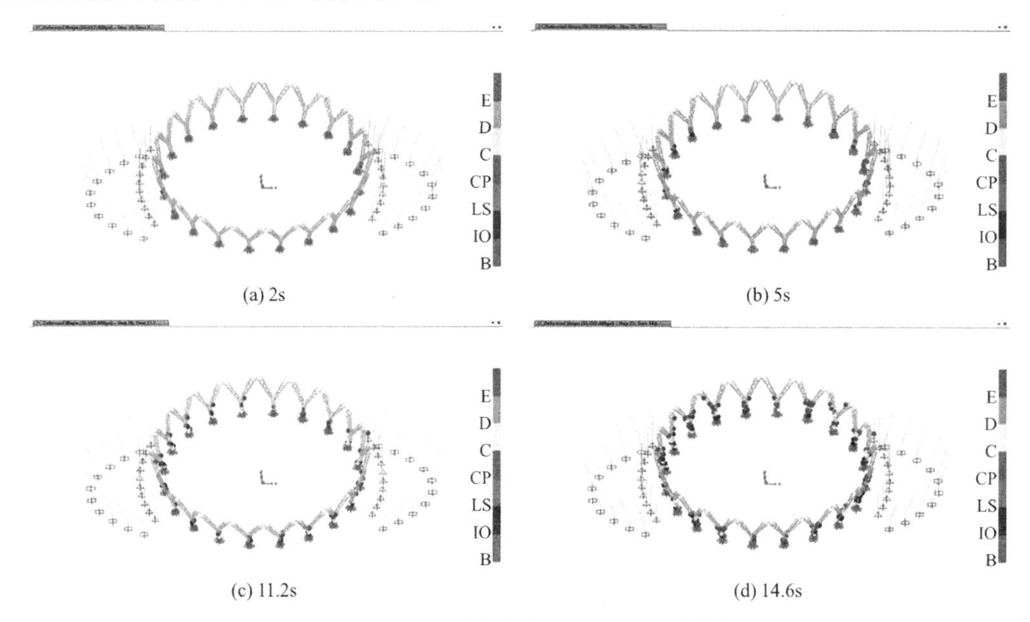

(a) 2s (b) 5s (c) 11.2s (d) 14.6s

图 5.3-16 地震波峰值为 800Gal 时出铰结果

RSN55_SFERN 地震波峰值为 1000Gal 时，结构在 1.2s 时第一次出现塑性铰，其间陆续出现越来越多的塑性铰，但是塑性铰的位置及程度不同，直至 10.2s 时，程序退出运算，由图 5.3-17 可知，全部格构柱均有杆件进入塑性阶段。结构的整体最大竖向位移为 562mm，结构产生较大变形，变形超过允许挠度值，但并未超过网架倒塌变形量化指标，结合柱子出铰情况，可以认为结构在地震波峰值为 1000Gal 时仍未倒塌。

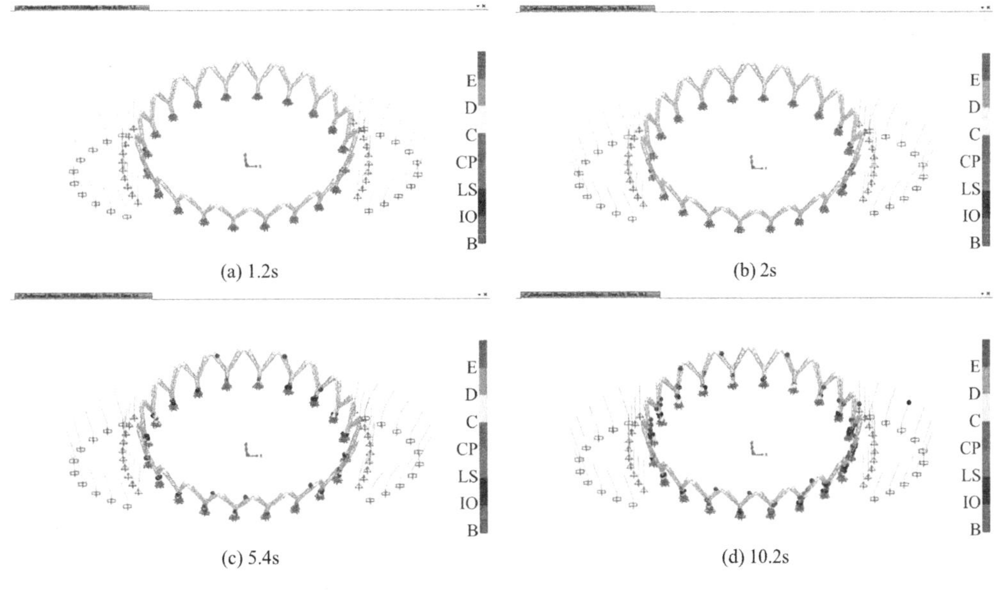

图 5.3-17 地震波峰值为 1000Gal 时出铰结果

5.4 强震倒塌性能研究

5.4.1 单向人工波作用下的结构响应

本节以罕遇地震作用下本结构的格构柱和副馆柱为主要研究对象。重点探究在罕遇地震作用下，结构柱子的塑性铰发展过程及分布规律。结构在前 10 阶振型中主要表现为Y方向的位移，故该结构振型为Y方向为主的平动振型。本节选取罕遇地震人工拟合Y向波来输入计算，地震波波形及相应地震影响系数曲线如图 5.4-1 所示。

用 SAP2000 进行建模分析，输入人工拟合Y向地震波，为了较细致直观地反映出大震作用下柱子塑性铰的发展过程，设置四个不同地震波峰值下的荷载工况：400Gal、800Gal、1000Gal 和 1400Gal。格构柱和副馆柱在这四种峰值地震波作用下的出铰情况如图 5.4-2～图 5.4-5 所示。

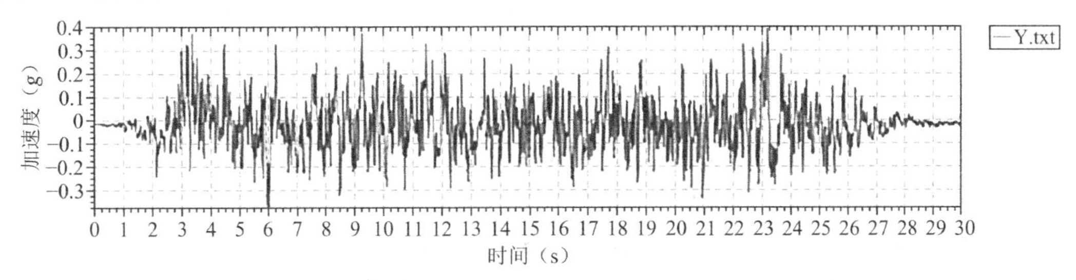

(a) 罕遇地震人工拟合Y向波波形

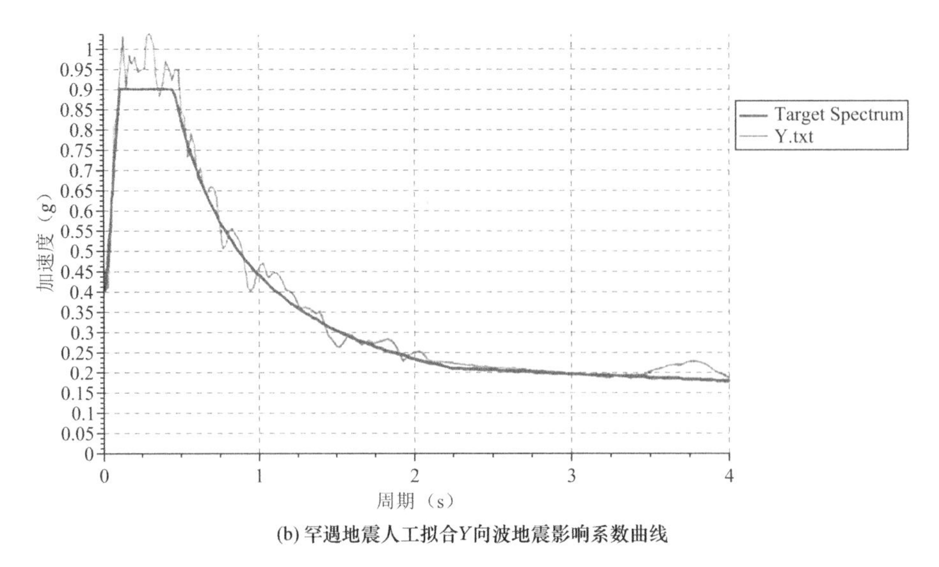

(b) 罕遇地震人工拟合Y向波地震影响系数曲线

图 5.4-1　人工拟合Y向地震波波形及相应地震影响系数曲线

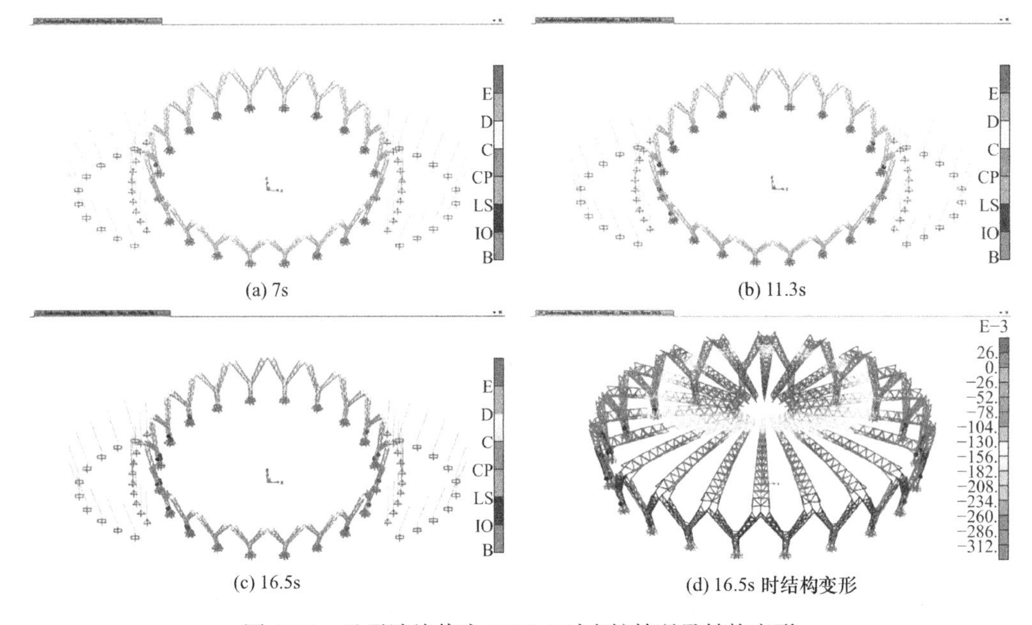

(a) 7s　(b) 11.3s　(c) 16.5s　(d) 16.5s 时结构变形

图 5.4-2　地震波峰值为400Gal时出铰情况及结构变形

人工拟合地震波峰值为400Gal时，结构在7s时第一次在部分格构柱柱底出现少量塑性铰，随后塑性铰数量不断增多，直至16.5s时，结构出现最多的塑性铰，其后保持不变。如图5.4-2所示，整体上结构在主桁架中部偏内侧产生最大竖向变形，最大挠度为312mm，主馆桁架跨度为 103.295m，结构的允许挠度为 103295/250 = 413mm，未超过网架位移指标。

人工拟合地震波峰值为800Gal时，结构在3.5s时第一次在柱底出现塑性铰，其间陆续出现越来越多的塑性铰，但是塑性铰的位置及程度不同，直至17.7s时，全部格构柱均有杆件进入塑性阶段，SAP2000 退出运算，由图5.4-3（e）可知，外环桁架有部分构件完全屈服，应该是造成软件退出运算的主要原因，但并没有关键杆件失效，可以认为并未造成结构的倒塌。

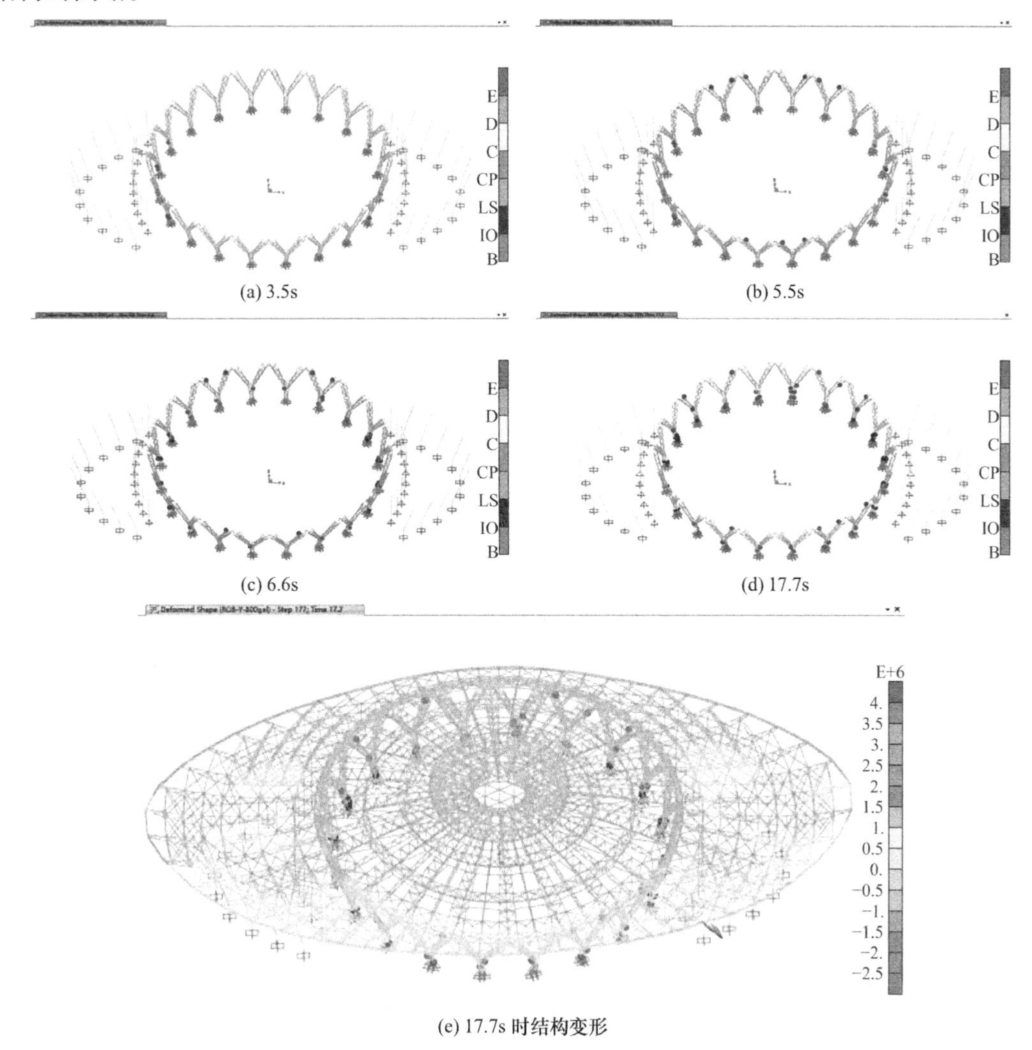

(e) 17.7s 时结构变形

图 5.4-3 地震波峰值为 800Gal 时出铰情况及结构变形

人工拟合地震波峰值为 1000Gal 时，结构在 3.5s 时第一次出现塑性铰，其间陆续出现越来越多的塑性铰，但是塑性铰的位置及程度不同。直至 14.7s 时，全部格构柱均有杆件进入塑性阶段，超过半数格构柱有关键杆件失效，但失效关键杆件数量较少。此时，SAP2000 退出运算，由图 5.4-4（e）可知，外环桁架有部分构件完全屈服，应该是造成软件退出运算的主要原因，剔除图 5.4-4（e）所示屈服的外环桁架杆件，结构的整体最大位移为 702mm，结构产生较大变形，变形超过允许挠度值，但并未超过网架倒塌变形量化指标 103295/100 = 1033mm，结合柱子出铰情况，可以认为结构在地震波峰值为 1000Gal 时仍未倒塌，但已经接近临界情况。

人工拟合地震波峰值为 1400Gal 时，结构在 3.1s 时就出现塑性铰，到 7.3s 时，SAP2000 退出运算，由图 5.4-5 可知，仍是外环桁架有部分构件完全屈服，7.3s 时，超过半数格构柱完全失效。剔除图 5.4-5 所示屈服的外环桁架杆件，结构的整体最大位移为 2.2m，超过网架倒塌变形量化指标，判定结构倒塌。

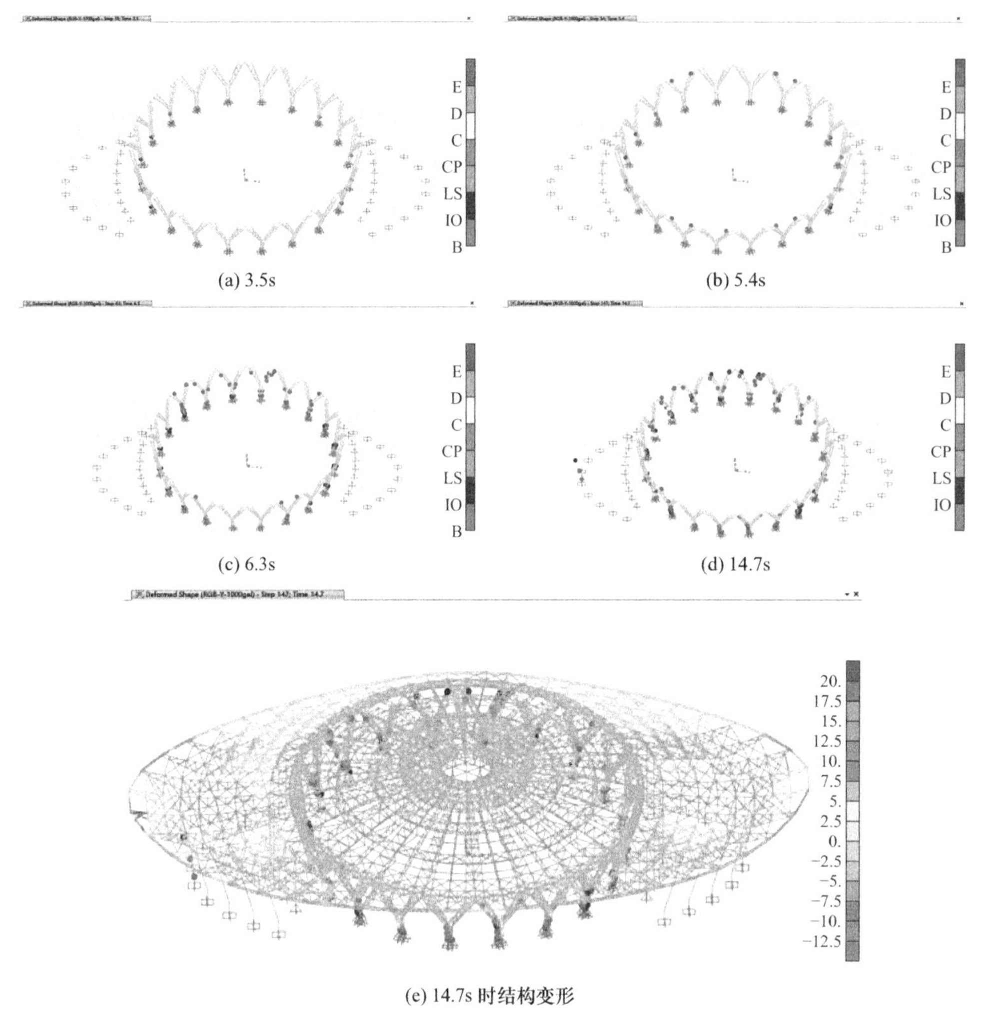

(a) 3.5s　(b) 5.4s　(c) 6.3s　(d) 14.7s

(e) 14.7s 时结构变形

图 5.4-4　地震波峰值为 1000Gal 时出铰情况及结构变形

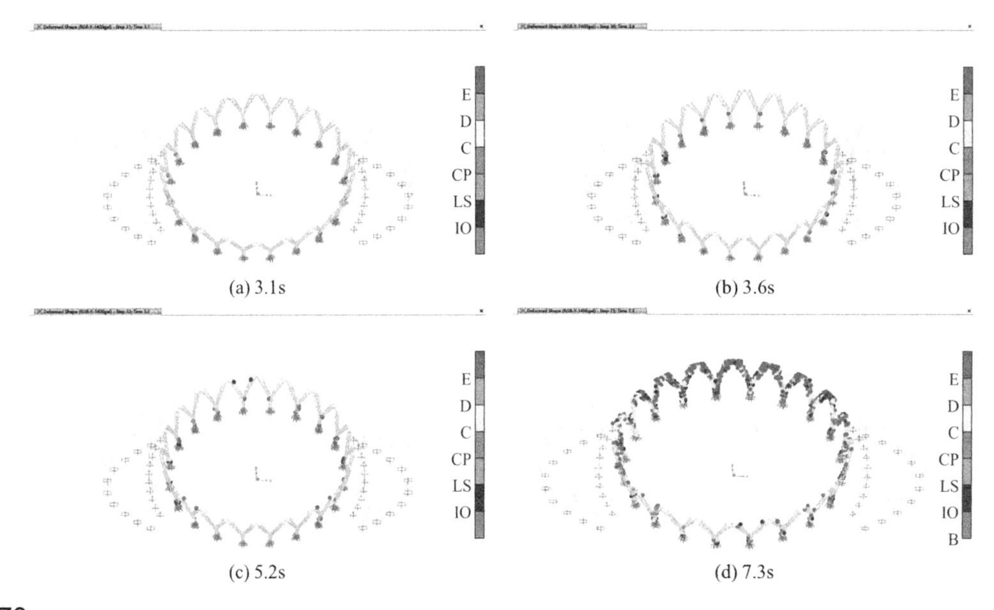

(a) 3.1s　(b) 3.6s　(c) 5.2s　(d) 7.3s

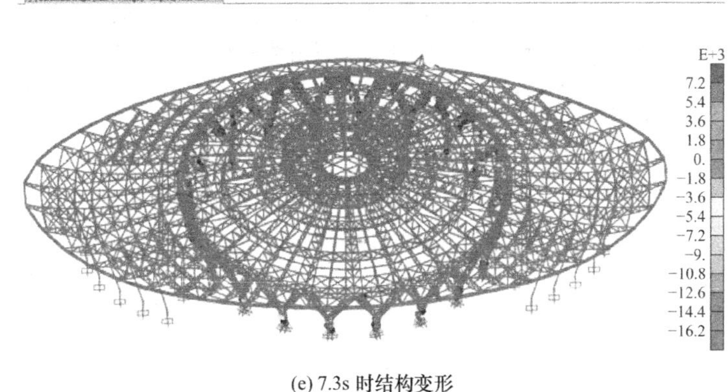

(e) 7.3s 时结构变形

图 5.4-5　地震波峰值为 1400Gal 时出铰情况及结构变形

5.4.2　多向人工波作用下的结构响应

本小节选取罕遇地震人工拟合三向波来输入计算，以Y方向为主方向。输入地震波曲线时要考虑三向地震作用下的组合系数，即：$1.0Y \times 0.85X \times 0.65Z$。为了较细致直观地反映出大震作用下柱子塑性铰的发展过程，共设置了三个不同地震波峰值下的荷载工况：200Gal、400Gal 和 600Gal。主馆主桁架、格构柱和副馆柱在这三种峰值地震波作用下的出铰情况如图 5.4-6～图 5.4-8 所示。

人工拟合地震波峰值为 200Gal 时，结构在 15.52s 时第一次出现塑性铰，其间陆续出现越来越多的塑性铰，但是塑性铰的位置及程度不同，直至 27.04s 时，结构杆件塑性发展达到峰值。如图 5.4-6（d）所示，结构的整体最大竖向位移为 385mm，未超过允许挠度 103295/250 = 413mm。

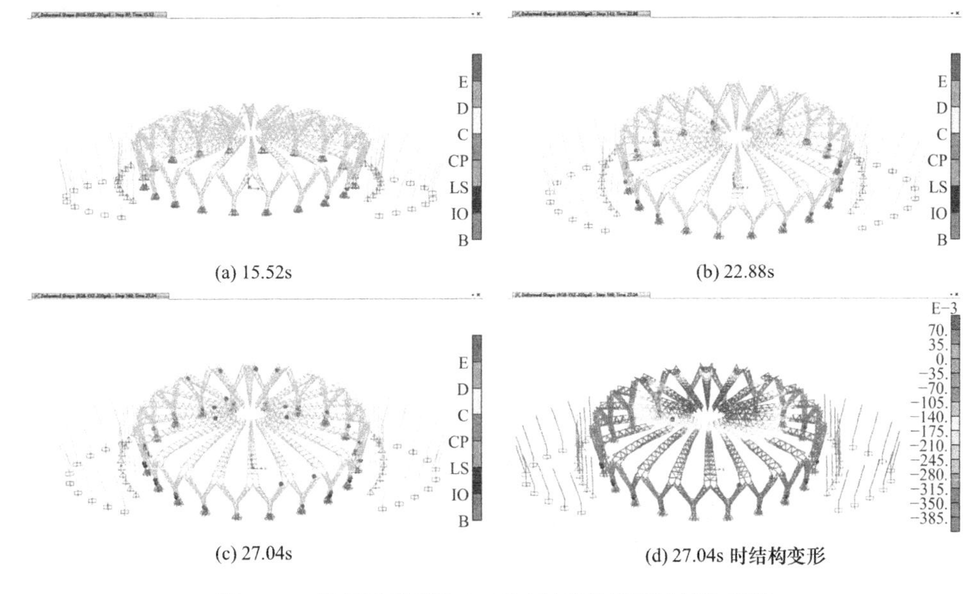

(a) 15.52s　(b) 22.88s　(c) 27.04s　(d) 27.04s 时结构变形

图 5.4-6　地震波峰值为 200Gal 时出铰情况及结构变形

人工拟合地震波峰值为 400Gal 时，结构在 7.84s 时第一次出现塑性铰，其间陆续出现越来越多的塑性铰，但是塑性铰的位置及程度不同，直至 24.96s 时，结构杆件塑性发展达到峰值，其中有 4 个格构柱柱底四肢全部失效。如图 5.4-7（d）所示，结构的整体最大竖向位移为 390mm，未超过允许挠度 103295/250 = 413mm。综合出铰情况和变形情况，地震波峰值为 400Gal 时结构未倒塌。

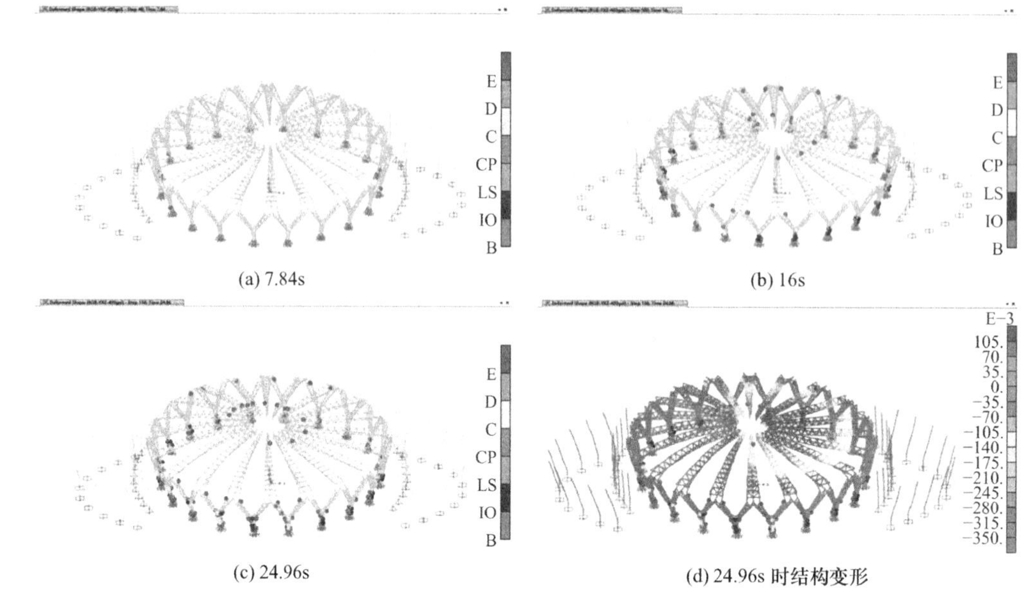

(a) 7.84s　(b) 16s

(c) 24.96s　(d) 24.96s 时结构变形

图 5.4-7　地震波峰值为 400Gal 时出铰情况及结构变形

人工拟合地震波峰值为 600Gal 时，结构在 3.52s 时第一次出现塑性铰，其间陆续出现越来越多的塑性铰，但是塑性铰的位置及程度不同，直至 20.8s 时，结构杆件塑性发展达到峰值，软件退出运算。格构柱几乎全部失效，近半数副馆柱失效。如图 5.4-8（e）所示，主馆桁架变形极大，整体变形超过 2.72m。综合出铰情况和变形情况，地震波峰值为 600Gal 时结构倒塌。

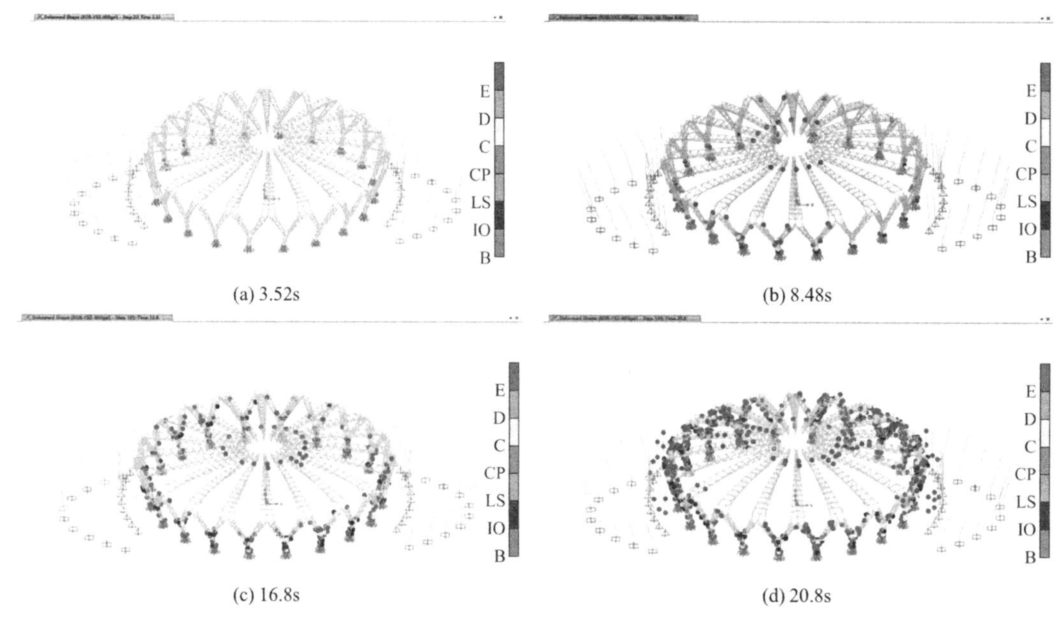

(a) 3.52s　(b) 8.48s

(c) 16.8s　(d) 20.8s

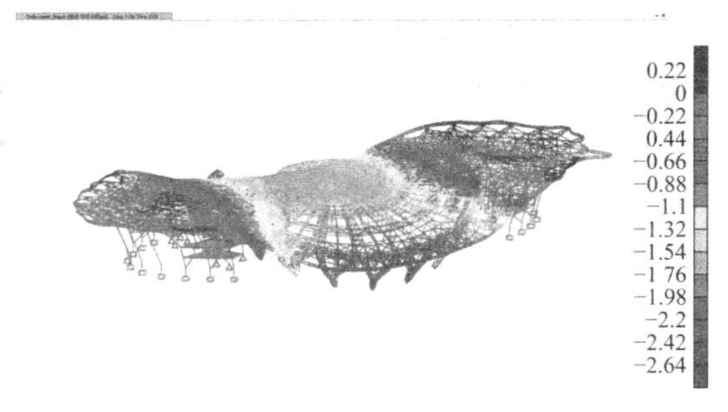

(e) 20.8s 时结构变形

图 5.4-8 地震波峰值为 600Gal 时出铰情况及结构变形

5.5 本章小结

本章针对西北大学长安校区体育馆这个实际工程结构的动力性能、抗震性能及强震倒塌进行分析。首先对结构进行反应谱分析，得到结构动力特性，再进行变参数分析结构的整体振动特性，并对结构的抗震性能有了整体的把握。随后采用两种地震波对该结构进行了多遇及罕遇地震作用下的响应分析，得出该结构具有良好的抗震性能。在强震作用下，通过输入不同地震波，进行各个地震波在不同峰值、不同地震方向组合下的弹塑性时程分析，深入探究了结构在不同峰值地震波作用下的屈服过程，总结了塑性铰出现及发展过程的规律，进一步完善了对该工程结构抗震、抗倒塌性能的评估。具体结论如下：

（1）轮辐式弦支桁架结构刚度相对较大，是频率密集型结构类型，结构存在着一定的对称性，故自振频率会产生大小一致的频率组；本结构的模态振型以水平向振动和竖向振动为主，其次出现局部的扭转振动，且结构的振动都具有较强的对称性。

（2）刚性副馆结构体系对刚度的贡献较大，明显地改变了结构的自振频率；结构的边界条件对刚度有一定的影响，约束力越大，自振频率越大，但整体影响并不大，故本书采用刚接的方式处理边界条件；结构下部拉索的预应力对刚度有较大的影响，表现为在一定范围内预应力越大，自振频率越大，反之越小，故弦支桁架结构中索结构体系应施加合适的预应力。

（3）通过振型分解反应谱分析，得出重力荷载作用下结构的变形分布规律性更强；与单向地震作用下相比，多向地震作用下结构发生一定扭转；双向地震作用比单向地震作用对结构影响更为不利，水平地震作用下的杆件内力较静力荷载作用要小得多；在单向水平地震作用下，杆件内力最大值出现在格构柱构件区域，且越靠近支座的杆件内力越大，结构整体内力分布仍然比较均匀。

（4）通过输入不同地震波，首先确认结构在 8 度多遇及罕遇地震作用下，能够满足抗震规范“安全使用”及“震后可修”的要求；结构在三向输入 RSN55_SFERN 地震波峰值为 1000Gal 时仍未倒塌；单向 Y 向输入人工拟合地震波峰值为 1400Gal 时，7.3s 时超过半数格构柱完全失效，结构的整体最大位移为 2.2m，判定结构倒塌。

（5）在三向输入人工拟合地震波峰值为 600Gal 时，直至 20.8s 时结构杆件塑性发展达到峰值，软件退出运算，格构柱几乎全部失效，近半数副馆柱失效，主馆桁架变形极大，整体变形超过 2.72m，综合出铰情况和变形情况，地震波峰值为 600Gal 时结构倒塌。结构在多向地震波作用下的响应比单向时要大得多，所以在探究大跨结构抗震、抗倒塌性能时必须考察多向地震波作用。

第6章 带倾斜柱对称旋转累积滑移施工技术研究

6.1 施工方案比选

体育馆主馆钢结构形式为空间轮辐式弦支桁架结构，该结构将传统弦支穹顶结构体系的上部网壳结构优化为由辐射状倒三角桁架、加强平面次桁架与环桁架组成的空间轮辐式弦支桁架结构，下部索结构采用环向索及径向索预应力体系，上部刚性结构与下部柔性结构之间采用竖向撑杆连接形成自平衡体系，两者协同工作、优势互补，具有跨越能力强、承载力高与稳定性好的优点。

空间轮辐式弦支桁架结构体系上部桁架之间为刚性连接，有利于同步控制，就位精度高，施工技术要求和经济成本较低，且具有较高的刚度和整体稳定性；通过张拉下部预应力索改变上部桁架结构的内力分布和变形特征，优化了结构的性能，使之具有更强的跨越能力，解决了传统弦支穹顶随跨度增加引起结构性能降低的难题。空间轮辐式弦支桁架结构体系对比弦支单层网壳结构（传统的弦支穹顶结构）具有更高的稳定性与承载能力；对比弦支双层网壳结构与索穹顶结构则更易于设计与施工，具有更高的经济性；总之，该结构具有造型美观多变、跨度大、稳定性好、便于设计与施工等优点。

通过对主馆建筑结构特性、现场施工条件、起重设备性能和场地综合布置等情况分析，提出两种可供选择的施工方案：分条分块安装法和旋转累积滑移法。通过对两种施工方案优缺点进行深入对比，最终确定适合本工程主馆结构安装的施工方案。

分条分块安装法是将结构按照受力特点分割成若干条、块状基本单元，大部分单元在地面组装，将组装好的单元用起重设备提升至设计位置后拼成整体结构的安装方法。

该方法的优点为：

（1）根据场地安排和施工计划，可多处同时进行地面拼装和吊装，在场地条件和前期工作允许的条件下可有效缩短工期。

（2）节点安装定位简单，结构在施工期间受力均匀，安全性较高。

该方法的缺点为：

（1）起重设备因吊装位置变动而频繁移动，对现场材料堆放及转运要求较高。

（2）在每个辐射状倒三角桁架下都需搭设胎架，对人工和材料需求较大。

旋转累积滑移法是先用起重设备将拼装好的分块单元吊至呈圆形的滑移轨道上，再利用滑移设备将其滑移到一个分块单元的空间，吊装下一个分块单元并与上一个单元连接，重复上述步骤逐块滑移、逐块安装连接为整体的施工方法。

该方法的优点为：

（1）结构的吊装及滑移都在同一个区域，无需大面积结构支撑胎架，可大大节省机械设备、人力资源。

（2）高空作业都在结构吊装区域，避免大面积高空焊接作业，减小了高空作业的风险。

（3）通过滑移轨道和滑移设备，利用计算机控制液压设备将结构同步推进，循环累积，直至结构完全安装完成。该方法可以降低施工难度，提高工作效率，有利于施工总体控制。

该方法的缺点为：

旋转滑移累积施工对操作人员专业素质要求较高，施工过程把控较为复杂。

通过对焊接工程量、起重设备、施工条件、项目工期、实施可行性五个方面对比，并考虑到现场围挡及地下设施造成起重设备移动不便等因素，综合对比后得到旋转累积滑移法较分条分块安装法工期缩短 20 天、成本节约 100 万元。因此选用旋转累积滑移法进行主馆结构的安装。

6.2　滑移施工法原理

滑移施工法的原理是当滑移设备产生的推动力或牵引力大于结构所受的阻力时，便可使结构由原本的静止状态改变为运动状态，进而使结构滑移到位，即：

$$R \geqslant \gamma_0 S \tag{6.2-1}$$

式中：R——滑移设备动力；

γ_0——安全储备系数，一般取 2～4；

S——滑移时结构所受阻力。

本工程所用滑靴包含侧向限位挡板及水平支撑，故配置滑移设备的顶推力需满足克服侧向及水平方向摩擦阻力的要求。滑移前在滑靴的底部以及轨道顶面涂抹黄油，故本工程摩擦系数可取 0.2，屋盖滑移质量约 972t，则轨道的摩擦阻力$S_1 = 972 \times 0.2 = 194.4\text{t}$，总的侧向反力约 100t，侧向的摩擦阻力$S_2 = 100 \times 0.2 = 20\text{t}$，配置 6 台爬行器，总的推力$F = 600\text{t}$，安全储备系数$n = 600/(194.4 + 20) = 2.8 > 2$，满足施工要求。

当施工现场存在较大的风力时，结构所受阻力应考虑风荷载产生的影响。滑移设备所需产生的动力大小应随滑移过程中工程具体情况而确定，例如结构由静止状态改变为运动状态的滑移开始阶段，需克服同向作用的风荷载、惯性力、摩阻力及可能存在的卡轨力，此时滑移设备需提供的动力最大，结构进入运动状态后动力应适当减小并保持稳定。

滑移施工时需保证结构在各轨道滑移速度平缓且相同，每滑移一小段距离后应检测结构的同步性，防止结构产生不同步滑移。但施工过程中可能存在的滑移轨道摩擦系数不同及现场施工差异等其他因素会导致结构的不同步滑移，两侧产生相对位移，导致结构存在侧向变形，进而使杆件内力发生变化。通常情况下，不同步滑移造成杆件内力的变化不会对结构产生破坏性影响，结构仍处于弹性受力状态，是能够复原的。

不同步位移造成的杆件内力变化受结构平面刚度影响较大，当结构水平刚度较大时，较小的不同步位移亦会引起杆件内力较大的变化，因此在滑移过程中调整结构的刚度是十分必要的。实际工程中可以用牵引钢绞线作为弹性约束调整结构的刚度，钢绞线的线刚度随前后牵引点距离增大而减小，进而对节点的约束刚度随之减小，因此工程中可以使用牵引点距离较大的钢绞线来改善结构的刚度。当结构不同步位移较大时，需采取措施调整其产生的相对位移，可固定滑移位置偏远的一侧，顶推另一侧至相应位置使结构滑移保持同步。

6.3 滑移系统及步骤分析

滑移系统还包括动力系统、滑移轨道、滑移支座及胎架等装置。动力系统由为爬行器提供液压动力的泵源液压系统及进行滑移控制的电气控制系统组成，每台泵站有两个独立工作的单泵。在格构式钢柱柱脚位置设置外圈滑移轨道，中心环下方支撑胎架上不设置轨道，中心环支撑胎架顶部设置聚乙烯滑板，用来减少摩擦；外圈轨道采取 43kg 钢轨的形式。滑移支座为屋盖与轨道连接结构，将荷载传递至轨道并用于与爬行器连接。胎架结构用于承受滑移过程中的中心环竖向力和摩擦力。

为保证液压滑移设备的同步，采用了液压同步控制系统，由计算机、动力源模块、测量反馈模块、传感模块和配套软件组成，通过计算机进行调节控制，滑移动力由自锁型液压爬行器（图 6.3-1 和图 6.3-2）提供。

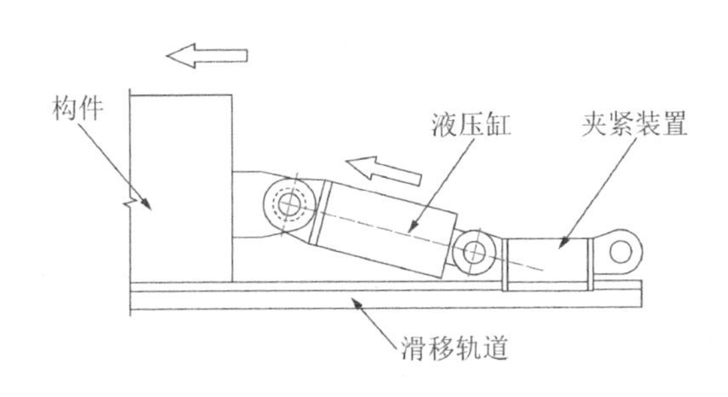

图 6.3-1 自锁型液压爬行器

图 6.3-2 爬行器工作现场

累积旋转滑移施工因为采用轨道进行滑移施工，改变了结构边界受力，需充分考虑滑移过程中结构的内力变化。根据本工程特点，仅在外圈设置滑移钢轨，滑移轨道布置见图 6.3-3。

滑移轨道设置在格构柱柱脚位置，柱脚之间设置加固杆件，增强整体性。桁架内圈的下方胎架上不设置轨道，内圈桁架在胎架顶部滑移，在临时胎架顶部设置滑移梁，滑移梁上部放置 70mm 厚钢板作为滑移轨道，中心环滑移系统见图 6.3-4。

图 6.3-3 滑移轨道布置图

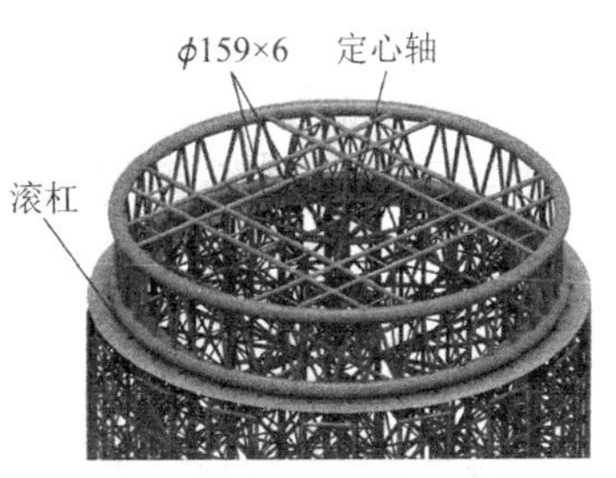

图 6.3-4 中心环滑移系统示意图

主馆空间轮辐式桁架结构采用“定点安装，对称旋转累积滑移施工”的方法施工。

1）抗扭转中心支架搭设

内环中心点支撑胎架用 17 组装配式支撑架拼装而成，高度 29.05m，每组支撑架对称方向拉 2 道缆风绳，在型钢组成的框架上部铺设钢板。

胎架安装顺序：路基箱铺设→组装支撑架→连接支撑架→铺设钢板→拉缆风绳。

（1）路基箱铺设：用全转仪在场馆中心位置地面放出内圆，将内圆平均分成 16 等份，布置路基箱，在中心位置同样布置一个路基箱，用 H200 × 200 工字钢连接路基箱（图 6.3-5）。

（2）组装支撑架：支撑架块体为 2000 × 2000 标准节，标准节组成部分为ϕ159 × 6 立杆，∟80 × 6 水平支撑、斜支撑，拼装成高度为 29.05m 支撑架，支撑架下端与路基箱焊接起来，以保证支撑架稳定性（图 6.3-6）。

图 6.3-5　铺设路基箱

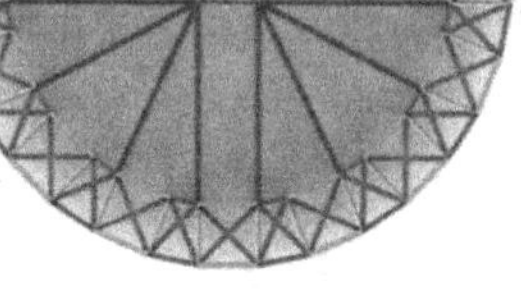

图 6.3-6　组装支撑架

（3）连接支撑架：用ϕ159 × 6 圆管将每个支撑架水平方向拉三道，高度分别为 1m、14.05m、28m，在高度 29.05m 位置用 H300 × 200 × 6 × 8 将每个支撑架连接起来，以保证在滑移时支撑架为一个整体，稳定性能得以保证。

（4）铺设钢板（钢板厚度 20mm）：在支撑架上排布 H450 × 200 × 9 × 14，H 型钢上部铺设钢板（图 6.3-7）。

（5）缆风绳设置：在支撑架顶部位置布置缆风绳，缆风绳下端与周边混凝土柱底部缠绕绑扎固定，总共布置 32 道缆风绳，选用ϕ22mm 钢芯钢丝绳，用 2～3t 捯链拉紧，缆风绳拉设高度约为支撑架顶部位置处。

2）随动滚杠铺设

（1）滚杠规格为ϕ40mm 圆钢，长度 600mm，每个支架顶部一组，一组为 4 根（图 6.3-8）。

（2）滚杠端头和环向，设置限位卡板。

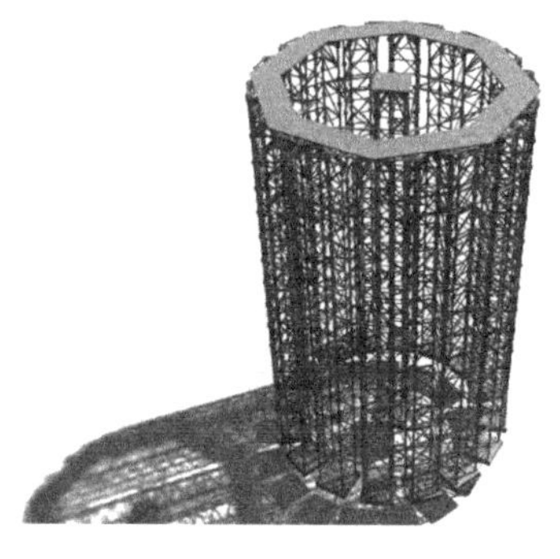

图 6.3-7　铺设钢板

图 6.3-8　随动滚杠铺设现场图

3）内环及斗屏桁架安装

（1）内环分六段，在支架顶部整体拼装，首先在顶部放好定位线，安装时做好临时定位和防倾倒措施（图 6.3-9）。内环吊装示意见图 6.3-10。

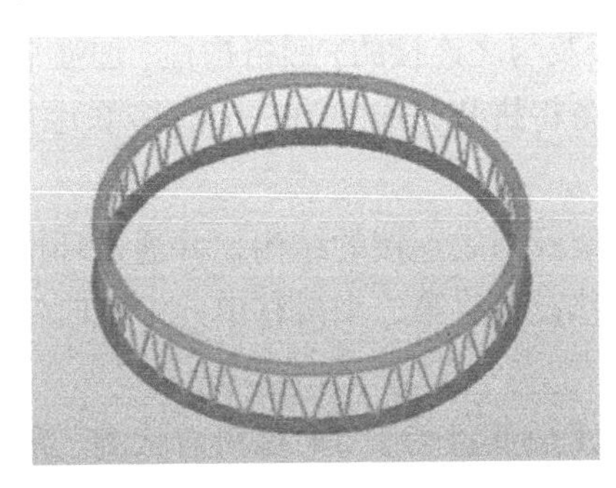
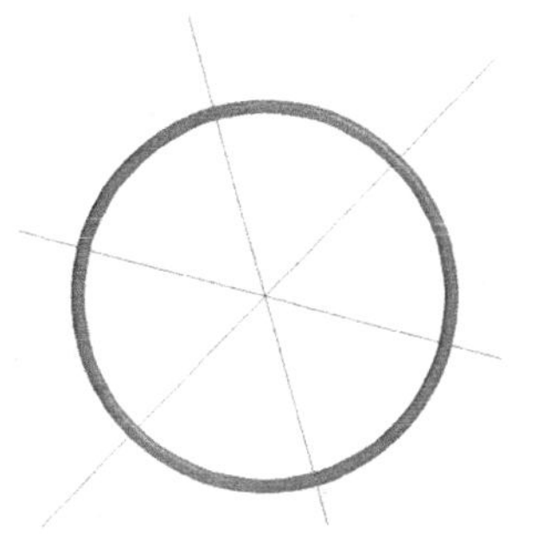
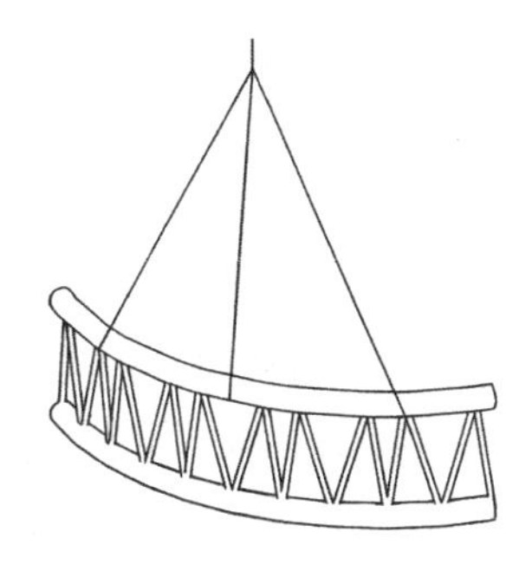

图 6.3-9 内环分段吊装点

（2）斗屏桁架在地面拼装，采用汽车式起重机场内吊装（图 6.3-11）。

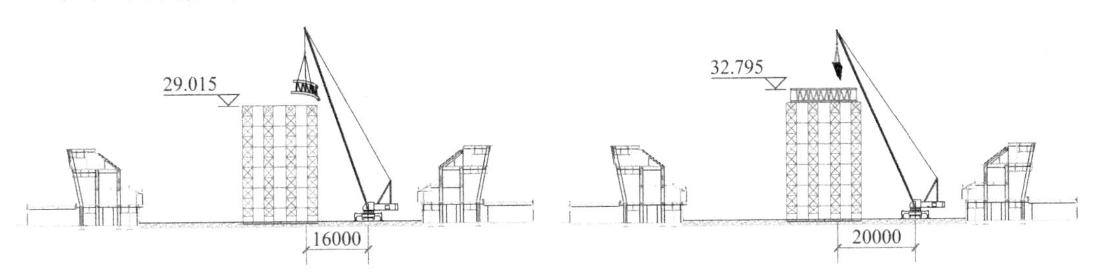

图 6.3-10 内环吊装示意图

图 6.3-11 吊装示意图

在中心胎架及临时支撑搭建完毕后，首先安装主馆中心环；主桁架采用分段分块安装，桁架分两段吊装，然后吊装格构柱。吊装到位后，格构柱上部与主桁架杆件进行焊接，下部与滑移轨道中线对齐，为增加结构整体稳定性，在柱脚之间设置临时加强桁架，将柱脚拉结在一起。

待第一个滑移单元拼装完成后（图 6.3-12），安装液压爬行器及其他滑移设备，每间隔一个柱配置一个爬行器，安装完毕后调试液压系统，将拼装完成的第一个滑移单元沿弧线向前滑移 18°，停止滑移。然后在拼装胎架上拼装第二个滑移单元，重复以上步骤，直到将所有的滑移单元均滑移到位，最后对单元 8 和 9 进行原位拼装，拼装完成后见图 6.3-13。

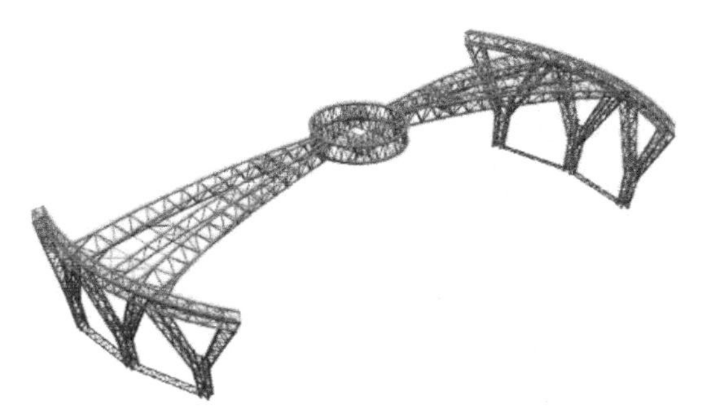

图 6.3-12 第一滑移单元示意图

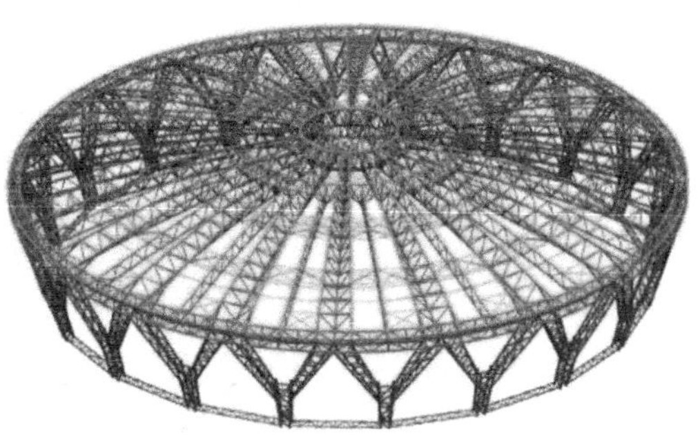

图 6.3-13 主馆拼装完成

首先在地面拼装区域将辐射状倒三角桁架的块状单元拼装完成，再利用自行式履带起重机将其吊装至拼装胎架之上，然后将两个块状单元连接成整体，最后用滑移设备进行滑移。图 6.3-14 为旋转累积滑移施工示意图，具体滑移过程如下：

步骤 1：在拼装区域对称拼装 4 榀辐射状倒三角桁架及与之连接的Y形格构柱、加强平面次桁架和环桁架，组成第一个滑移单元。利用滑移设备将拼装完成的第一个滑移单元沿顺时针方向弧线滑移 18°，停止滑移。

步骤 2：在拼装区域对称拼装 2 榀辐射状倒三角桁架及与之连接的结构，并通过环桁架与第一个滑移单元连接组成第二个滑移单元，利用滑移设备将第二个滑移单元沿顺时针方向弧线滑移 18°，停止滑移。

步骤 3：重复步骤 2 四次，完成第六个滑移单元施工后共拼装了 14 榀辐射状倒三角桁架。

步骤 4：在拼装区域对称拼装 2 榀辐射状倒三角桁架及与之连接的结构，并通过环桁架与第六个滑移单元连接组成第七个滑移单元，利用滑移设备将第七个滑移单元沿顺时针方向弧线滑移 36°，停止滑移。至此，通过七次滑移施工总共拼装 16 榀桁架单元。

步骤 5：在拼装区域原位对称拼装 4 榀辐射状倒三角桁架及与之连接的结构，并通过环桁架与第七个滑移单元连接，主馆钢结构工程滑移施工完成。

拼装好滑移单元后，采用 TLPG-1000 自锁型液压爬行器推进装置将钢结构沿顺时针方向旋转滑移到位，重复上述步骤通过 7 次滑移累积至钢结构主体安装完成。该施工方法只需搭设中心环支撑胎架和拼装区域的拼装胎架，辅助工程量小，可有效避免因场地限制带来的不便且施工效率更高。

TLPG-1000 自锁型液压爬行器能自动夹紧轨道形成反力推动结构实现滑移。此设备的楔形夹块具有单向自锁功能，当油缸伸出时，自锁功能启动，夹块与滑移轨道之间自动锁紧，提供的反力使油缸推动结构滑移；油缸缩回时，自锁功能停止，与滑移轨道锁紧的夹块松开，滑向油缸准备下次工作。由于该设备夹块与滑移轨道之间锁紧时提供的反力足以推动结构滑移，因此不用设置反力架，效率较高。

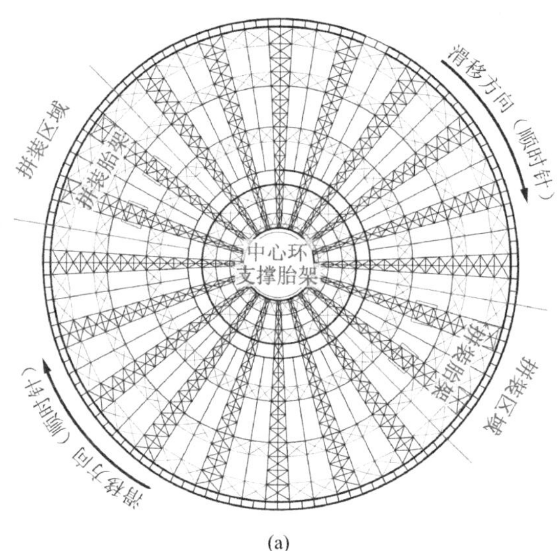

(a)

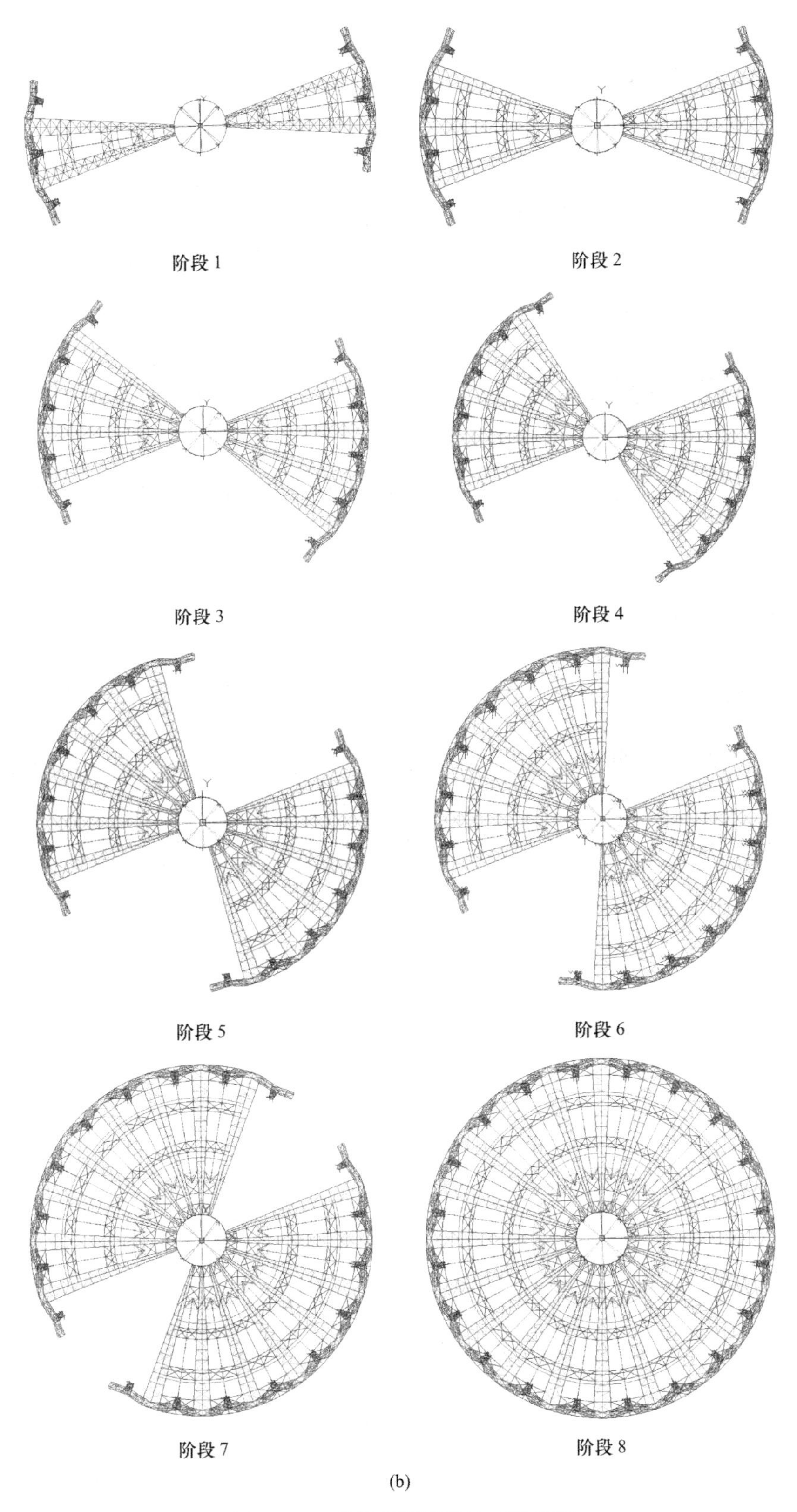

图 6.3-14　旋转累积滑移施工示意图

6.4　卸载及支座置换

当全部结构单元滑移到指定位置后，拆除爬行器、滑靴耳板、临时加固杆，然后进行卸载作业。每个格构柱柱脚设置四个千斤顶，在每一个滑靴侧面设置钢牛腿，利用千斤顶支撑钢牛腿，从而将屋盖结构顶起，再拆除下部滑移轨道，安装销轴结构，将屋盖结构荷载转移至销轴，完成卸载施工。

6.5　滑移施工计算分析

根据主馆滑移施工方案，对结构建立整体模型，利用 SAP2000 对该结构施工过程进行模拟，对主体结构及内圈滑移支撑胎架进行力学模拟分析。采用 ANSYS 软件对滑靴节点进行校核。

6.5.1　分析结果

施工模拟时主要考虑结构自重，本工程自重对结构不利而且存在动力荷载，荷载分项系数取 1.4，变形验算时取 1.0。

共设置 20 个滑靴，分 9 次进行累积滑移。网架单元均采用梁单元，外环轨道滑靴位置按照铰接考虑；内环轨道竖向约束弹簧刚度取 0.001kN/mm。

按照实际施工顺序模拟滑移施工全过程结构受力及变形。主体结构施工过程典型阶段的位移计算结果见图 6.5-1 和图 6.5-2，关键节点位移、杆件内力见图 6.5-3 和图 6.5-4，支撑胎架位移计算结果见图 6.5-5。

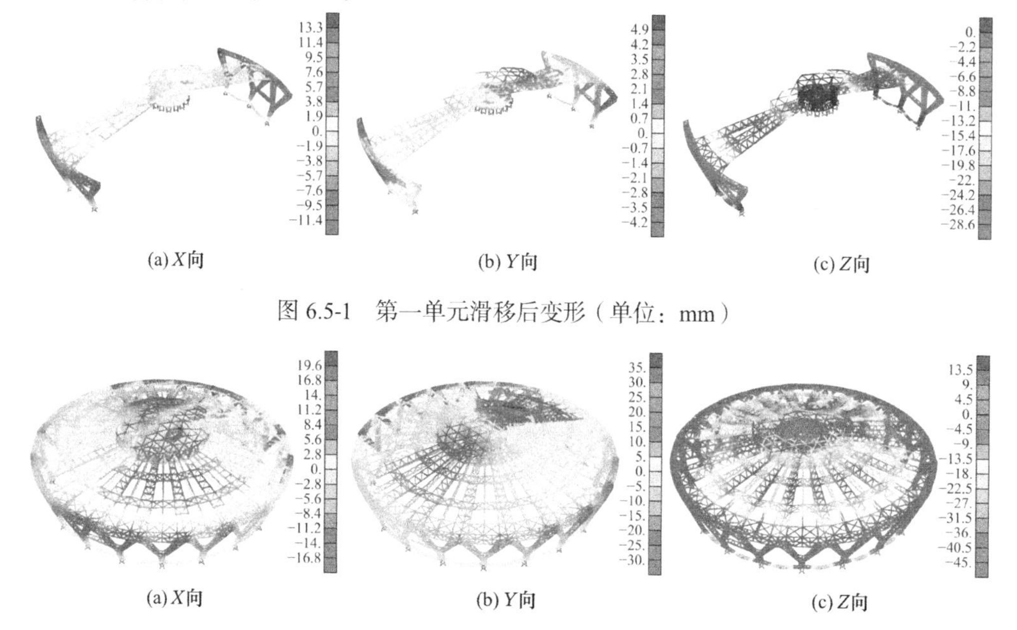

(a) *X*向　(b) *Y*向　(c) *Z*向

图 6.5-1　第一单元滑移后变形（单位：mm）

(a) *X*向　(b) *Y*向　(c) *Z*向

图 6.5-2　第九单元拼装完成后变形（单位：mm）

由图 6.5-1 和图 6.5-2 可知：结构最大位移均出现在第九单元拼装完成后，最大X向水平位移 19.6mm，最大Y向水平位移 36mm，最大下挠变形 45mm < L/250 = 419.5mm，杆件应力比均小于 0.85，满足施工要求。

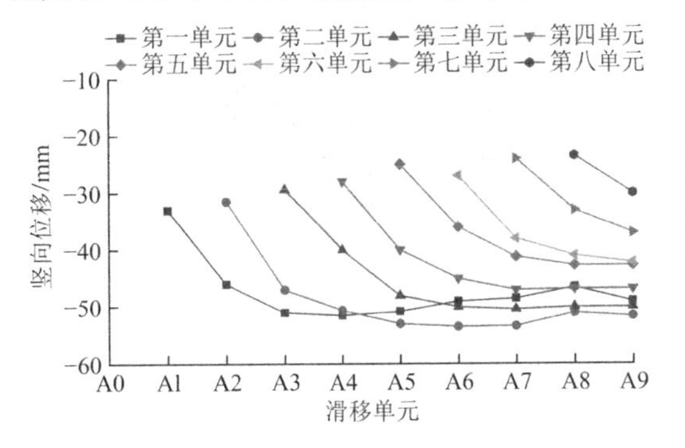

图 6.5-3 各单元跨中控制节点位移变化图

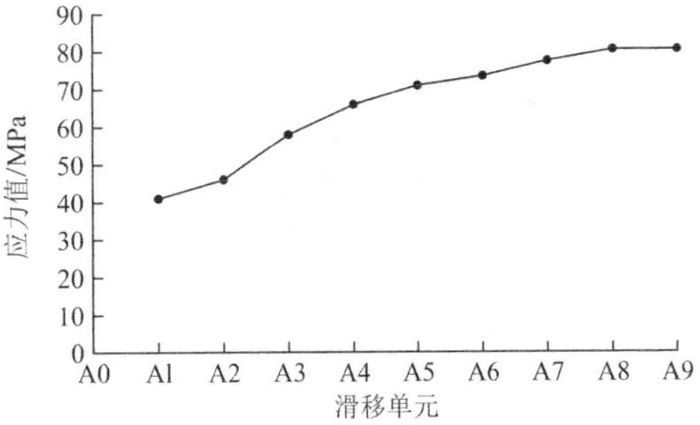

图 6.5-4 第一单元控制杆件应力变化曲线

由图 6.5-3 和图 6.5-4 可知：

（1）第一单元到第四单元的安装过程中，各滑移单元跨中控制节点的竖向位移随着施工的推进逐渐增大，构件内力随着施工的进行亦逐步增大，这说明后续结构的安装会使结构整体内力和位移增大，既有结构的位移在施工安装过程中不断累积。

（2）第五单元到第九单元的安装过程中，随着结构安装的进行，各滑移单元控制点的位移变化趋于稳定，这说明既有结构对后续结构提供了较强的刚度约束。

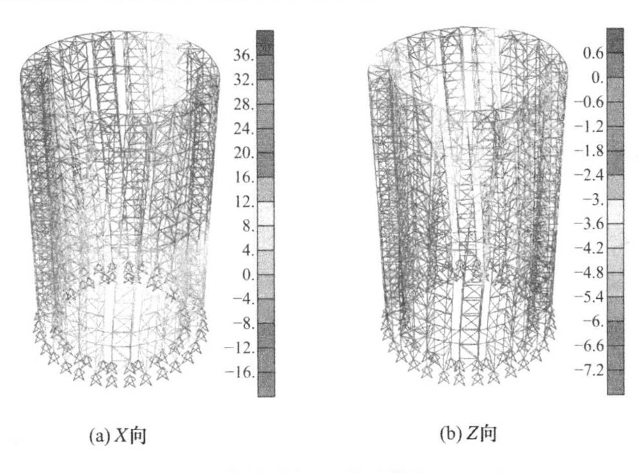

(a) X向　　(b) Z向

图 6.5-5 内圈支撑胎架变形（单位：mm）

由图 6.5-5 可知：内圈滑移支撑胎架在施工过程中最大水平位移 36mm，最大竖向位移 7.2mm，满足施工要求。

6.5.2 滑靴校核

滑靴采用有限元软件 ANSYS 进行计算，单元类型选择 Solid185，材质为 Q345B，滑靴底部最大承受荷载标准值为 650kN，荷载分项系数取 1.4，竖向荷载设计值为 $1.4 \times 650 = 910$kN，应力云图及变形云图见图 6.5-6。

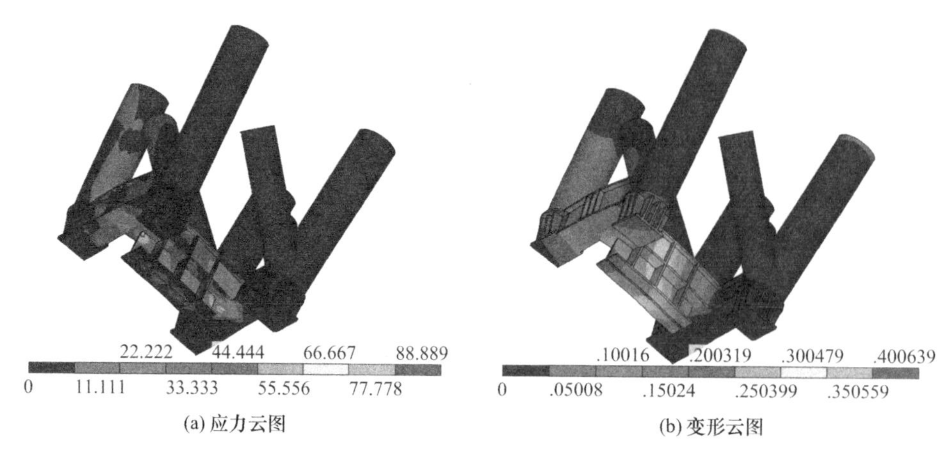

(a) 应力云图　(b) 变形云图

图 6.5-6　滑靴应力和变形云图

由图 6.5-6 可知：不考虑应力集中的情况下，滑靴最大应力小于 100MPa，最大变形不超过 0.5mm，满足施工要求。

6.6 本章小结

本章针对西北大学长安校区体育馆屋盖旋转累积滑移施工技术进行研究，得出如下结论：

（1）大跨度弦支桁架结构带倾斜柱对称旋转累积滑移施工解决了场地受限、减少了交叉作业，吊机不占位的地方可使土建作业提前进行。

（2）滑移为“外环驱动，内环随动”，外环采用液压同步顶推装置驱动滑动摩擦，主动滑移，内环采用滚杠（轴）滚动摩擦，随动滑移。

（3）综合考虑滑靴、轨道和结构尺寸，滑靴、轨道的设计以“结构在设计标高上滑移”为指导原则进行设计，结构滑移到位后，不需要调整标高，可以直接安装格构柱支座。

（4）大跨度空间弦支轮辐式桁架结构的杆件变形随着施工过程结构形体的完成先增大后稳定，内力不断增大并趋于稳定，说明施工过程中结构刚度逐步增加，有必要对施工过程进行分析。

（5）主馆累积滑移施工过程中位移和内力满足规范要求，说明该施工方法合理。

（6）所采用的旋转累积滑移施工方法，施工过程中各单元受力稳定，结构姿态平稳，保证了施工质量，可为类似工程提供技术参考。

第 7 章　索结构施工技术研究

7.1　传统弦支结构张拉方案研究

弦支穹顶的施工，包括上部网壳的施工与下部索杆体系的张拉。在结构的施工张拉成型过程中，按照预应力施加对象的不同，可以将弦支穹顶结构的施工张拉方法分为 3 类：

（1）撑杆顶升成型法：在施工时，以撑杆为主动受力单元，通过调整撑杆的长度达到施工预应力的目的。

（2）环向索张拉成型法：在施工时以环索为主动受力单元。

（3）径向索张拉成型法：结构安装完成调整好环向索初始长度和撑杆长度，利用张拉设备对径向索建立预应力，以径向索为主动张拉单元。

对于现有施工技术来说，其上部单层网壳的施工方法研究和实际工程经验已相对成熟，而结构下部索杆的张拉难度与误差则较大，采用合适的张拉方案是决定张拉成功与否的关键环节。技术先进、经济合理的张拉方案除能够满足结构受力与建筑造型要求外，还可达到事半功倍、节约成本的效果。

7.1.1　撑杆顶升成型法

顶升撑杆法是通过调节撑杆长度来建立预应力的一种间接施加预应力的方法。顶升撑杆法的优点是：①撑杆的张拉力较小，可减小张拉装置的吨位；②撑杆张拉以自身结构作为反力架，无需另外增加反力架。但该方法要求拉索预先精确定出初始索长，即通过计算机进行虚拟张拉分析，并根据现场钢结构安装误差，确定拉索初始无应力长度，做到预控在先，技术难度较高。

7.1.2　环向索张拉成型法

环向索张拉成型法是通过张拉环向索施加预应力的方法。张拉环向索方法的优点是：①张拉点一般较少，张拉操作时需要的张拉次数较少；②通过合理设计，可以保证环向索索力很好传递且尽量均匀；③此方法操作方便，施工效率较高。缺点是：由于环索与撑杆下节点处存在明显的摩擦力，进而导致严重的预应力摩擦损失，且环索张拉时需要的张拉力较大，对张拉设备的要求较高。弦支穹顶结构发展的中期，预应力施加方法主要是张拉环向索。

7.1.3　径向索张拉成型法

径向索张拉成型法是通过张拉径向索施加预应力的方法。张拉径向索方法的优点是：避免由于环索与撑杆之间摩擦力引起的预应力损失，使得张拉施工结束后张拉整体部分预应力分布较为均匀。缺点是：径向拉索同步张拉所需的设备较多。伴随着预应力张拉施工技术的产业化和企业化，张拉设备的数量也越来越多，因此通过张拉径向索施加预应力的方法成为目前常用的预应力施加方法。

7.2　拉索关键节点受力分析

7.2.1　斜索上端节点

斜索上端节点如图7.2-1所示。

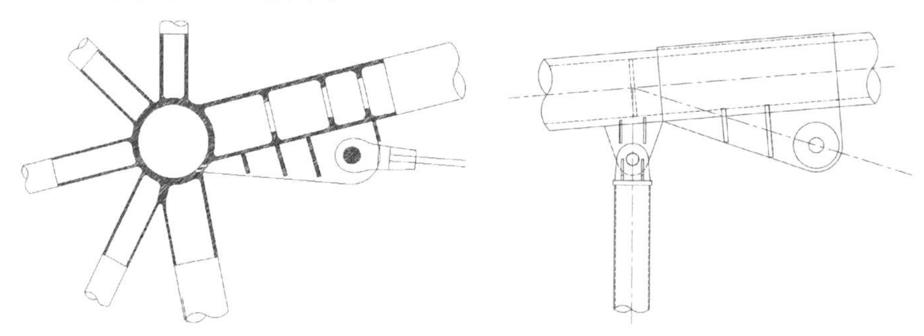

图7.2-1　斜索上端节点

7.2.2　撑杆下端节点

撑杆下端节点如图7.2-2所示。

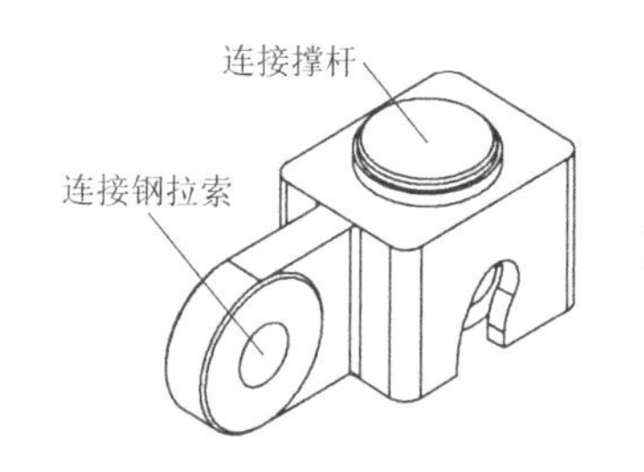

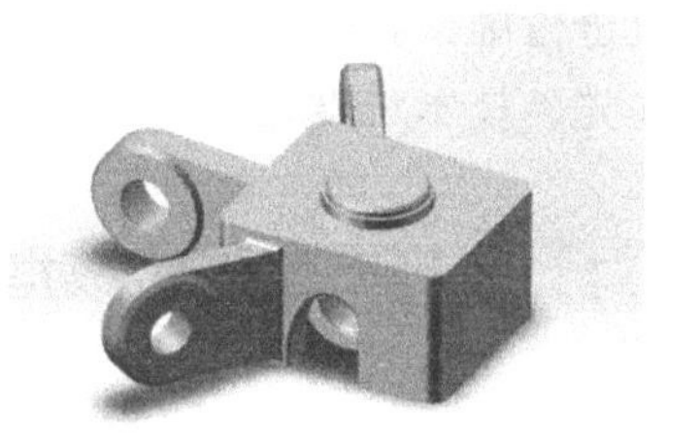

图7.2-2　撑杆下端节点

7.2.3　环向索分段位置

四圈环向索，除ϕ70mm的环向索外，皆分为2段，环索采用调节套筒连接，这样可以根据屋盖钢结构安装精度，对环向索有可调的长度，保证结构能够顺利精确安装（图 7.2-3 和图 7.2-4）。

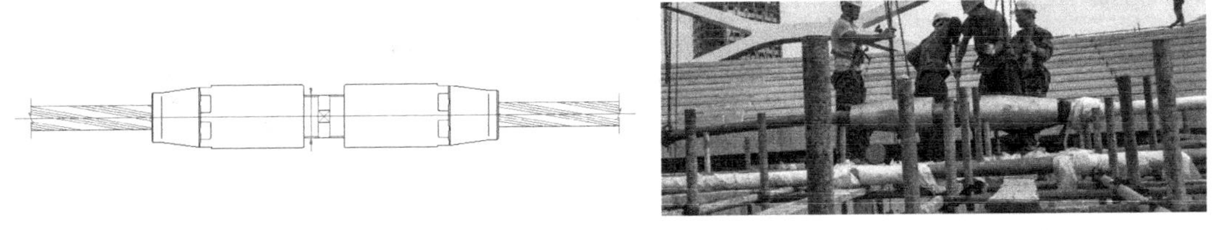

图 7.2-3　环向拉索连接套筒

图 7.2-4　环索连接形式

7.2.4　径向拉索

径向拉索，通过调节拉索端部调节套筒来改变拉索长度，从而使预应力得以有效施加，拉索如图 7.2-5 所示。

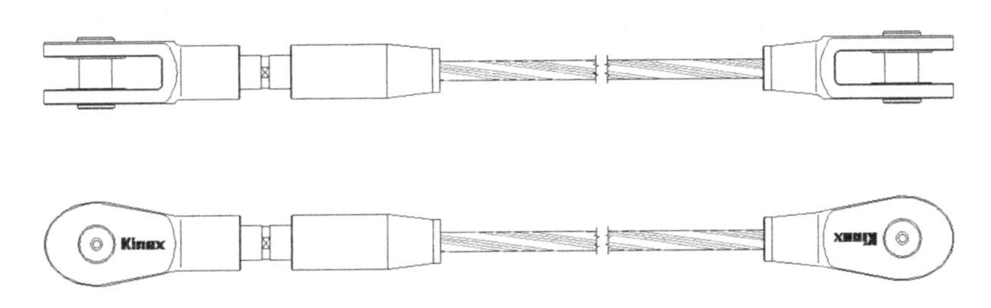

图 7.2-5　拉索深化图

7.2.5　拉索耳板与桁架连接节点受力分析

按照设计方案和设计荷载建立节点有限元分析模型，并设置边界条件，施加荷载，分析模型见图 7.2-6。

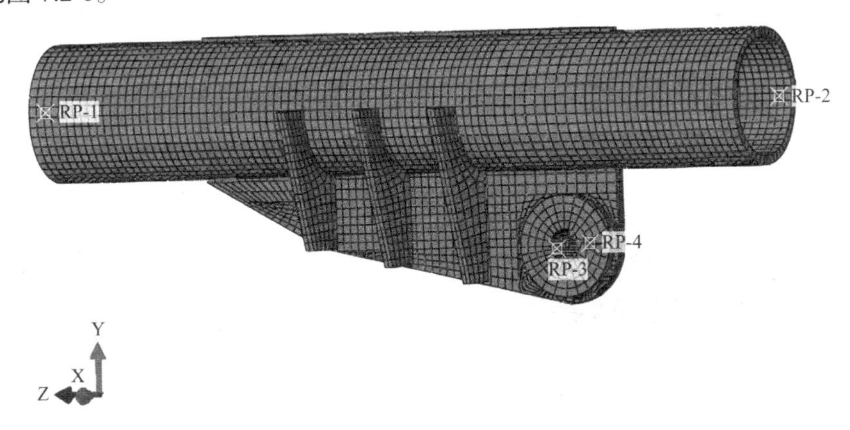

图 7.2-6　有限元分析模型

节点应力和变形分析结果如图 7.2-7～图 7.2-11 所示。

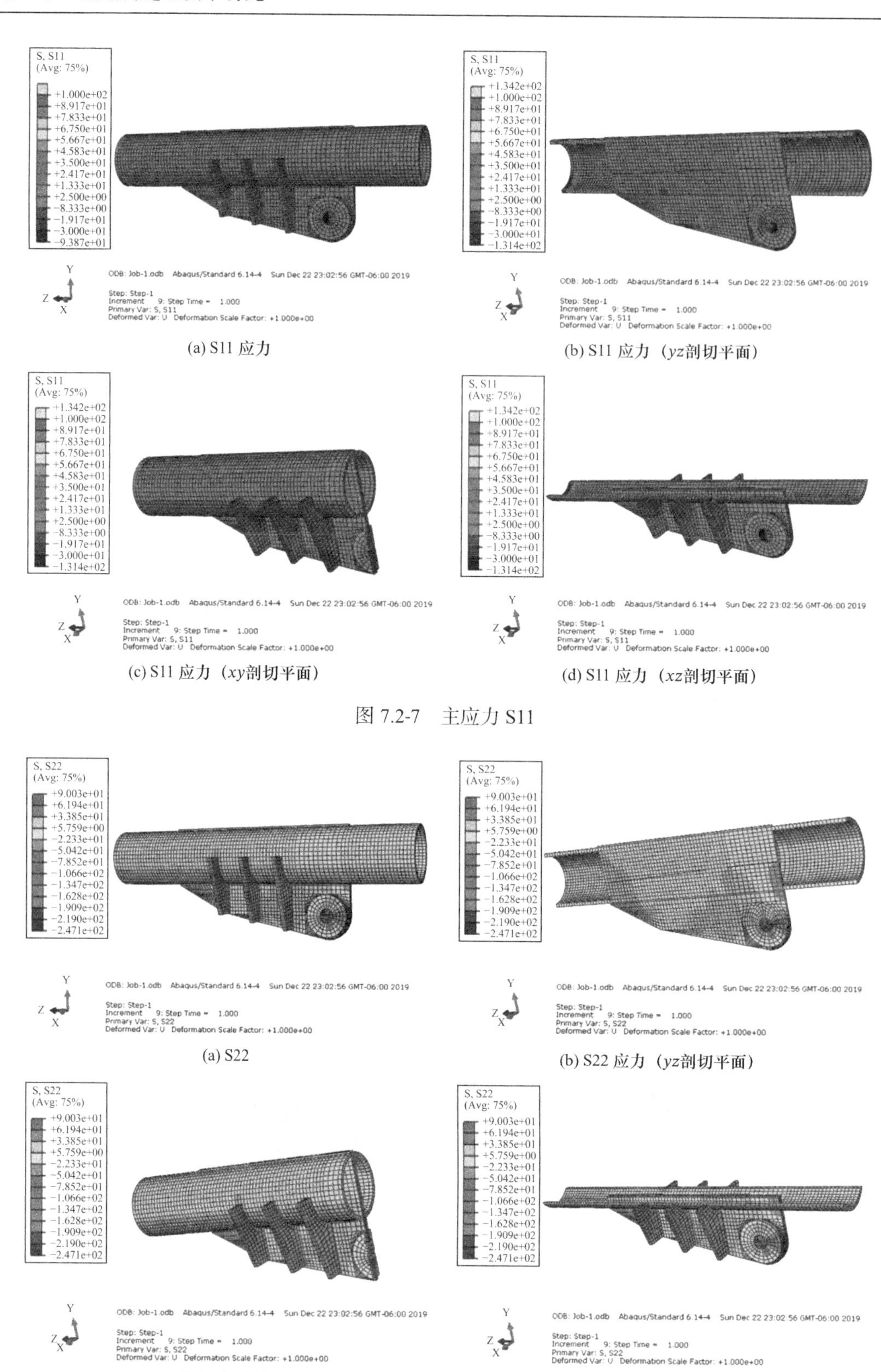

(a) S11 应力

(b) S11 应力（*yz*剖切平面）

(c) S11 应力（*xy*剖切平面）

(d) S11 应力（*xz*剖切平面）

图 7.2-7 主应力 S11

(a) S22

(b) S22 应力（*yz*剖切平面）

(c) S22 应力（*xy*剖切平面）

(d) S22 应力（*xz*剖切平面）

图 7.2-8 主应力 S22

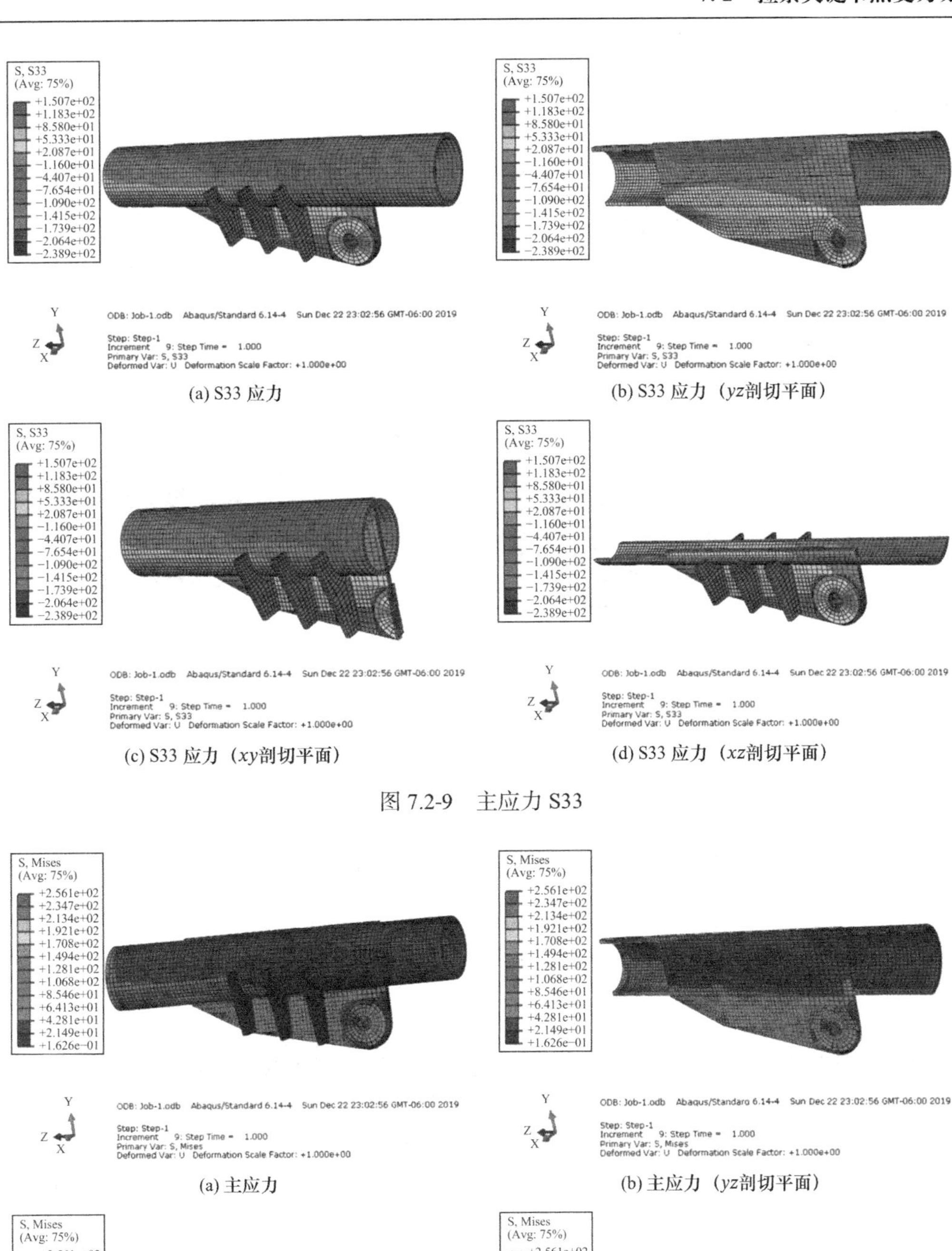

(a) S33 应力　　(b) S33 应力（*yz*剖切平面）

(c) S33 应力（*xy*剖切平面）　　(d) S33 应力（*xz*剖切平面）

图 7.2-9　主应力 S33

(a) 主应力　　(b) 主应力（*yz*剖切平面）

(c) 主应力（*xy*剖切平面）　　(d) 主应力（*xz*剖切平面）

图 7.2-10　主应力合力

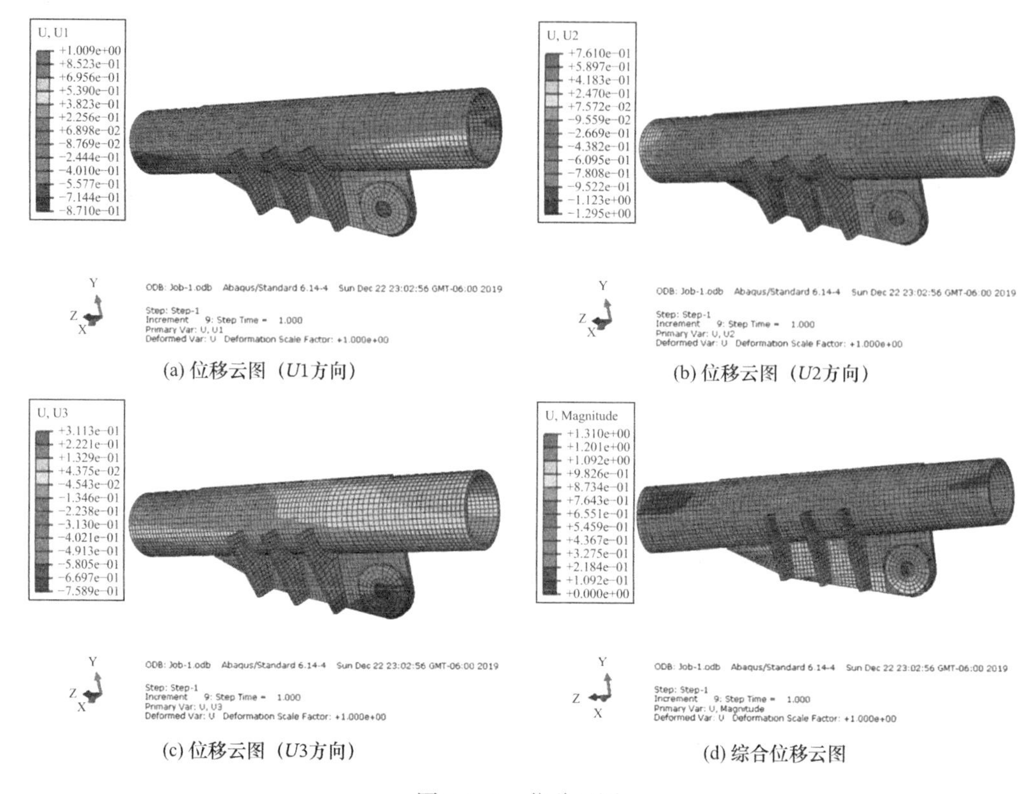

(a) 位移云图（$U1$方向）　(b) 位移云图（$U2$方向）

(c) 位移云图（$U3$方向）　(d) 综合位移云图

图 7.2-11　位移云图

由图可知，节点最大应力为256.1MPa，最大位移为1.31mm，满足设计要求。

7.3　索结构张拉成型方案选择

西北大学长安校区体育馆项目结构为弦支桁架结构，属于特殊的弦支穹顶结构，上部为刚度较大的桁架结构，索力提供的撑杆支撑力并不能全部抵消结构自重引起的下挠。

根据结构特点，索结构张拉成型可采用先胎架卸载后张拉的方式，也可采用先张拉调整、后胎架卸载成型的方式。结合主副馆特点，研究副馆安装对主馆受力和变形的影响，副馆安装前计算模型如图7.3-1所示，副馆安装后计算模型如图7.3-2所示。

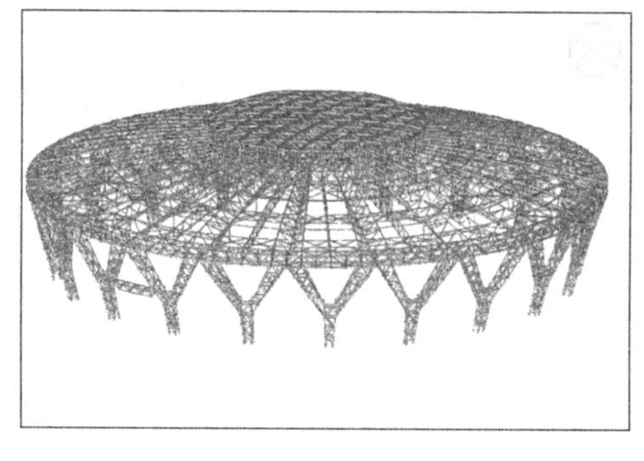
图 7.3-1　副馆安装前计算模型

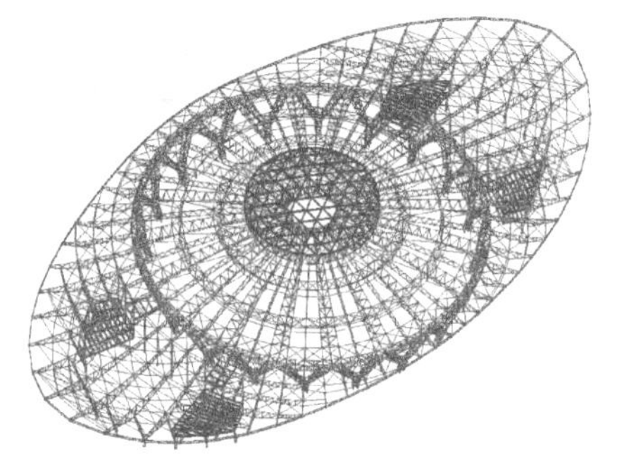
图 7.3-2　副馆安装后计算模型

7.3.1 副馆安装对变形的影响

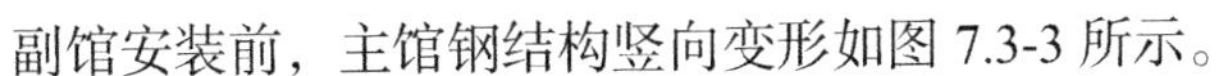

副馆安装前，主馆钢结构竖向变形如图 7.3-3 所示。

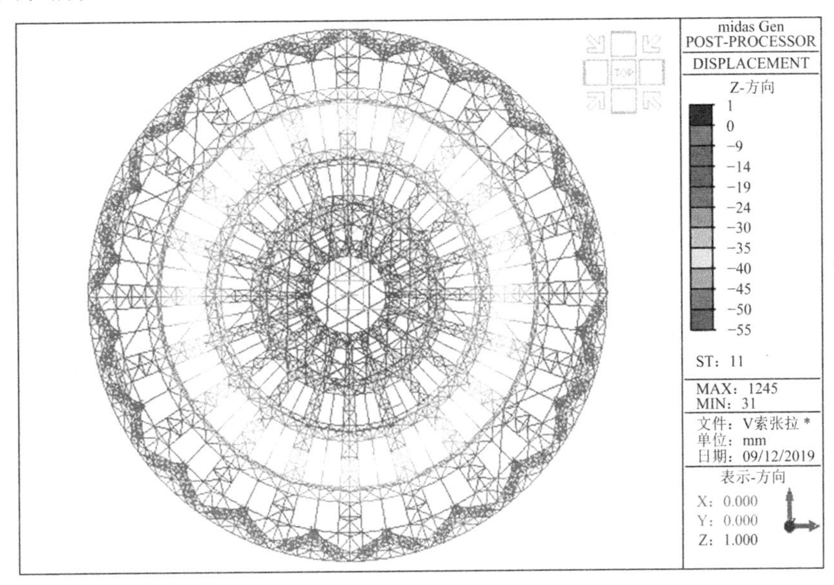

图 7.3-3 主馆钢结构竖向变形（副馆安装前）（单位：mm）

副馆安装后，主副馆钢结构竖向变形如图 7.3-4 所示。

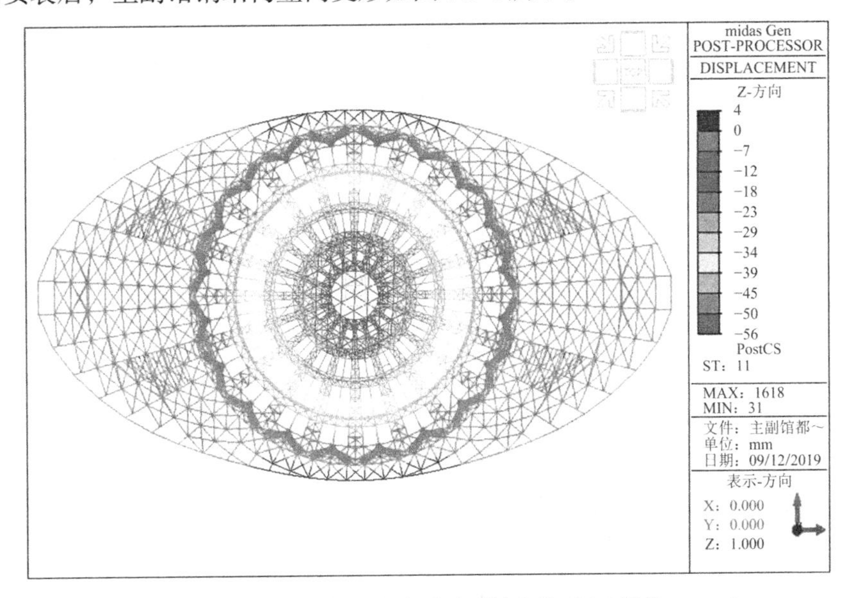

图 7.3-4 主副馆钢结构竖向变形（副馆安装后）（单位：mm）

7.3.2 副馆安装对主馆索力的影响

副馆安装前，拉索索力如图 7.3-5 所示。

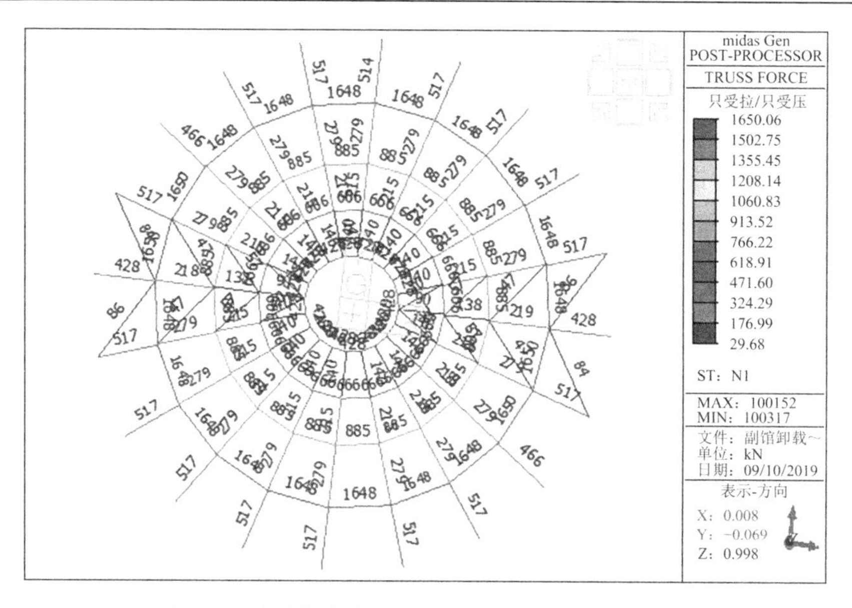

图 7.3-5　主馆拉索索力（副馆安装前）（单位：kN）

副馆安装后，拉索索力如图 7.3-6 所示。

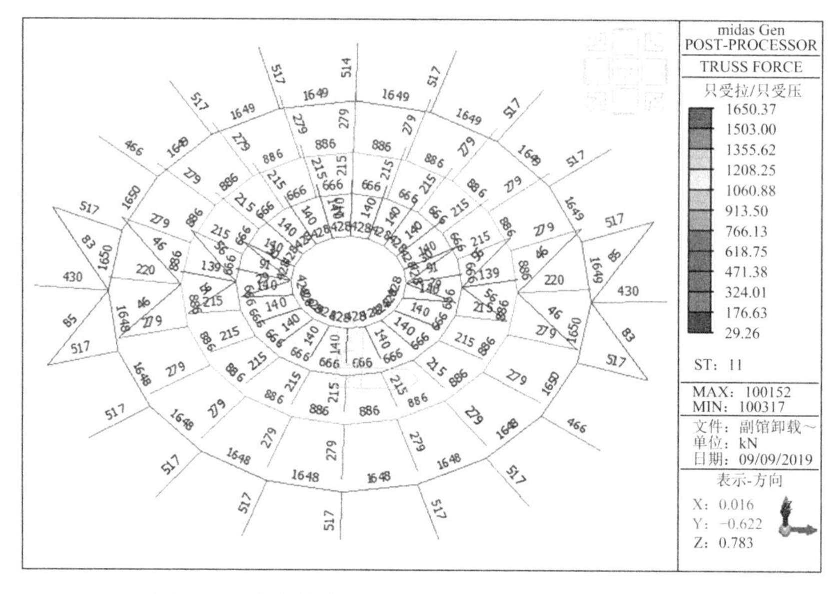

图 7.3-6　主馆拉索索力（副馆安装后）（单位：kN）

7.3.3　副馆安装对钢结构应力的影响

副馆安装前，主馆钢结构应力如图 7.3-7 所示。

副馆安装后，主副馆钢结构应力如图 7.3-8 所示。

经过对比分析可得：

（1）副馆安装对拉索索力影响非常小，可以忽略；

（2）副馆安装对主馆钢结构竖向位移影响 1mm；

（3）副馆安装对主馆钢结构应力影响非常小。

综上，副馆安装对主馆影响比较小，先安装主馆再安装副馆的方案可行。

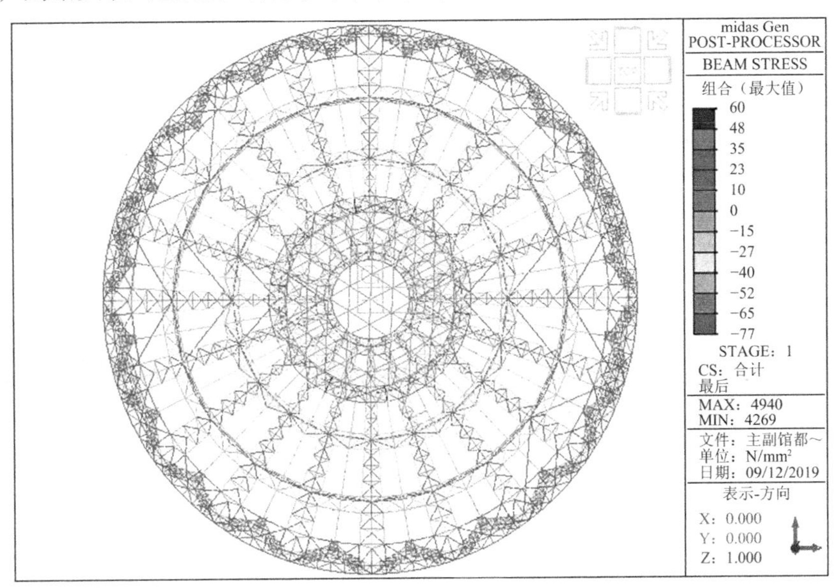

图 7.3-7　主馆钢结构应力（副馆安装前）（单位：MPa）

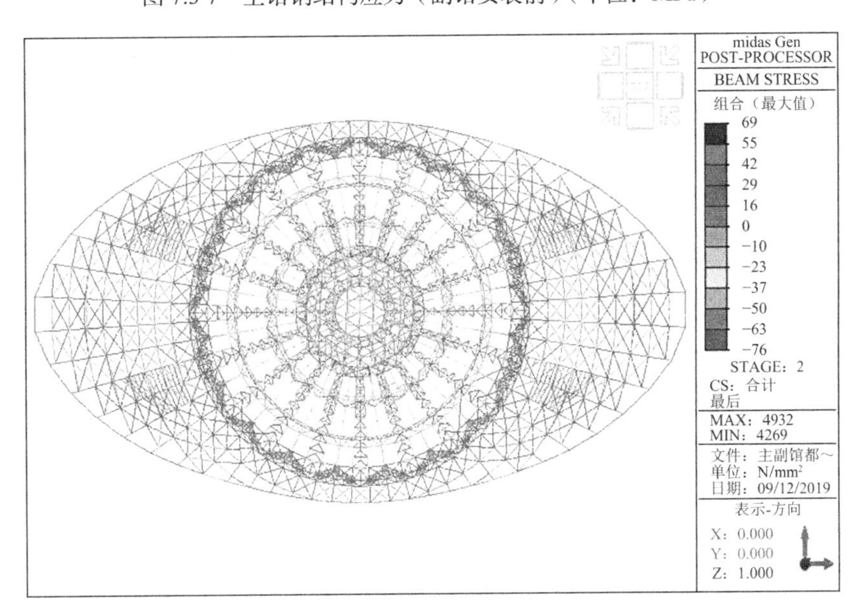

图 7.3-8　主副馆钢结构应力（副馆安装后）（单位：MPa）

7.3.4 索力施加环形桁架径向变形对副馆安装影响分析

主馆斜索索力施加会引起结构的水平向位移，结构的水平向位移会影响后续副馆结构的安装。经计算分析，第二级、第三级张拉完成后，结构的径向位移（结构的径向位移数值为正值表示沿径向向外远离圆心；结构的径向位移数值为负值表示沿径向向内靠向圆心）如下：

（1）主馆斜索索力张拉至70%（支撑胎架已经拆除）主馆环形桁架径向变形如图7.3-9所示。

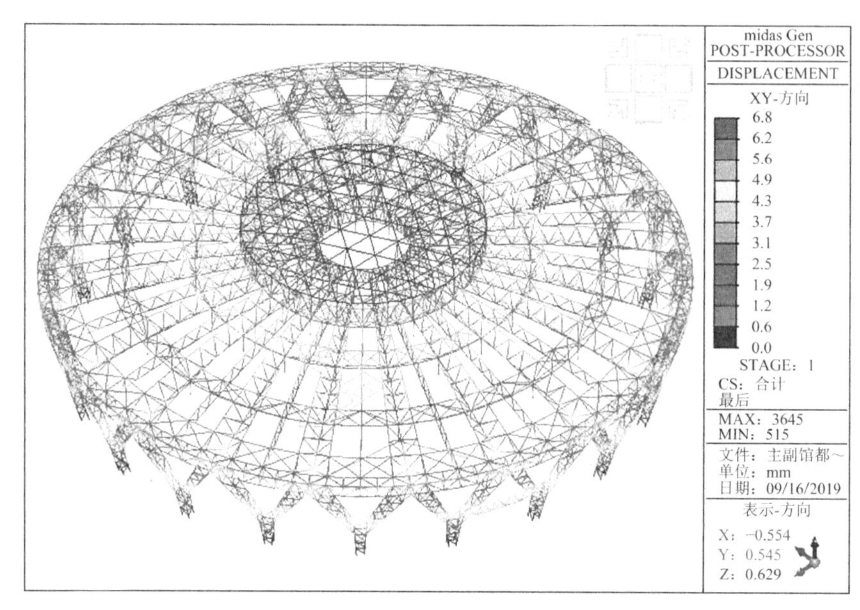

图7.3-9　斜索索力张拉70%环形桁架径向变形（单位：mm）

（2）主馆斜索索力张拉至100%主馆环形桁架径向变形如图7.3-10所示。

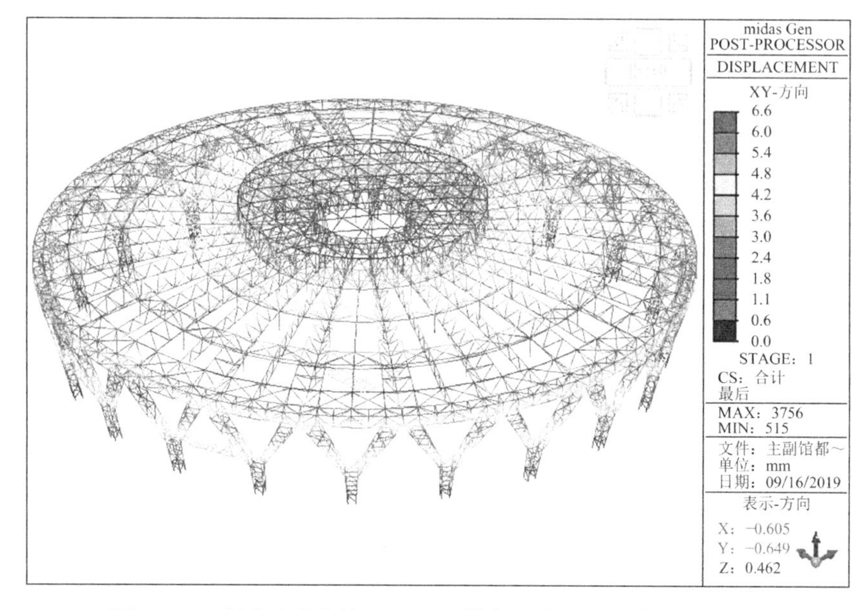

图7.3-10　斜索索力张拉100%环形桁架径向变形（单位：mm）

经计算可知，索力张拉至70%（支撑胎架已拆除）时，刚性桁架半径增加6.8mm（最大值），随着索力的继续施加，刚性桁架的半径随之减小，张拉至100%时，刚性环的直径增加值（最大值）变化为6.6mm。

由上述可知，预应力施加过程中，主馆的径向变形非常小（半径增大7mm以内），采取可靠的施工措施完全可消除此施工误差，不会影响后续副馆的安装。

7.4 索结构张拉分级及过程分析

本项目索结构的张拉施工采用张拉径向索的方式，即在调整好环向索初始长度和撑杆长度、位置后，直接对径向索张拉建立预应力的方法。根据场地条件和中心支撑胎架的位置，采用分级分批张拉的工艺，共分三级张拉，每一级每圈拉索又分为 2 批，每批张拉 10 根拉索。第 1 级（张拉到初张力的 10%）由内圈向外圈依次张拉完成，第 2 级（张拉到初张力的 70%）由外圈向内圈依次张拉完成，第 3 级（张拉到初张力的 100%）由内圈向外圈依次张拉完成。上述张拉步骤完成后安装并张拉 V 形稳定索，斜索位置如图 7.4-1 所示，张拉施工顺序如图 7.4-2 所示，张拉过程索力、变形、应力仿真计算结果如图 7.4-3 所示。

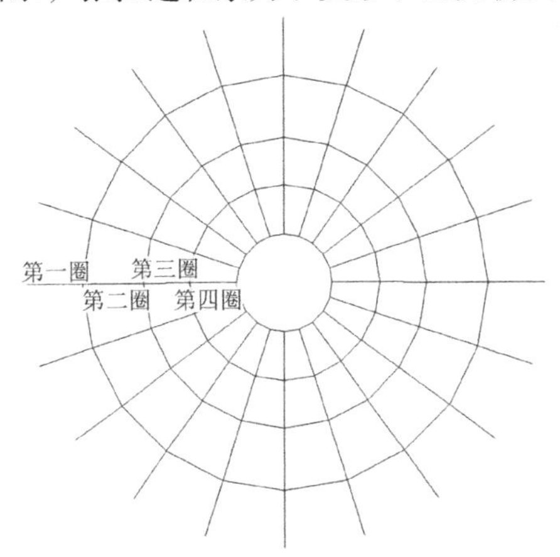

图 7.4-1　斜索位置示意图

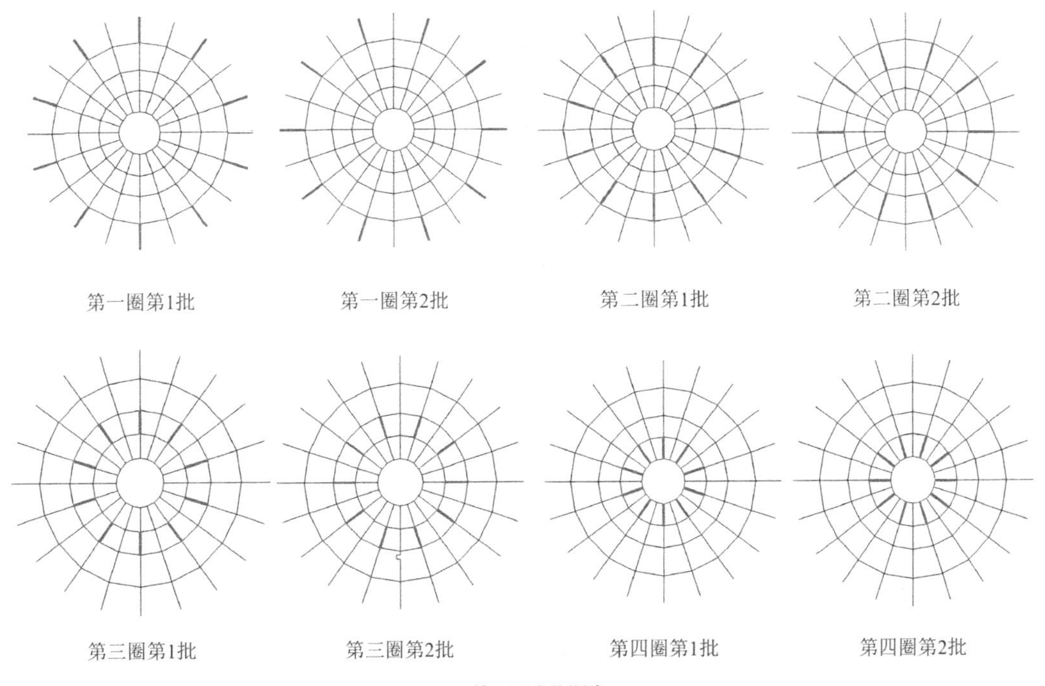

(a) 第二级张拉顺序

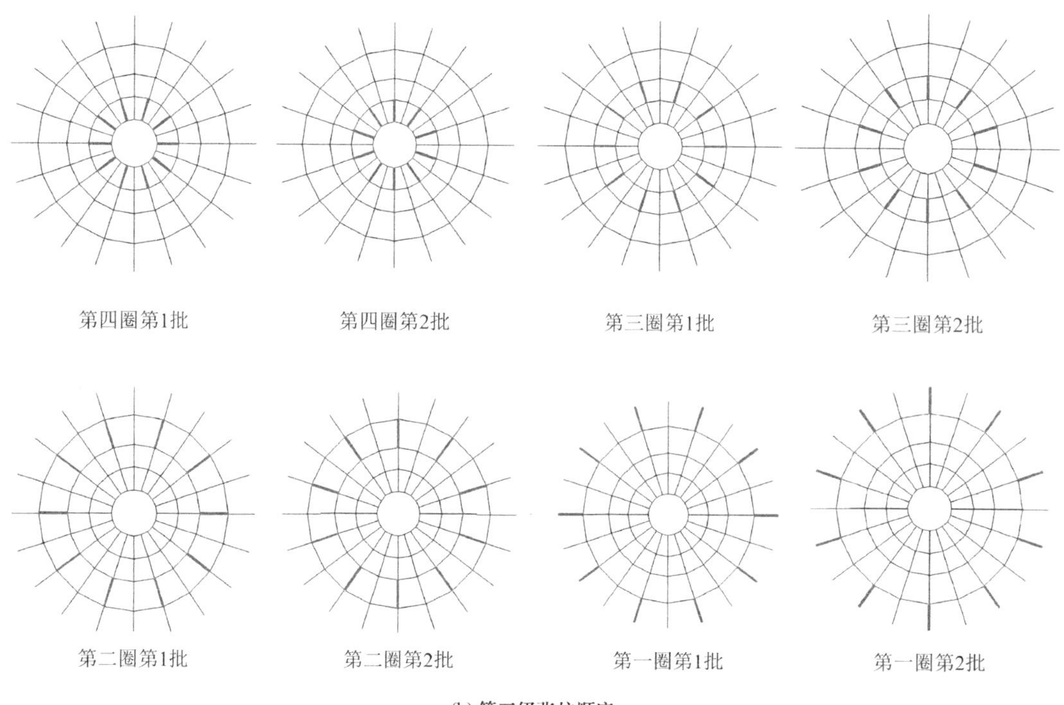

(b) 第三级张拉顺序

图 7.4-2　张拉施工顺序图

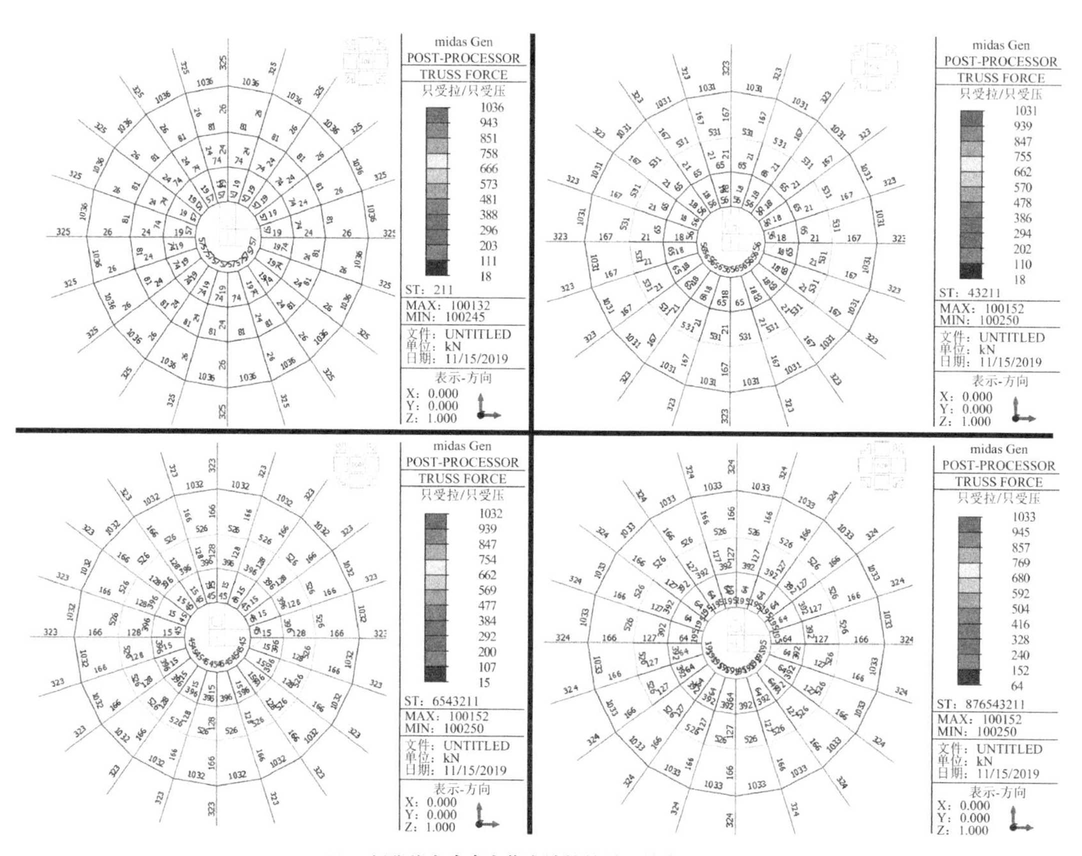

(a) 二级张拉完成索力仿真计算结果（单位：kN）

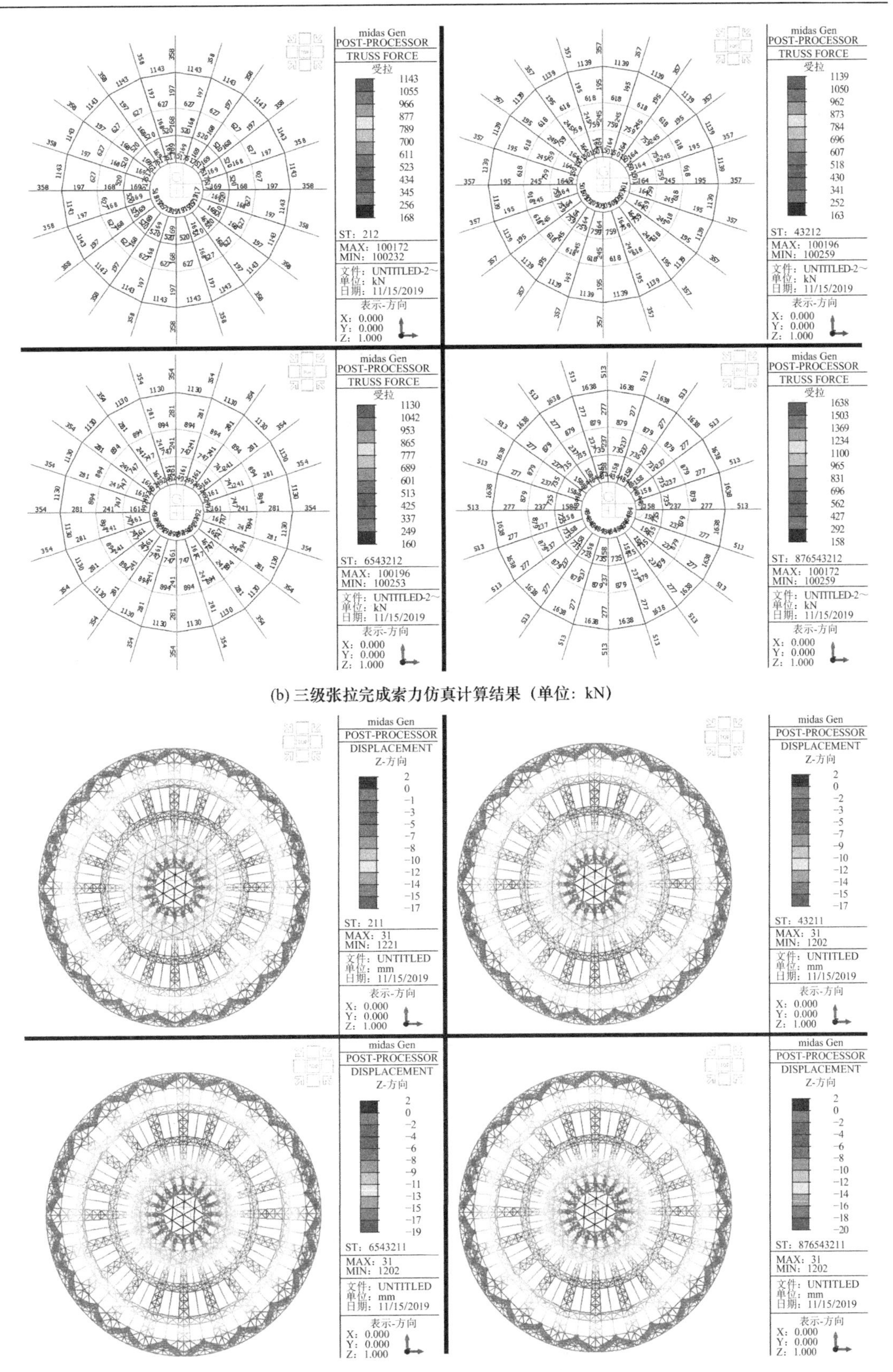

(b) 三级张拉完成索力仿真计算结果（单位：kN）

(c) 二级张拉完成位移仿真计算结果（单位：mm）

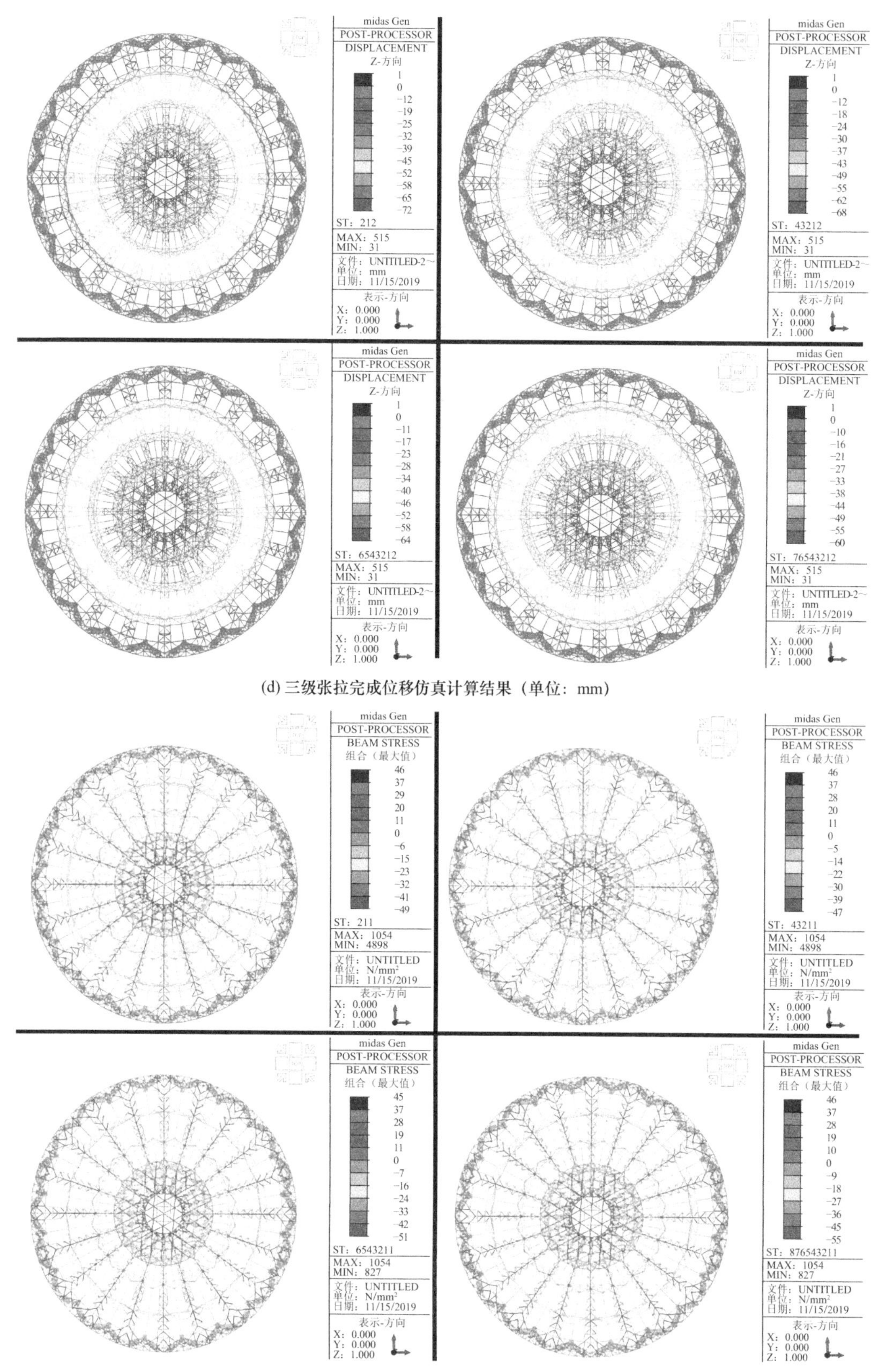

(d) 三级张拉完成位移仿真计算结果（单位：mm）

(e) 二级张拉完成应力仿真计算结果（单位：MPa）

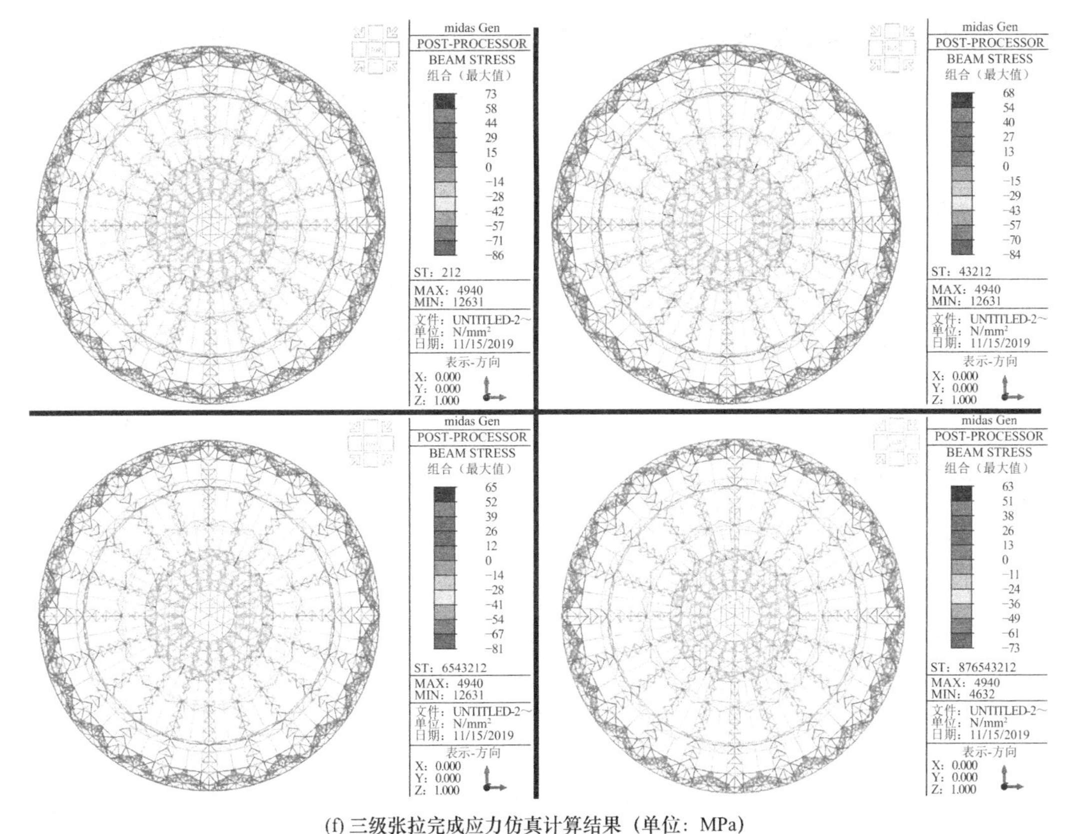

(f) 三级张拉完成应力仿真计算结果（单位：MPa）

图 7.4-3 张拉过程仿真计算结果

索结构张拉完成后，卸载中间支撑胎架，胎架采用底部环向分级分批切割的方法，卸载过程中整体结构下挠，索力和结构的内力二次分配，结构最终成型，现场卸载如图 7.4-4 所示。

图 7.4-4　中间支撑架体卸载

7.5　本章小结

本章针对西北大学长安校区体育馆屋盖旋转滑移施工技术进行研究，得出如下结论：

（1）空间弦支轮辐式桁架结构属于特殊的弦支穹顶结构，上部为刚度较大的桁架结构，索力提供的撑杆支撑力并不能全部抵消结构自重引起的下挠。

（2）索结构张拉成型可采用先胎架卸载后张拉的方式，也可采用先张拉调整、后胎架卸载成型的方式。

（3）结合主副馆特点，副馆安装对主馆拉索索力影响非常小，可以忽略；副馆安装对主馆钢结构竖向位移影响 1mm；副馆安装对主馆钢结构应力影响非常小。

（4）预应力施加过程中，主馆的径向变形非常小（半径增大 7mm 以内），采取可靠的施工措施完全可消除此施工误差，不会影响后续副馆的安装。

第 8 章 施工过程软件模拟计算及结果分析

在设计时通常以最终状态下的结构整体作为研究对象，使用此种方法对结构进行设计显然是不够全面的，会给结构在施工过程中造成巨大的隐患。

施工过程分析之所以区别于成型状态的结构设计是因为施工过程分析的对象具有时变性，结构的几何刚度、边界条件等都在随着施工阶段的改变而改变。在进行施工前，使用SAP2000进行非线性阶段施工分析对结构在施工过程中的应力应变进行监控能够保证结构在施工过程中的安全和有效。

本工程使用滑移法和分段吊装法对结构进行安装，在进行模拟时需要将各个结构分段定义成组，主馆桁架以及主馆环向连接结构共划分为60个地面拼装结构单元，副馆部分共划分为98个结构单元。当分析从一个阶段进入下一个阶段时，前一个阶段的结尾刚度成为下一个阶段的起始刚度，并将该构件上的荷载添加到新添加的结构上。

8.1 计算模型

计算软件采用有限元软件SAP2000V20，利用SAP2000中非线性阶段施工对该结构施工安装过程进行模拟，计算模型在设计单位提供的静力分析模型的基础上，依据各相关施工文件进行修改，并严格按照实际施工顺序建立施工模拟工况。

网壳部分考虑铸钢节点重量，结构自重系数取1.1。

根据各相关施工文件，建立整体施工工况，主管施工工况名称ZGSG_A1～ZGSG_A9，预应力索张拉工况名称YYLSG_C1～YYLSG_C3，以及预应力施工过程中，拆除中心塔架的施工工况，副馆施工工况FGSG_B1～FGSG_B13，共计20个施工工况149个施工步，具体安装顺序严格参照主馆钢结构滑移施工、弦支索结构安装、副馆钢结构安装进行模拟。

8.2 主馆施工计算结果及分析

主馆单个滑移单元详细安装顺序：千斤顶顶至设计高度→吊装第一段主桁架→吊装第二段主桁架→吊装次桁架及环向连接杆件→吊装屋顶桁架→吊装格构柱→千斤顶卸载并进行滑移。

同时在整个施工过程模拟中，考虑施工安装期间昼夜温差变化对结构的影响，根据施工安装具体时间即2020年3月的气象数据提供的昼夜温差，在每个滑移单元安装完成后，交替施加+15℃和−15℃的温度作用，施加对象为当时所有已安装的构件。

各施工步竖向位移云图（单位：mm）如图8.2-1～图8.2-12所示。

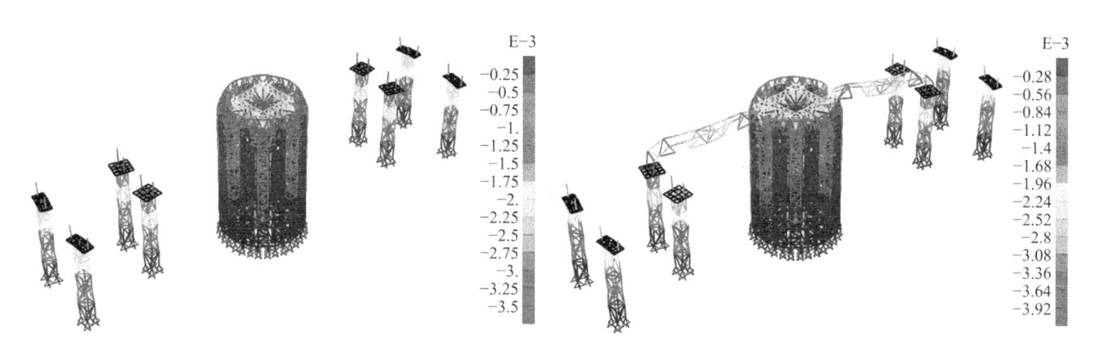

图 8.2-1　搭设中心塔架与临时支撑　　　图 8.2-2　吊装第一组主桁架第一段

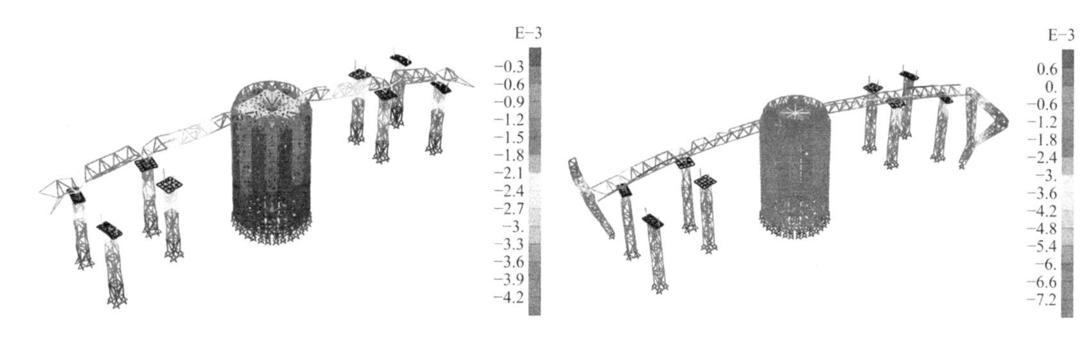

图 8.2-3　吊装第一组主桁架第二段　　　图 8.2-4　安装第一组格构柱

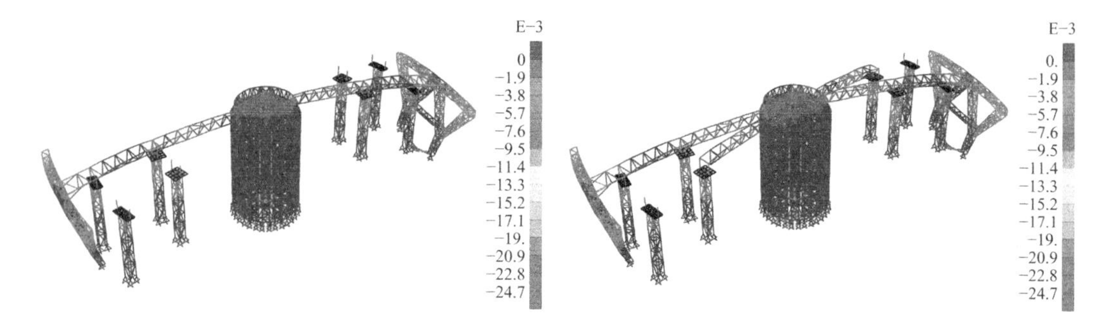

图 8.2-5　安装第二组格构柱　　　图 8.2-6　吊装第二组主桁架第一段

图 8.2-7　吊装第二组主桁架第二段

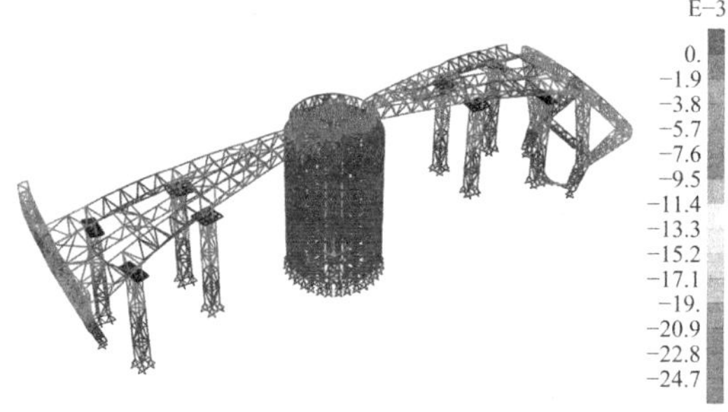

图 8.2-8　安装桁架间环向连接

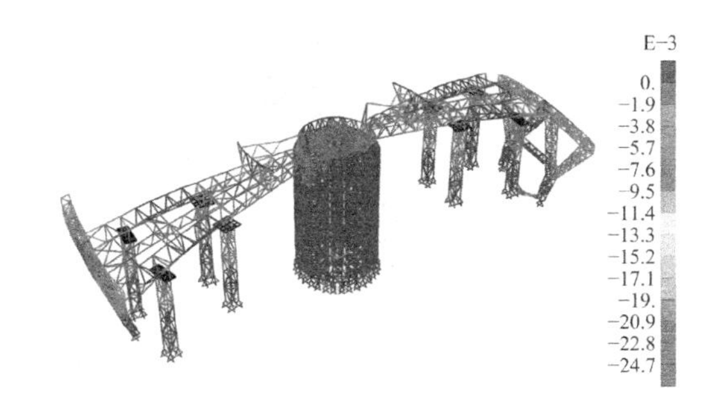

图 8.2-9　吊装屋顶桁架

图 8.2-10　安装第三组格构柱

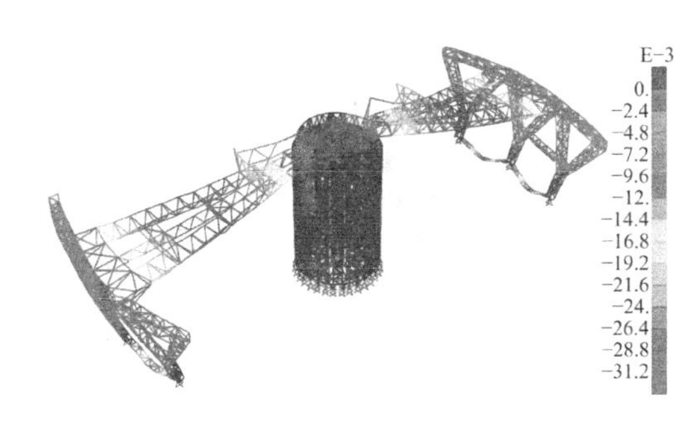

图 8.2-11　千斤顶卸载

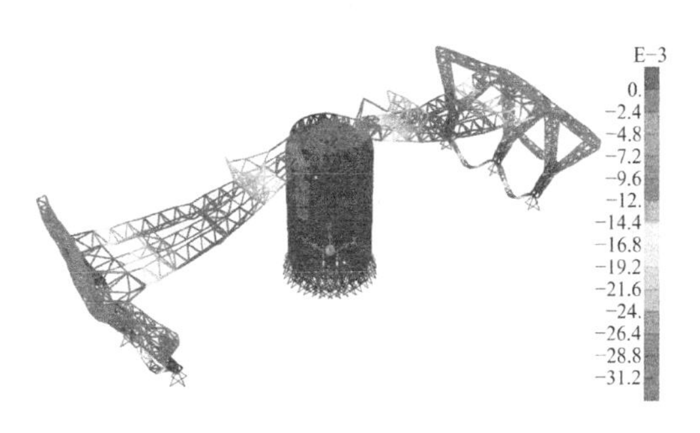

图 8.2-12　升温 15°C

以上即主馆累积滑移施工第一滑移单元的安装顺序，竖向最大位移为主桁架跨中位置上弦点，位移大小为向下的 33.1mm，最大压应力为 54.3MPa。

第二滑移单元的安装过程中，竖向位移云图（单位：mm）如图 8.2-13～图 8.2-20 所示。

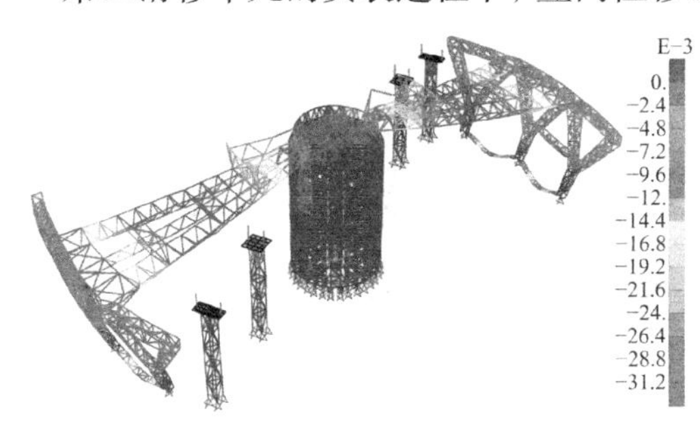

图 8.2-13　千斤顶顶至设计高度

图 8.2-14　吊装第三组主桁架第一段

图 8.2-15　吊装第三组主桁架第二段

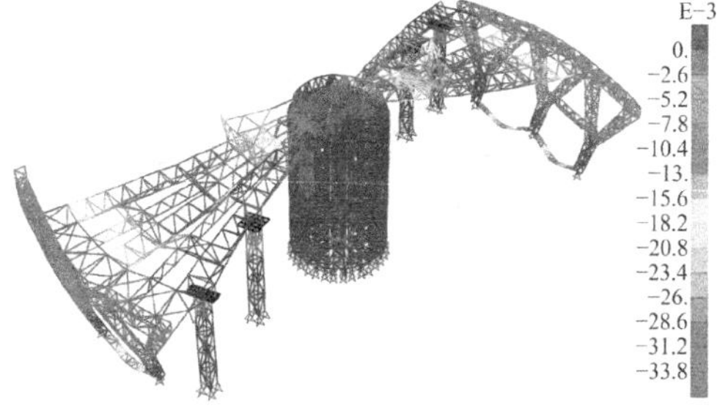

图 8.2-16　吊装次桁架及桁架间环向连接

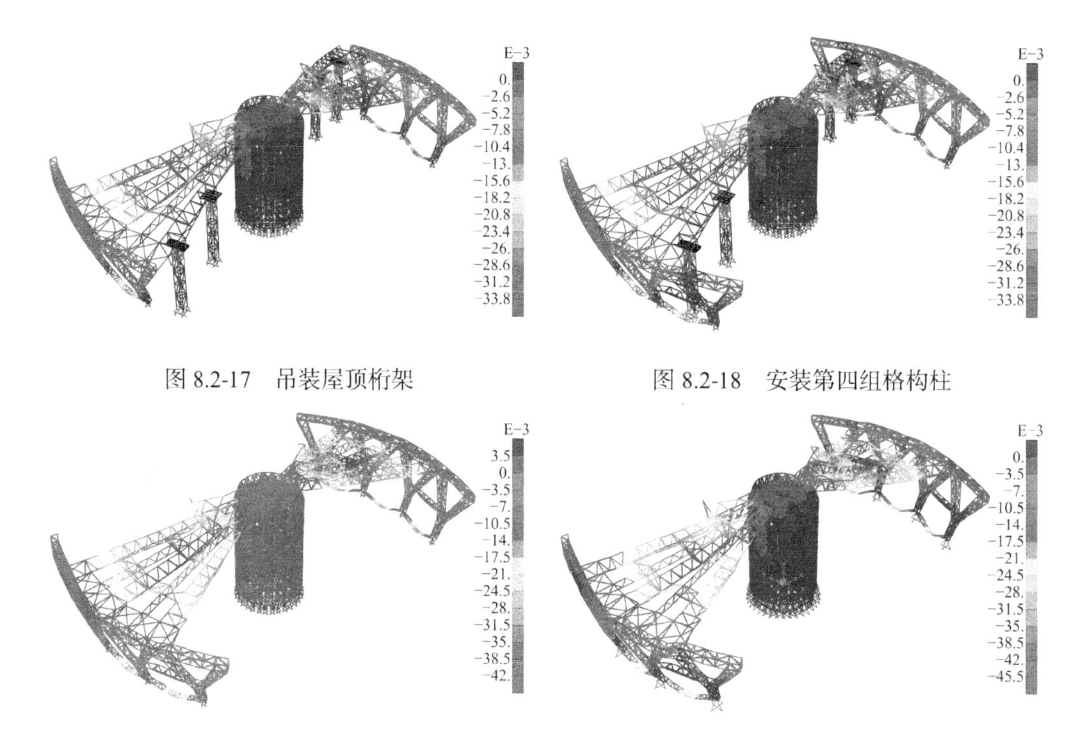

图 8.2-17　吊装屋顶桁架

图 8.2-18　安装第四组格构柱

图 8.2-19　千斤顶卸载

图 8.2-20　降温 15℃

以上即主馆累积滑移施工第二滑移单元的各安装过程竖向位移云图，后续第三至第八滑移单元安装过程与第二滑移单元安装顺序完全一致，安装过程中竖向位移云图（单位：mm）如图 8.2-21～图 8.2-35 所示，施工完成后屋面桁架x、y向水平位移（单位：mm）如图 8.2-36 和图 8.2-37 所示。

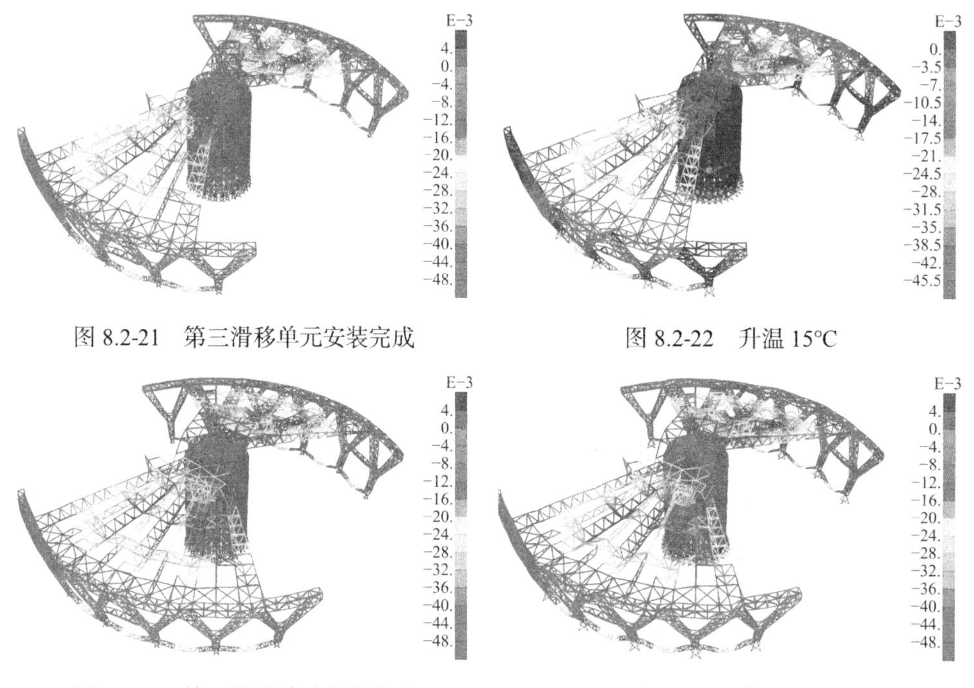

图 8.2-21　第三滑移单元安装完成

图 8.2-22　升温 15℃

图 8.2-23　第四滑移单元安装完成

图 8.2-24　降温 15℃

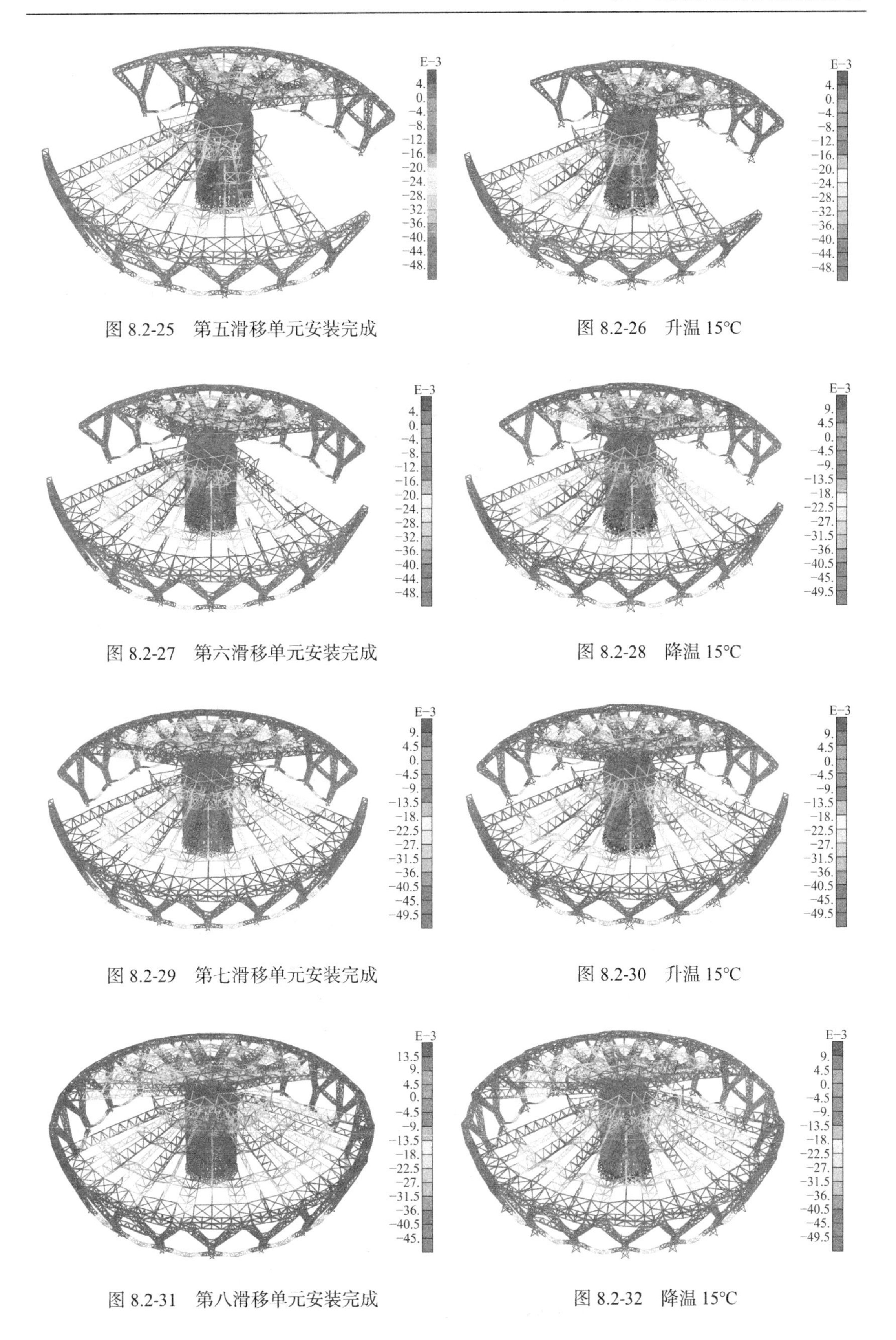

图 8.2-25　第五滑移单元安装完成

图 8.2-26　升温 15°C

图 8.2-27　第六滑移单元安装完成

图 8.2-28　降温 15°C

图 8.2-29　第七滑移单元安装完成

图 8.2-30　升温 15°C

图 8.2-31　第八滑移单元安装完成

图 8.2-32　降温 15°C

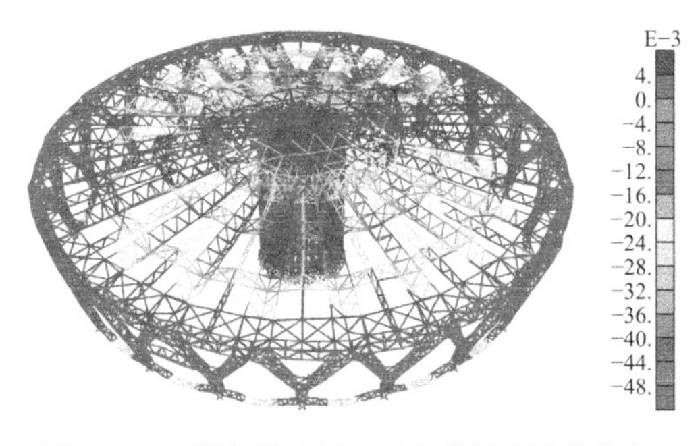

图 8.2-33　第九滑移单元（主管屋面合拢段）安装完成

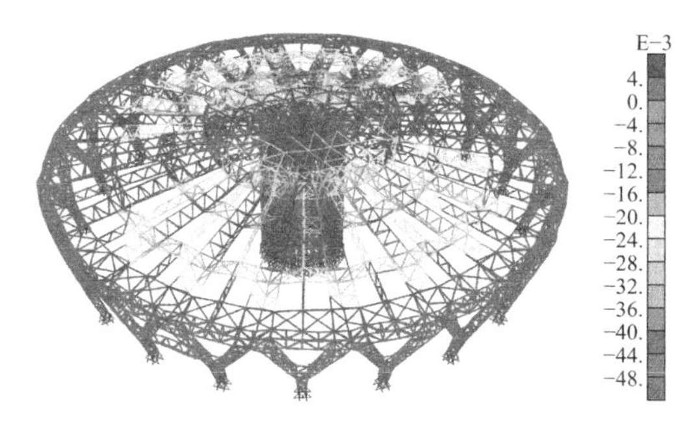

图 8.2-34　柱脚置换、拆除柱脚加固桁架

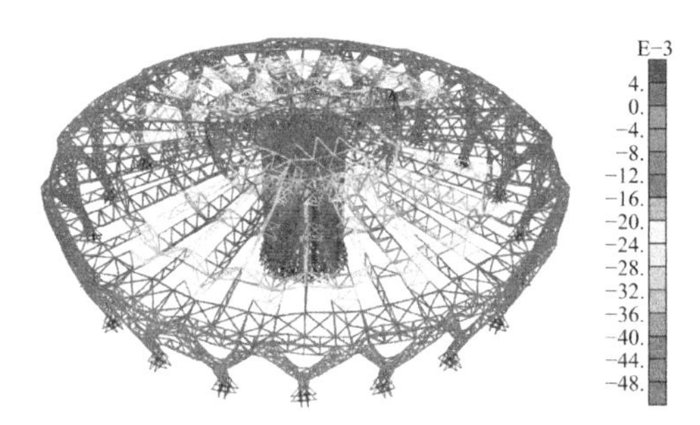

图 8.2-35　升温 15°C

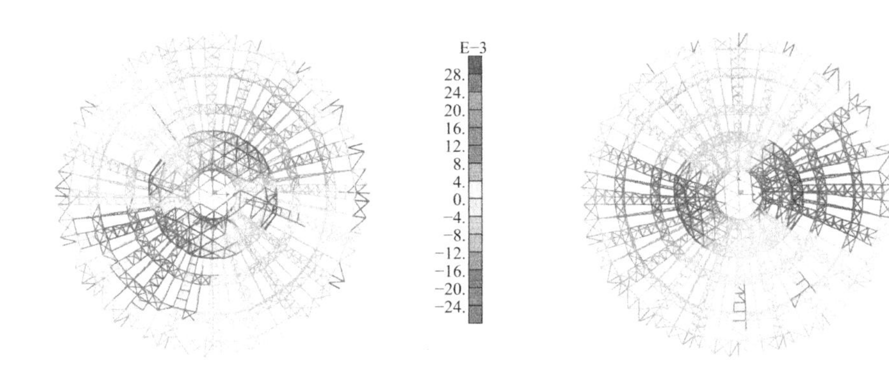

图 8.2-36　主馆钢结构安装完成后屋面桁架x向水平位移

图 8.2-37　主馆钢结构安装完成后屋面桁架y向水平位移

由于第九单元为合拢段，所以取第一至第八滑移单元跨中竖直位移最大点（节点编号 1539、1475、1412、1349、1289、1233、1178、1124）为各阶段的控制点（图 8.2-38）。

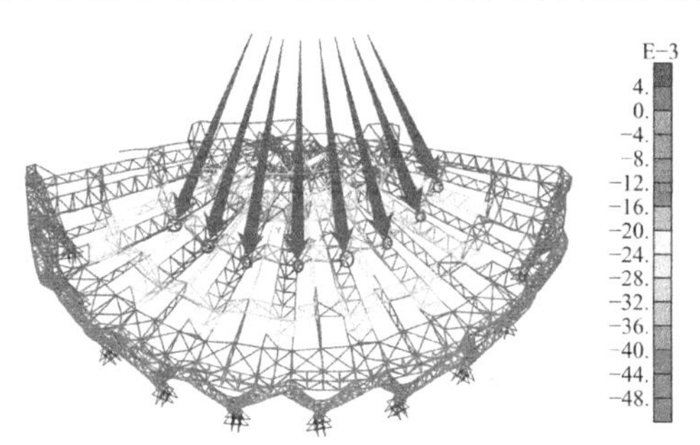

图 8.2-38　主馆施工控制节点选取

在A1～A9的施工过程中，各控制点竖向位移变化曲线如图8.2-39所示。

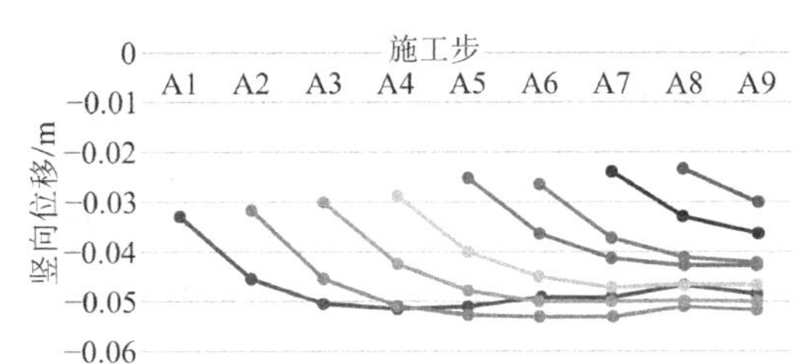

图8.2-39 主馆施工各滑移单元控制节点位移变化图

选取第一滑移单元安装过程中应力最大杆件，其在主馆施工全过程中的应力变化如图8.2-40所示。

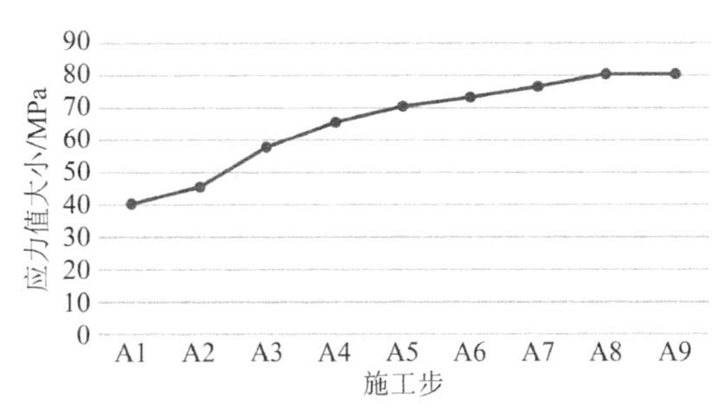

图8.2-40 主馆施工控制杆件应力变化图

主馆施工过程应力比（包络值）如图8.2-41所示。

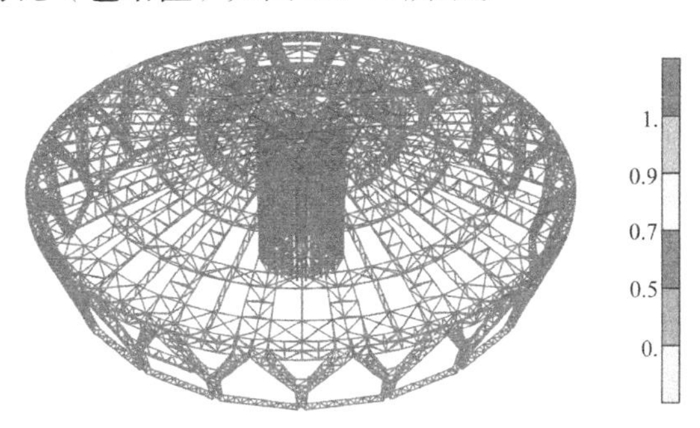

图8.2-41 主管施工工况杆件应力比

从以上计算结果可知：

（1）主馆累积滑移施工过程中位移、内力符合正常使用极限状态以及承载能力极限状态的规范要求。

（2）各滑移单元跨中控制节点的竖向位移，均随着施工安装的进行逐渐增大，构件内力同样随着施工安装的进程逐步增大，即随着后续结构的安装，既有结构整体内力位移都会增大，既有结构的位移在施工安装过程中得到不断的累积。

（3）随着结构施工安装的进行，各滑移单元控制点的初始位移依次递减，说明既有结构对后续安装结构能够提供一定的竖向刚度。

（4）从主馆钢结构安装完成后屋面桁架的x、y向水平位移云图可以看出，在第一至第四滑移单元中，具有较为明显的向着滑移安装方向的水平位移。

（5）在主馆滑移施工安装的过程中，第一滑移单元的跨中节点在第一至第四滑移单元进行滑移安装期间，竖向位移值不断增大，在第五滑移单元安装完成后，竖向位移趋于平稳，且第二、三、四滑移单元跨中节点的竖向位移，均在第八单元安装完成后趋于不再变化。

8.3　预应力索张拉

索的预应力张拉施工严格按照弦支索结构安装方案在软件中进行模拟，软件计算结果（单位：mm）如图 8.3-1～图 8.3-6 所示。

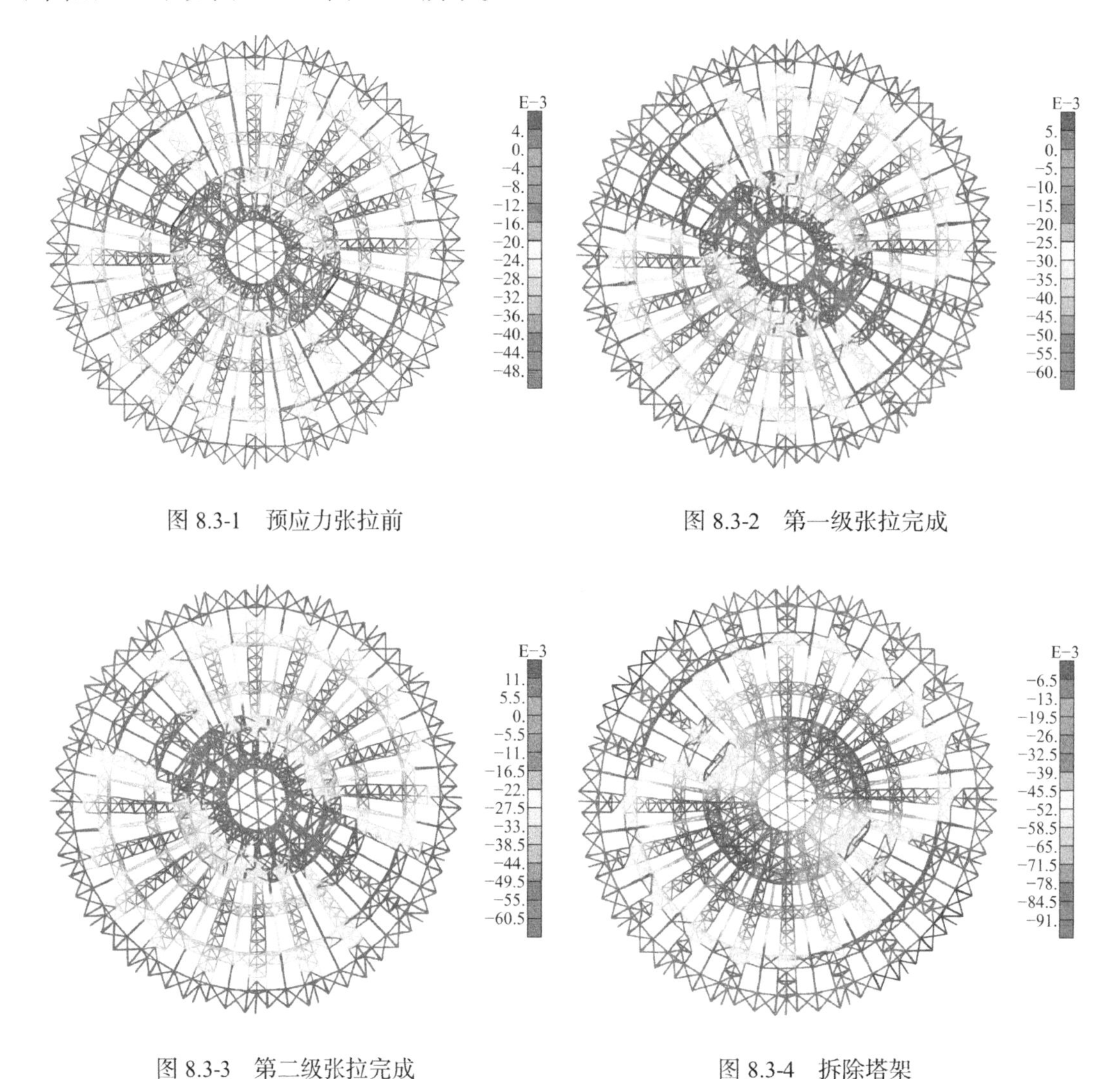

图 8.3-1　预应力张拉前

图 8.3-2　第一级张拉完成

图 8.3-3　第二级张拉完成

图 8.3-4　拆除塔架

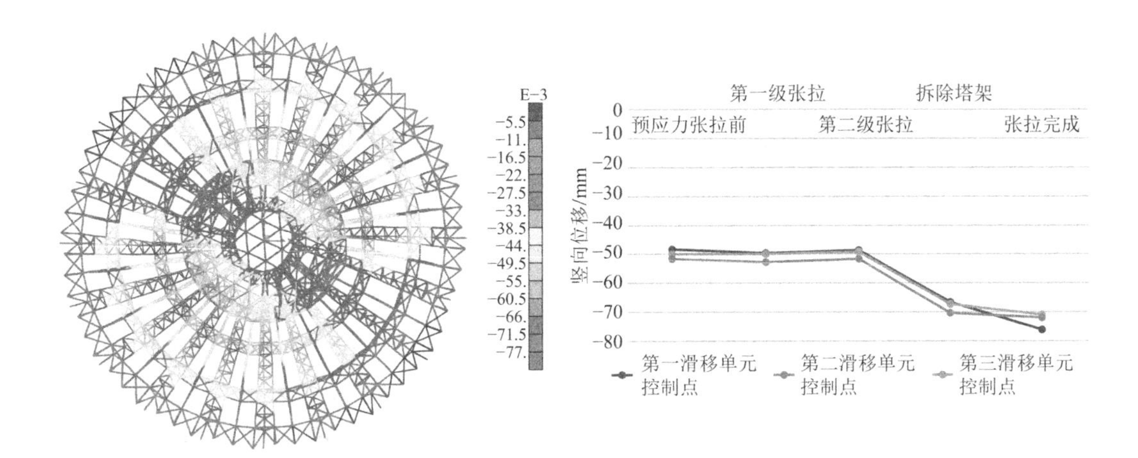

图 8.3-5　预应力张拉完成　　图 8.3-6　预应力张拉控制节点竖向位移

由以上计算结果可知：

（1）第一级张拉，即索分批张拉至设计张拉力的 10%，该步过程对主馆钢结构的位移和应力的影响都极其微小。

（2）第二级张拉，即索分批张拉至设计张拉力的 70%，该步过程对主馆屋面桁架的竖向位移有极小幅度的改善。

（3）拆除塔架后，中心环的竖向位移约为 90mm，按照施工方案，施工时落架落到 120mm 时检查中心塔架与中心环是否脱离，软件模拟得到的计算结果 90mm < 120mm，说明模拟结果与设计单位的模拟结果相近。

（4）第三级张拉，即索分批张拉至设计张拉力，从结果来看，对结构影响并不显著。

8.4　副馆施工计算结果及分析

副馆施工采取最基本的分片吊装方式，通过两台 100t、两台 25t 共四台汽车式起重机，在体育馆南北两侧同时进行安装。具体施工顺序严格参照副馆钢结构安装在软件中进行模拟，以下是软件计算结果：

南北两侧中间段（B1 单元）计算结果（单位：mm）如图 8.4-1～图 8.4-5 所示。

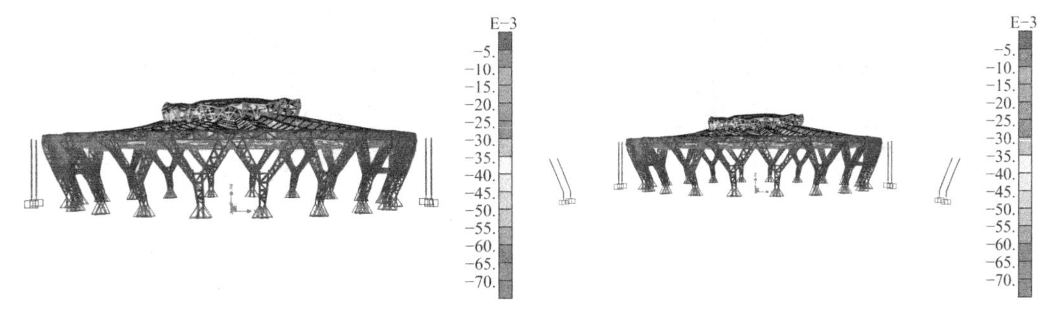

图 8.4-1　安装靠近主馆一侧立柱　　图 8.4-2　安装外侧斜钢柱

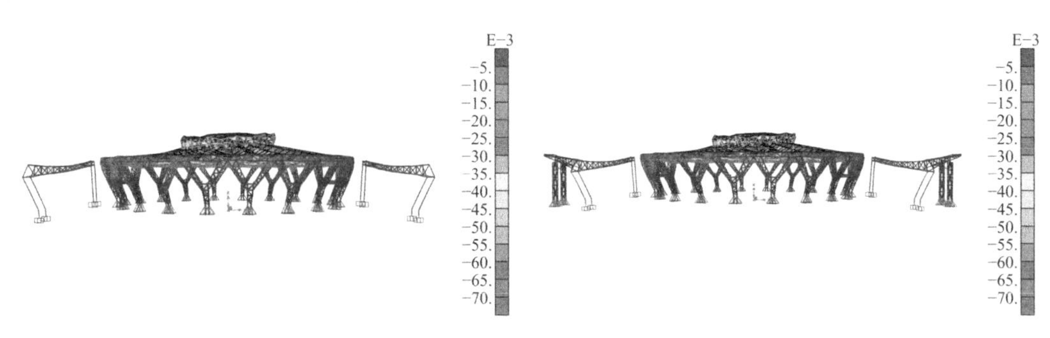

图 8.4-3　安装中间段桁架　　图 8.4-4　安装最外侧悬挑段桁架

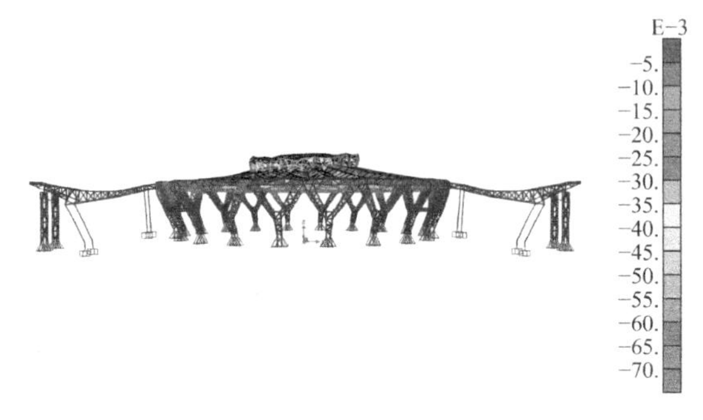

图 8.4-5　安装主副馆之间的连接桁架

B2 单元计算结果（单位：mm）如图 8.4-6～图 8.4-12 所示。

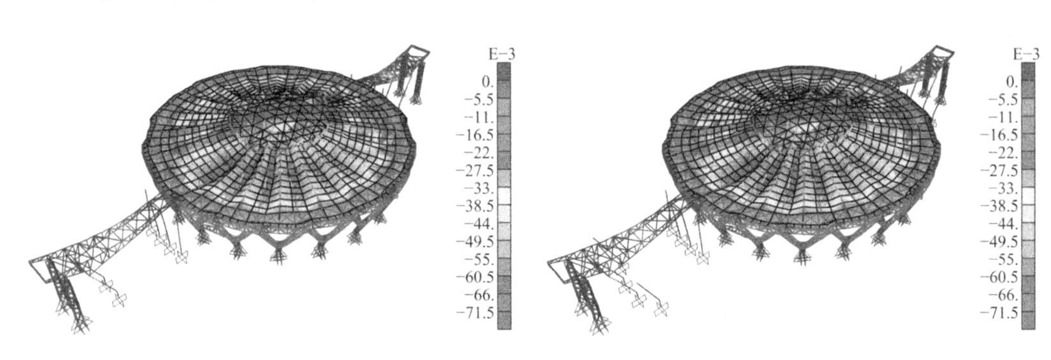

图 8.4-6　安装靠近主馆一侧立柱　　图 8.4-7　安装外侧斜钢柱

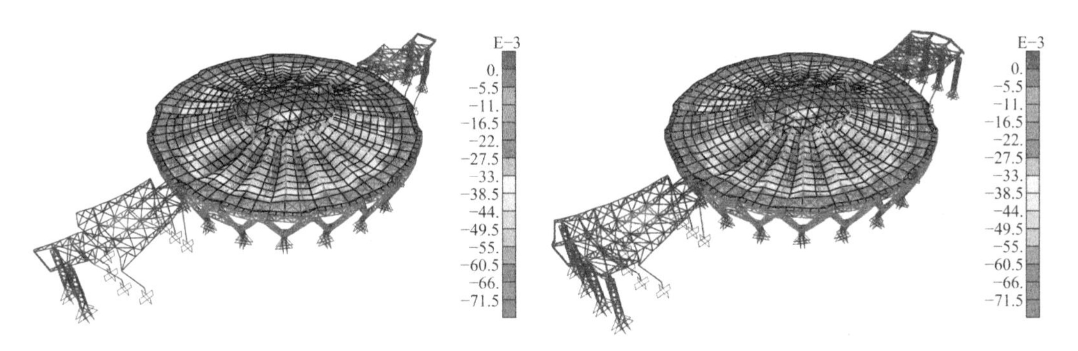

图 8.4-8　安装中间段桁架　　图 8.4-9　安装最外侧悬挑段桁架

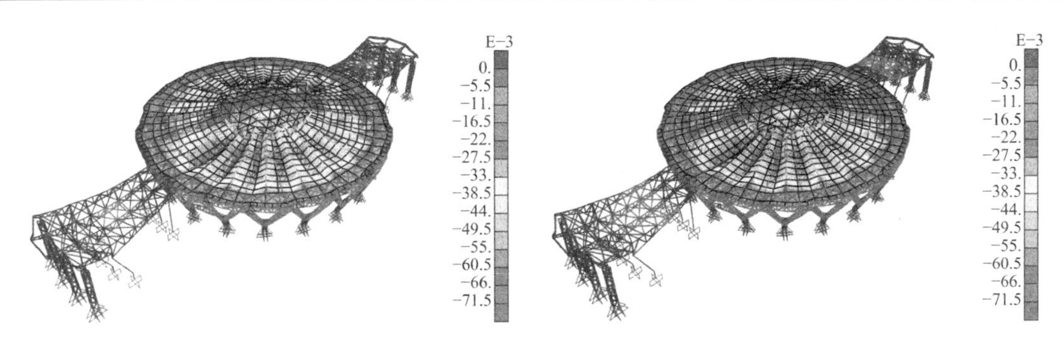

图 8.4-10 安装主副馆之间的连接桁架

图 8.4-11 靠近主馆一侧立柱柱脚拆除

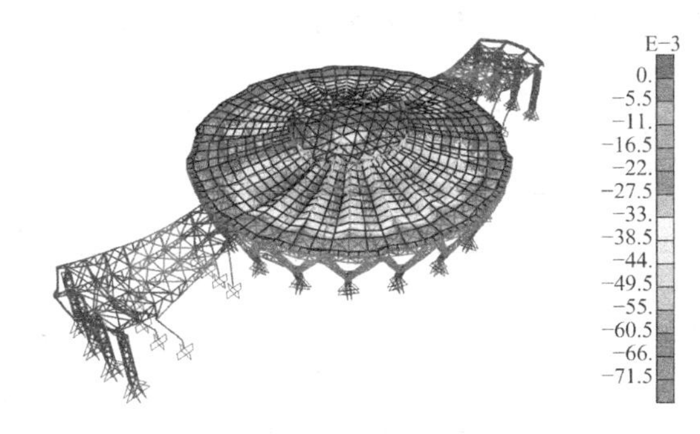

图 8.4-12 降温 15°C

后续副馆桁架单元的施工安装方式与上述安装顺序一样，计算结果（单位：mm）如图 8.4-13～图 8.4-16 所示。

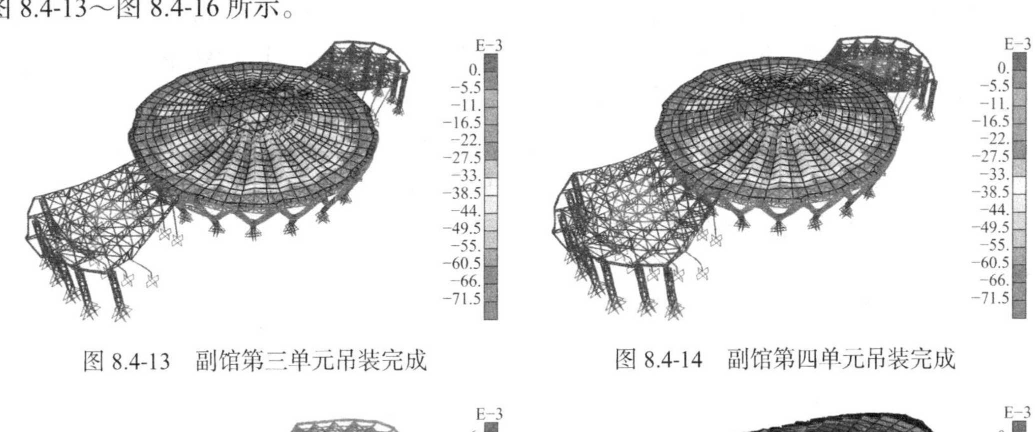

图 8.4-13 副馆第三单元吊装完成

图 8.4-14 副馆第四单元吊装完成

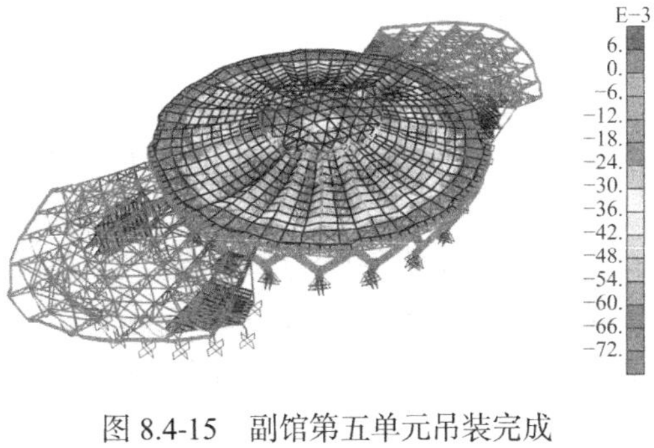

E-3
6.
0.
-6.
-12.
-18.
-24.
-30.
-36.
-42.
-48.
-54.
-60.
-66.
-72.

图 8.4-15 副馆第五单元吊装完成

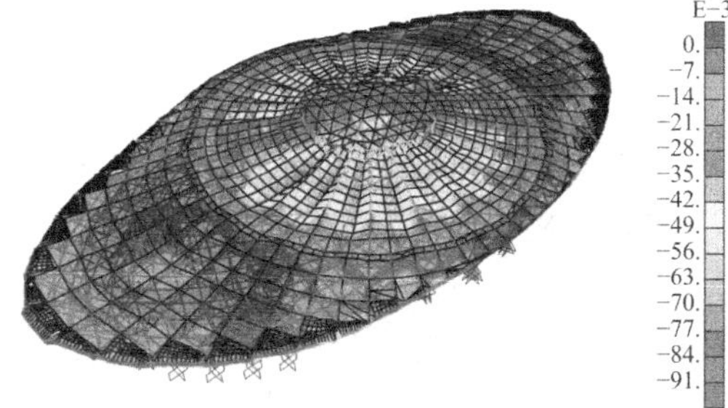

图 8.4-16 副馆第六至第十三单元以及屋面板吊装完成

副馆安装单元的第五步安装，副馆桁架与主馆合拢时，靠近主馆一侧立柱柱顶的水平位移见表 8.4-1。

内侧立柱柱顶水平位移与合拢段长度比值　　表 8.4-1

安装单元	立柱柱顶水平位移/mm	与合拢段长度的比值
B1	15.4	1/434
B2	0.9	1/7422
B3	6.9	1/968
B4	2.0	1/3340

副馆内侧立柱与外侧斜柱之间的中间桁架在安装过程中的跨中竖向位移见表 8.4-2。

副馆中间桁架跨中竖向位移　　表 8.4-2

安装单元	中间桁架跨中竖向位移/mm
B1	8.61
B2	7.02
B3	3.42
B4	3.55

由以上计算结果可知：

（1）副馆钢结构安装过程中位移、应力，满足规范要求。

（2）由于副馆钢结构其本身结构形式相较于主馆钢结构较为简单，其桁架部分可以视为一个三跨的连续梁，此三跨中跨度最长的就是中间跨，经软件计算得出的中间跨跨中节点竖向位移极小，远不及需要考虑安全性问题的程度。

（3）副馆钢结构施工安装中还需要注意的就是副馆桁架在与主管桁架合拢之前，其靠近主馆一侧的立柱柱顶的水平位移，若其水平位移较大，会对本身中间段桁架造成一定的安全性问题，并且对合拢段的安装及下料造成一定影响。但经过校核后发现，在合拢段安装之前，立柱柱顶的水平位移极小，相较于合拢段桁架的长度也极小。

（4）副馆施工安装过程中安装难度以及施工风险均较小。

8.5　本章小结

本章利用有限元软件 SAP2000 的阶段施工模拟功能，严格遵循该体育馆的实际施工顺序，并建立施工工况，对该项目的施工方案进行了模拟计算，计算结果如下：

（1）主馆滑移施工过程中由于构件自重较大，导致主桁架跨中节点位移较大，各滑移单元中跨中节点的竖向位移变化以及结构中控制杆件的内力变化均呈现递增的趋势。

（2）屋面预应力拉索的张拉综合来看，对主馆屋面竖向位移的改善作用不大，甚至可以说极小。

（3）副馆施工过程中，由于副馆结构形式较为简单，所以施工方式也同样简单且成熟，副馆整体施工其内力、位移较小，无明显安全性问题，也未见施工不合理的地方。

第 9 章 施工过程对结构受力及变形影响分析

9.1 应力比与挠度要求

1）应力比

将已施加完全部恒荷载并拆除所有加固、支撑结构的施工工况，即“FGSG_B6-final”作为恒荷载工况参与荷载组合，并进行包络计算，整体结构应力比小于 1（图 9.1-1）。

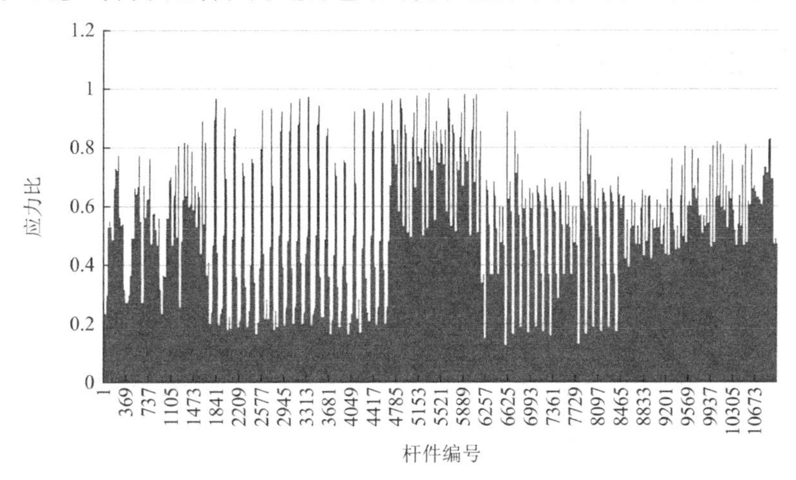

图 9.1-1　考虑施工过程对结构影响的应力比

考虑施工过程对结构刚度影响的情况下，结构应力比相较于不考虑施工过程的整体更大。其中最大应力比出现在外加强环的腹杆，其余应力比大于 0.95 的杆件集中出现在外加强环的腹杆和格构柱上部位置（图 9.1-2）。

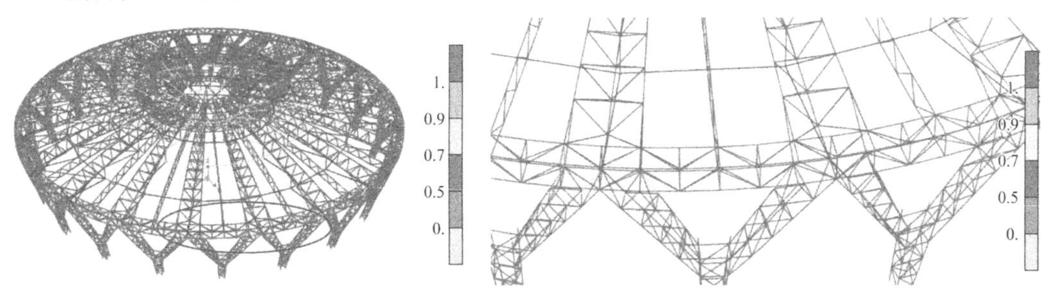

图 9.1-2　应力比大于 0.95 的杆件位置

2）挠度要求

在 1.0D + 1.0L 组合下，屋顶中心处节点竖向位移大小为向下的 0.038m，约为整体体育馆钢结构长跨跨度的 1/6026，短跨跨度的 1/3315；整体屋面的最大位移处在主馆主桁架第一滑移单元的跨中节点，其竖向位移大小为向下的 0.080m，约为整体体育馆钢结构长跨跨度的 1/2863，短跨跨度的 1/1575；副馆外围的悬挑部分中最大竖向位移为 0.059m，约为该悬挑段的 1/304。如图 9.1-3 所示。各位移校核点均满足规范要求。

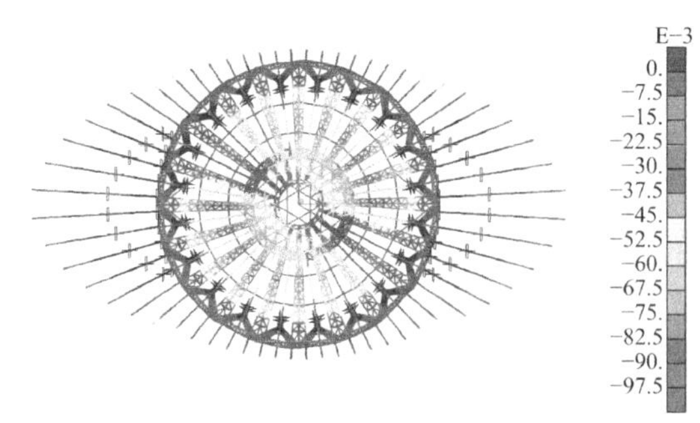

图 9.1-3　1.0D + 1.0L 竖向位移

9.2　各荷载组合下的结构响应

将原先各荷载组合中的恒荷载工况“Dead_all”，替换为已施加完全部恒荷载并拆除所有加固、支撑结构的施工工况，即“FGSG_B6-final”作为恒荷载工况参与荷载组合中，经软件计算可得：

1）恒 + 活

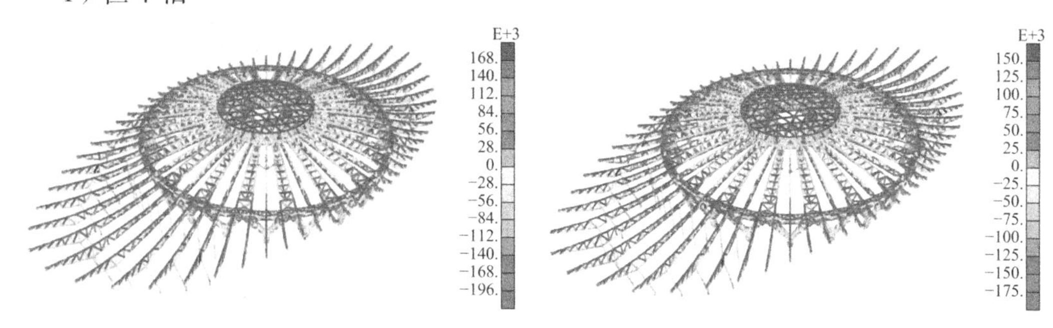

图 9.2-1　1.35D + 0.98L 应力分布（单位：kN/m²）

图 9.2-2　1.2D + 1.4L 应力分布（单位：kN/m²）

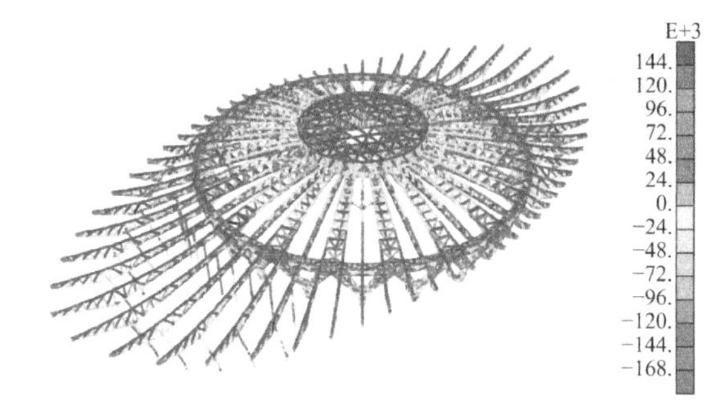

图 9.2-3　1.2D + 1.4S 应力分布（单位：kN/m²）

"恒 + 活"最大轴力与最大主应力 表 9.2-1

荷载组合	最大轴力/kN	位置	最大主应力/（kN/m²）	位置
1.35D + 0.98L	−2580.3	外侧斜柱柱脚	−217212.3	格构柱上部杆件
1.2D + 1.4L	−2584.7	外侧斜柱柱脚	−199923.7	格构柱上部杆件
1.2D + 1.4S	−2496.8	外侧斜柱柱脚	−192956.1	格构柱上部杆件

由以上计算结果（图 9.2-1～图 9.2-3、表 9.2-1）可知：

（1）最大轴力、最大主应力，以及最大轴力最大主应力出现的位置相较于结构直接成型一次加载的有所不同。

（2）考虑施工过程的情况下，"恒 + 活"的荷载组合中最大主应力的大小（217.2MPa）显著大于不考虑施工过程的"恒 + 活"最大主应力（167.9MPa）。

2）恒 + 风

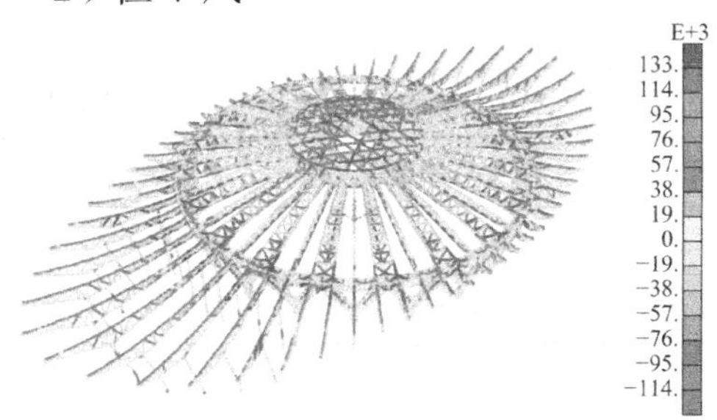

图 9.2-4 1.0D + 1.4W 应力分布（单位：kN/m²）

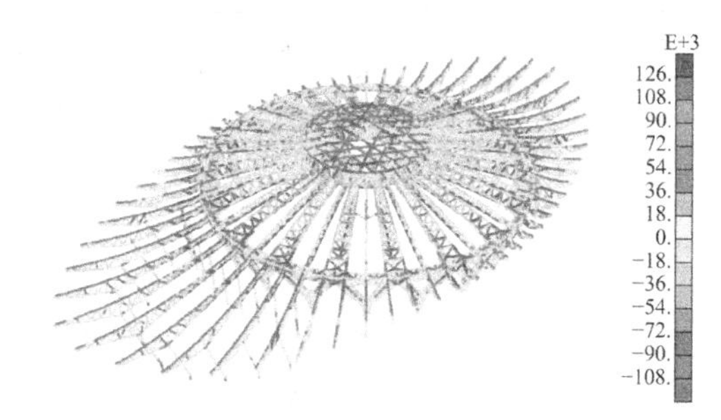

图 9.2-5 0.9D + 1.4W 应力分布（单位：kN/m²）

"恒 + 风"最大轴力与最大主应力 表 9.2-2

荷载组合	最大轴力/kN	位置	最大主应力/（kN/m²）	位置
1.0D + 1.4W	−1983.6	中心加强环	147277.1	外加强环立杆
0.9D + 1.4W	−1792.0	中心加强环	139636.3	外加强环立杆

通过上述"恒 + 风"荷载组合作用下的图 9.2-4、图 9.2-5 和表 9.2-2 可以看出，同不考虑施工过程的情况一样，由于风荷载和恒荷载的方向相反，两种荷载模式同时施加导致整体结构的内力以及应力相对其他的荷载组合较小，但相较于不考虑施工过程的"恒 + 风"荷载组合相比，其最大轴力与最大主应力是较大的，且出现的位置也不一样，可见施工过程对结构内力的分布起到了显著的影响。

3）恒 + 温

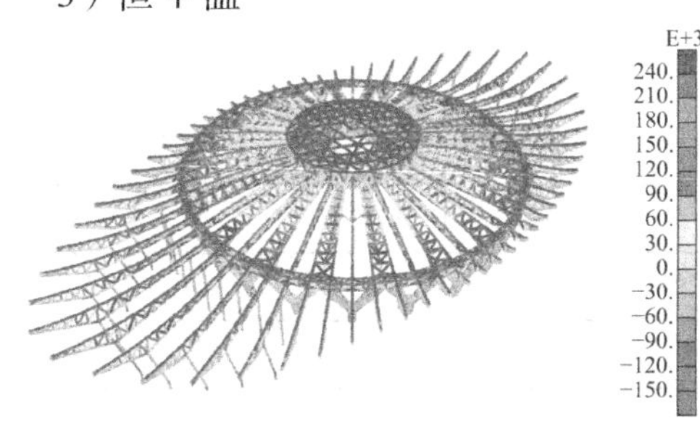

图 9.2-6 1.0D + 1.4T41 应力分布（单位：kN/m²）

图 9.2-7 1.0D + 1.4T43 应力分布（单位：kN/m²）

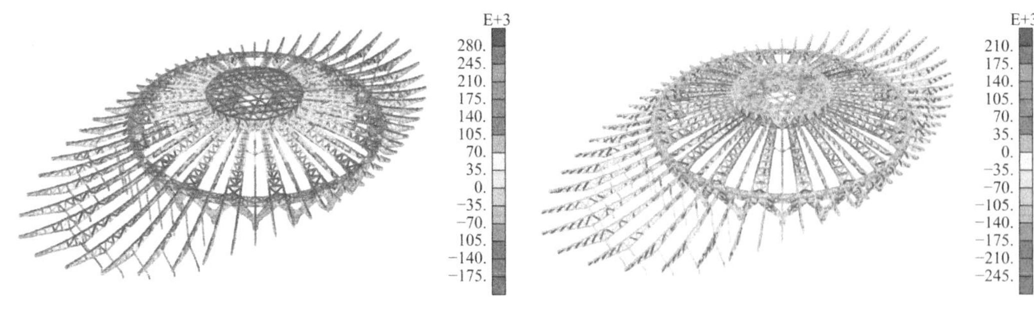

图 9.2-8　1.2D + 1.4T41 应力分布（单位：kN/m²）

图 9.2-9　1.2D + 1.4T43 应力分布（单位：kN/m²）

"恒 + 温"最大轴力与最大主应力　　**表 9.2-3**

荷载组合	最大轴力/kN	位置	最大主应力/（kN/m²）	位置
1.2D + 1.4T43	−5651.9	中心加强环下弦杆	−271585.7	中心加强环下弦杆
1.2D + 1.4T41	3758.7	外加强环下弦杆	247492.8	外加强环下弦杆
1.0D + 1.4T43	−5270.3	中心加强环下弦杆	−246469.7	中心加强环下弦杆
1.0D + 1.4T41	3544.3	外加强环下弦杆	229700.7	外加强环下弦杆

通过上述"恒 + 温"荷载组合作用下的图 9.2-6～图 9.2-9 和表 9.2-3 可以看出，温度作用相较于恒、活、风荷载，依然在结构中起到控制作用，其最大轴力及最大主应力显著大于"恒 + 活""恒 + 风"荷载组合作用下的最大轴力及最大主应力；且相较于不考虑施工过程的"恒 + 温"荷载组合，其最大轴力及最大主应力出现的位置发生了明显的转移。

4）恒 + 活 + 风

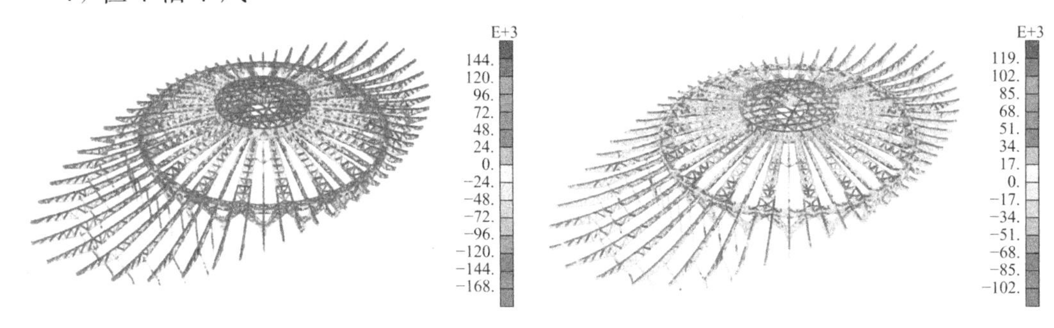

图 9.2-10　1.2D + 1.4L + 0.84W 应力分布（单位：kN/m²）

图 9.2-11　0.9D + 0.98L + 1.4W 应力分布（单位：kN/m²）

"恒 + 活 + 风"最大轴力与最大主应力　　**表 9.2-4**

荷载组合	最大轴力/kN	位置	最大主应力/（kN/m²）	位置
1.2D + 1.4L + 0.84W	−2400.9	主馆主桁架下弦杆	−184708.6	格构柱上部杆件
0.9D + 0.98L + 1.4W	−1727.7	中心加强环下弦杆	−123678.3	格构柱上部杆件

通过上述"恒 + 活 + 风"荷载组合作用下的图 9.2-10、图 9.2-11 和表 9.2-4 可以看出，与"恒 + 风"荷载组合作用下类似的，由于恒、活荷载与风荷载的方向是相反的，"恒 + 活

+风”荷载组合作用下结构最大轴力与最大主应力均较小，但大于不考虑施工过程的“恒+活+风”荷载组合作用下结构最大轴力与最大主应力，且由于施工过程对结构刚度的影响，内力的分布也与直接成型一次加载的有所不同，最大主应力出现的位置从外加强环腹杆转移到了格构柱的上部杆件，且由于施工过程造成的主馆屋面桁架挠度不均匀，导致了第一滑移单元主桁架跨中处位移最大，进而导致了该区域在某些荷载作用下的应力集中，体现在了“0.9D+0.98L+1.4W”荷载组合作用下的结构最大内力出现在该区域，不过由于风荷载起控制作用的荷载组合对结构影响较小，且该最大内力与所有荷载组合下的最大内力相比很小，所以这个情况下的应力集中对结构安全性并不会造成太大的影响。

5）恒+活+温

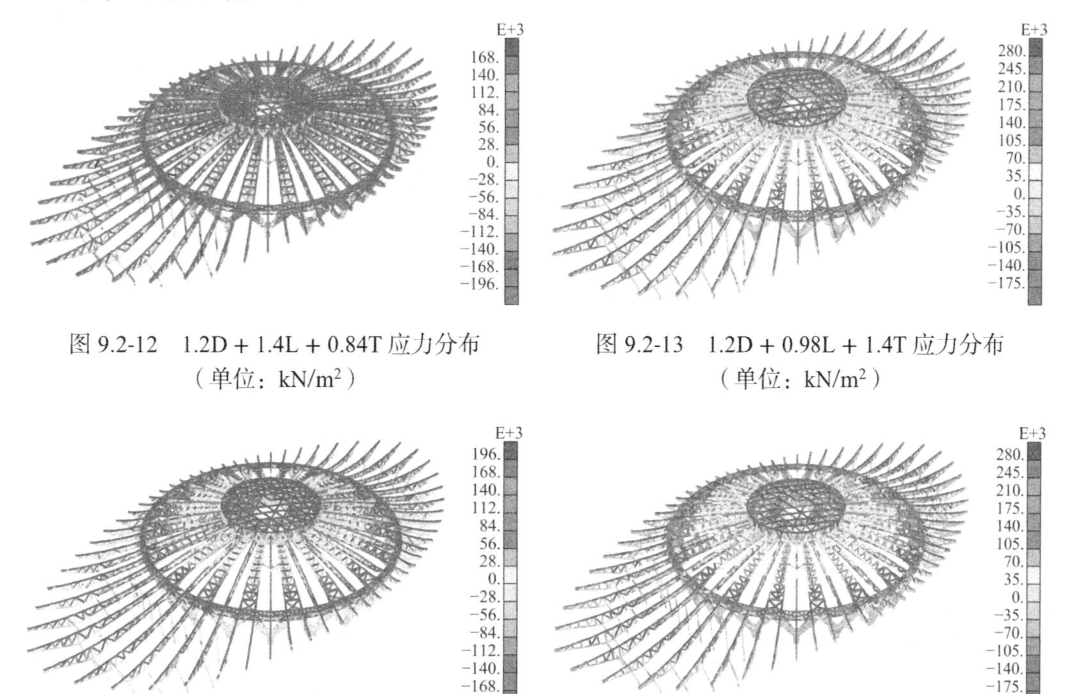

图 9.2-12　1.2D+1.4L+0.84T 应力分布（单位：kN/m²）

图 9.2-13　1.2D+0.98L+1.4T 应力分布（单位：kN/m²）

图 9.2-14　1.2D+1.4S+0.84T41 应力分布（单位：kN/m²）

图 9.2-15　1.2D+0.98S+1.4T41 应力分布（单位：kN/m²）

“恒+活+温” 最大轴力与最大主应力　　表 9.2-5

荷载组合	最大轴力/kN	位置	最大主应力/（kN/m²）	位置
1.2D+1.4L+0.84T43	−4214.9	中心加强环下弦杆	−220348.9	中心加强环下弦杆
1.2D+1.4L+0.84T41	2927.5	外加强环下弦杆	−200273.6	外加强环腹杆
1.2D+0.98L+1.4T43	−5587.5	中心加强环下弦杆	−269569.1	中心加强环下弦杆
1.2D+0.98L+1.4T41	3868.8	外加强环下弦杆	246776.7	外加强环下弦杆
1.2D+1.4S+0.84T41	2855.4	外加强环下弦杆	191173.9	外加强环下弦杆
1.2D+0.98S+1.4T41	3818.7	外加强环下弦杆	247476.8	外加强环下弦杆

通过上述“恒+活+温”荷载组合作用下的图 9.2-12～图 9.2-15 和表 9.2-5 可以看出，

由于温度作用在整个结构受力过程中起到控制作用，“恒＋活＋温”的荷载组合作用下的最大轴力与最大主应力相较于之前的所有荷载组合都比较大。

6）恒＋活＋风＋温

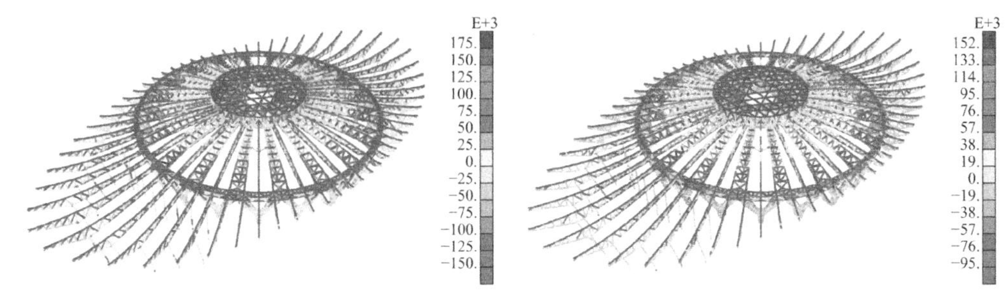

图 9.2-16　1.2D＋1.4L＋0.84W＋0.84T 应力分布（单位：kN/m^2）

图 9.2-17　0.9D＋0.98L＋1.4W＋0.84T 应力分布（单位：kN/m^2）

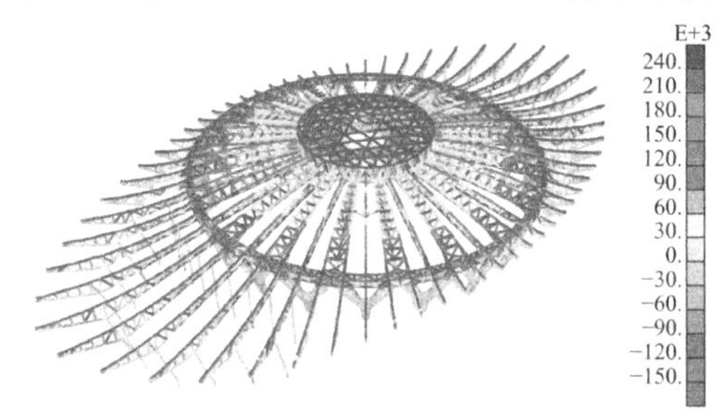

图 9.2-18　1.2D＋0.98L＋0.84W＋1.4T 应力分布（单位：kN/m^2）

“恒＋活＋风＋温”最大轴力与最大主应力　　　**表 9.2-6**

荷载组合	最大轴力/kN	位置	最大主应力/（kN/m^2）	位置
1.2D＋1.4L＋0.84W＋0.84T	−4277.8	中心加强环下弦杆	−222615.0	中心加强环下弦杆
0.9D＋0.98L＋1.4W＋0.84T	−3731.8	中心加强环下弦杆	−185805.3	中心加强环下弦杆
1.2D＋0.98L＋0.84W＋1.4T	−5619.2	中心加强环下弦杆	−270928.8	中心加强环下弦杆

通过上述“恒＋活＋风＋温”荷载组合作用下的图 9.2-16～图 9.2-18 和表 9.2-6 可以看出，由于温度作用在整个结构受力过程中起到控制作用，风荷载对结构受力的影响较小，“恒＋活＋风＋温”的荷载组合中“1.2D＋0.98L＋0.84W＋1.4T”荷载组合作用下的最大主应力为 270.9MPa，在各荷载组合下的最大主应力中是最大的。不考虑施工过程的静力分析中，“恒＋活＋风＋温”所包含的三个荷载组合其各自的最大轴力位置、最大主应力位置互相之间并不相同，但考虑了施工过程对结构刚度的影响后，这三个荷载组合下出现的最大轴力、最大主应力的位置均在中心加强环下弦杆的位置，虽不是同一根杆件，但能明显看到两种分析方式所得到的整体结构薄弱部位的变化。

9.3　本章小结

在对比了不考虑施工过程与考虑施工过程两种情况下的结构在“恒、活、风、温”的荷载组合作用下产生的结构响应，不难发现施工过程对结构刚度的影响是显著的。由于施工安装过程的先后顺序，同类构件在结构安装完成后进入使用状态时其内力的分布不会像直接成型一次加载情况下那么均匀，进而导致其他荷载施加在结构上时，其力的传导会进一步不均匀，比如主馆屋面桁架中，由于第一滑移单元中的主馆主桁架跨中部位在施工安装过程中已经积累了多于同类构件的内力和位移，导致后续风荷载、温度作用的施加造成其内力和位移的进一步不均匀分布，这一点可以从任意荷载组合的位移、内力云图中看出，但从结构承受荷载的结果来看，并不会对结构安全性造成较大的影响。

从各荷载组合作用下最大内力、最大应力出现位置也可以看出，不考虑施工过程对结构刚度的影响，其薄弱部位集中在外加强环以及主副馆桁架与外加强环的连接部位，而如果考虑了施工过程对结构刚度的影响，其薄弱部位为中心加强环以及格构柱上部与外加强环连接的部位。

且结构明显在“1.2D + 0.98L + 1.4T”“1.2D + 0.98L + 0.84W + 1.4T”这些温度作用起控制作用的荷载组合下的内力与应力是最大的，所有应力比大于 0.9 的情况均出现在以上这些荷载组合作用下，甚至存在部分杆件应力比大于 0.95，可见此两种荷载组合即结构的最不利荷载组合，后续若需要进行结构优化或结构加固，该结构在静力设计下仍存在一定的优化空间，以提高结构的安全性。

第 10 章 结构监测系统及监测技术

大跨度钢结构施工过程精细、施工工艺复杂，由刚度欠缺、约束不够等因素而导致结构安装施工过程中发生失稳而坍塌的安全事故屡见报道。本章研究的主馆钢结构形式为新型的空间轮辐式弦支桁架结构，且目前我国针对钢结构滑移施工方面尚未制订统一的技术标准，没有可以直接借鉴的工程经验和施工技术标准，因此对主馆钢结构对称旋转累积滑移施工阶段进行监测保证其在施工过程中的安全性十分必要，同时及时预警施工过程中的临界状态，指导施工关键步骤，确保工程安全有序进行。

10.1 系统监测内容

10.1.1 监测对象

本工程进行滑移施工的为空间轮辐式桁架结构，具有以下特点：

（1）规模大，施工过程复杂，空间定位难度高，主体跨度较大，会产生较大的挠度变形。

（2）钢结构施工采用带柱累积滑移施工方法，滑移轨道在支座及高空内环处分别布设，滑移高差大，滑移的不同步性将对累积滑移部分的钢结构产生不利影响，造成部分结构受力过大，甚至威胁结构的安全。

鉴于本工程以上特点，宜对体育馆主馆结构在滑移施工过程中进行应力与位移监测，以确保本工程在施工过程中，钢结构关键部位与主要受力构件内力、位移等参数的变化情况处于容许范围内并与初始设计相符。通过监测系统准确提供主馆结构滑移阶段各步骤的监测数据，得到各参数在滑移施工期间的变化规律，并以此评价结构性能和安全状态，发现结构变形过大或杆件破坏等安全隐患及时采取相应措施进行修复，保证结构变形及应力符合施工状态下的要求。

10.1.2 监测设备

1）变形监测设备

如图 10.1-1 所示，变形监测采用索佳精密全站仪及反光片，索佳全天候工程型全站仪对位移具有 0.1mm 的测量精度和 0.9s 快速测距，使用全站仪进行变形测量工作一般需要以下几个步骤：

步骤 1：建立变形监测基准网并制作滑移施工监测基准点，添加测点标识，防止施工期间因破坏而丢失基准点位置。

步骤 2：反光片要严格按照测点要求的位置粘贴，粘贴后要建立测点警示标志，不准喷涂油漆破坏测点，测点粘贴前要清理粘贴面，保证粘贴牢固可靠。

步骤 3：全站仪测量时要选择天气状况良好的时段测量，并做好详细原始记录。

步骤 4：采用后方交会法进行设站，每个测点正倒镜测量两次，测量结果并做好备份。

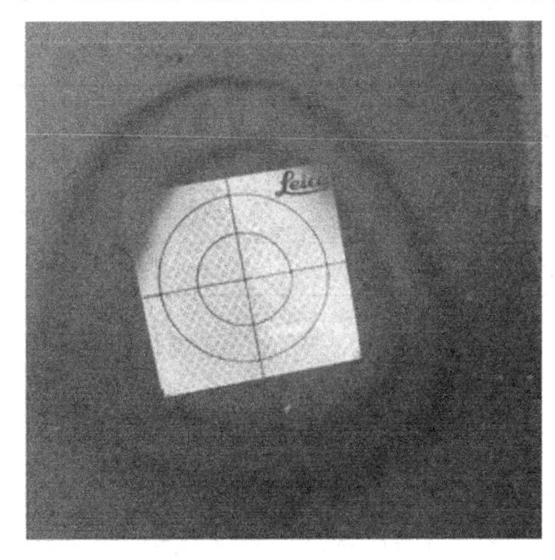

图 10.1-1　索佳全站仪及反光片

2）应力监测设备

本项目应力应变采用表面智能数码弦式应变计进行监测，其现场应用照片如图 10.1-2 所示，该设备因其高灵敏度、高精度、高稳定性的优点被广泛应用于桥梁、隧道、超高层、铁路、水电等工程的应力监测中。

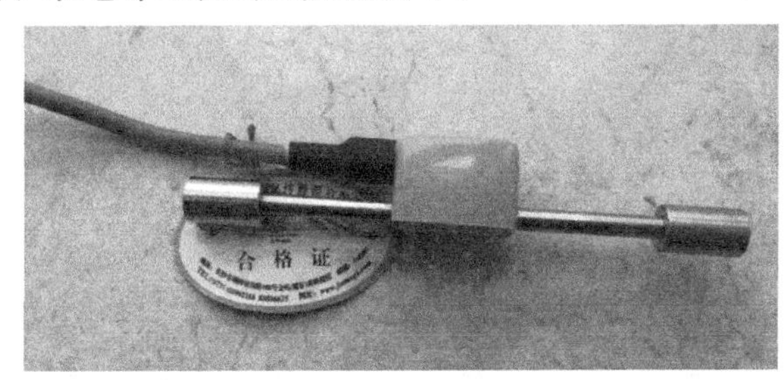

图 10.1-2　表面智能数码弦式应变计及现场应用

振弦式表面应变计由于其小巧轻便、安装简单、抗干扰能力强、测量精度高以及数据传输线可随接随用等优异性能而在工程领域一直被广泛应用。其测量原理为：被拉紧钢弦的振动频率受弦长和拉力大小的影响，以其作敏感元件，当弦长固定后，拉力便可由弦振动频率变化量计算得出，给振弦施加一定的初始张力F，若弦长为l，质量为m，则固有频率f如下式所示：

$$f=\frac{1}{2}\sqrt{\frac{F}{ml}} \tag{10.1-1}$$

应变仪通过读取传感器的频率，进而计算所监测的钢构件的应变值。其中构件应变与频率的关系公式为：

$$\Delta\varepsilon=k\left(f_1^2-f_0^2\right) \tag{10.1-2}$$

式中：$\Delta\varepsilon$——监测杆件应变增量（με）；

k——振弦式传感器系数；

f_1——当前施工阶段钢弦振动频率（Hz）;

f_0——前一施工阶段钢弦振动频率（Hz）。

应变计的一些基本技术指标见表 10.1-1。

表面智能数码弦式应变计技术指标　　表 10.1-1

指标	应变量程	温度范围	应变测量精度
数值	±1500με	−20～+70℃	0.5%FS
指标	测量标距	应变分辨率	安装方式
数值	128mm	0.05%FS（1με）	表面安装

监测所采用的振弦式应变计安装采用耐候胶粘结的方式，整个仪器的安装分为五个步骤：

步骤 1：首先根据施工图纸和监测方案确定监测杆件，再观察施工现场，确定传感器安装位置，应将传感器沿杆件传力方向安装，且不能影响正常施工作业。在预安装位置处打磨出两个尺寸稍大于传感器安装块的方块用于连接安装块。

步骤 2：首先用定位杆确定两个安装块之间的距离并将其连接起来，然后沿杆件传力路径，采用手工焊接或耐候胶粘结的方式将传感器安装块固定在钢结构打磨出的方块处。

步骤 3：安装应力应变传感器弦杆，采用扳手将传感器弦杆固定于安装块之间。

步骤 4：初始数据的调节及记录，根据杆件的受力特性利用智能综合测试仪调节传感器的初始数据并做好记录。

步骤 5：传感器的保护，首先将钢保护盒覆盖于传感器之上并焊接在钢构件上，焊接时应防止对传感器导线造成破坏，然后使用防化学侵蚀工艺处理传感器附近的钢构件，最后固定传感器保护盒。

10.1.3　监测平台开发

本项目基于云平台，开发网页版和手机 APP 版健康监测系统，如图 10.1-3 所示。云平台集成了常用硬件设备，建立了监测专家系统，能够实现监测、分析、预警及预测功能。

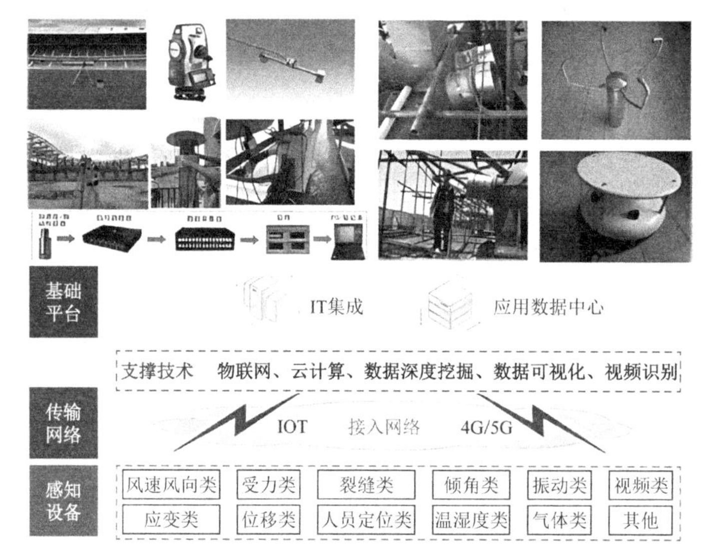

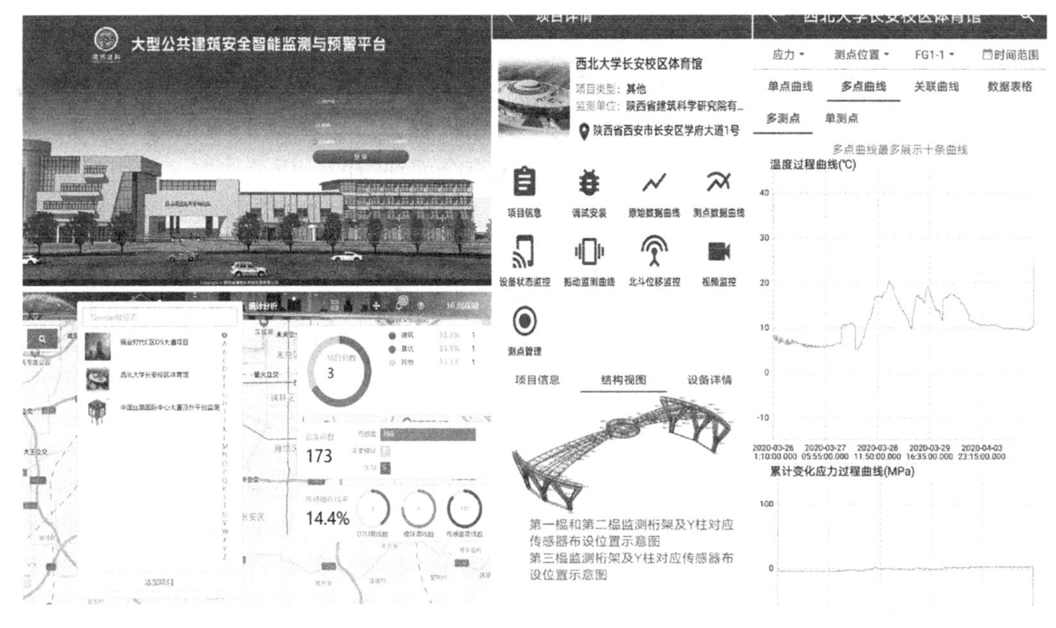

图 10.1-3 监测云平台

10.2 测点优化布置

10.2.1 测区选取

测区的选择应反映结构在滑移施工过程中整体的受力及变形状态，更全面地获取整个结构的真实力学状态。监测重点应为该结构滑移阶段施工过程数值模拟结果中受力、位移较大或变化趋势较大的构件。根据滑移施工步骤可知，先安装的构件较后安装的参与的滑移施工阶段更多，对其进行监测更能反映结构滑移全过程的受力情况；且滑移设备在结构两端对称布置，因此测区选择也应对称以保障结构同步滑移。综上所述，在考虑滑移施工阶段数值模拟结果的基础上结合主馆结构的对称性和滑移施工步骤，确定 6 个监测测区如图 10.2-1 所示，每个测区包括辐射状倒三角桁架、Y 形格构柱、加强平面次桁架三个构件。

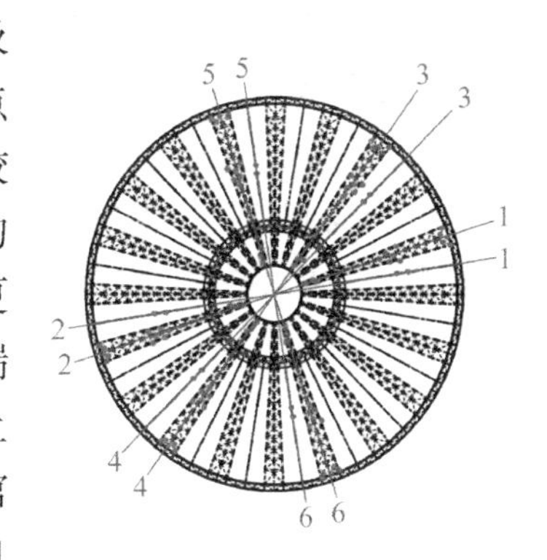

图 10.2-1 测区布置图

10.2.2 测点布置

大跨度钢结构滑移阶段施工的实时状态参数需要通过传感器获取，因此监测系统中布置越多的监测点位所获得的结构状态参数就越精确，也就可以更加准确地判断结构性能和安全状态。但是布置过多的监测点位就会大大增加监测成本，也会引入大量冗余数据，不便于高效提取所需的关键信息，会对前期参数的获取和传输及后期结构性能的分析及判断带来巨大不便。因此监测点应具有代表性，结合各杆件滑移施工模拟计算结果在构件的重点部位布置监测点，尽可能地反映整个构件的力学状态。

测点选取原则应为：①对施工阶段结构状态有全面细致的分析及掌握，能用适量的传感器在复杂的工程结构及施工环境中获取结构准确全面的状态信息；②选取的监测点位应不影响结构正常施工，且不会因施工阶段的进行而对点位造成遮挡和损坏；③点位布设应根据现场施工情况考虑传感器安装的现实性，选取便于读取数据和进行传感器维护的位置。

根据上述的测点布置理论同时借鉴相关工程经验，确定节点位移和杆件应力监测点的具体布设情况如下。

1）变形监测点布置

变形是结构受力的外在表现，变形监测结果可反映结构整体状态。通常情况下在结构跨中、反弯点、节点及变形较大的位置布设变形监测点。参考第 8 章滑移施工阶段的模拟结果，如图 10.2-2 所示对每个测区的辐射状倒三角桁架下弦设置 11 个变形监测点，故该项目整个监测系统的变形监测点共计 66 个。

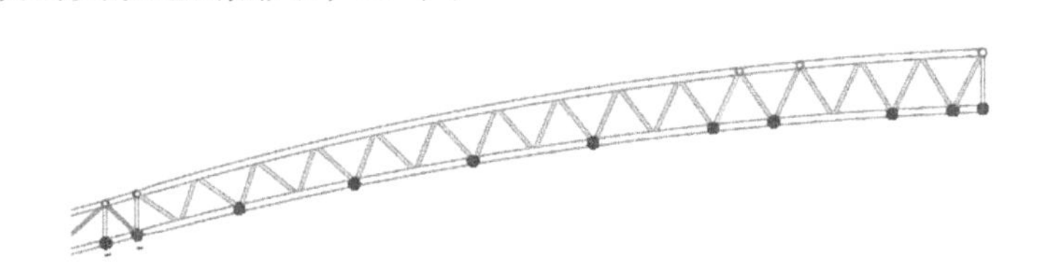

图 10.2-2　辐射状倒三角桁架变形监测点

2）应力监测点布置

根据滑移施工阶段数值模拟计算结果及结构体系特征，有选择地在模拟应力较大的杆件和关键部位沿杆件轴线布置应力应变监测点，每个测区测点位置及数量如下：①如图 10.2-3 所示，在辐射状倒三角桁架跨中及两端的上弦杆、下弦杆、腹杆及系杆等布置共计 14 个监测点；②如图 10.2-4 所示，在平面加强桁架跨中的上弦杆、下弦杆布置共计 2 个监测点；③如图 10.2-5 所示，在 Y 形格构柱上、中、下布置共计 4 个监测点。则该项目 6 个测区的应力应变监测点共计 120 个。

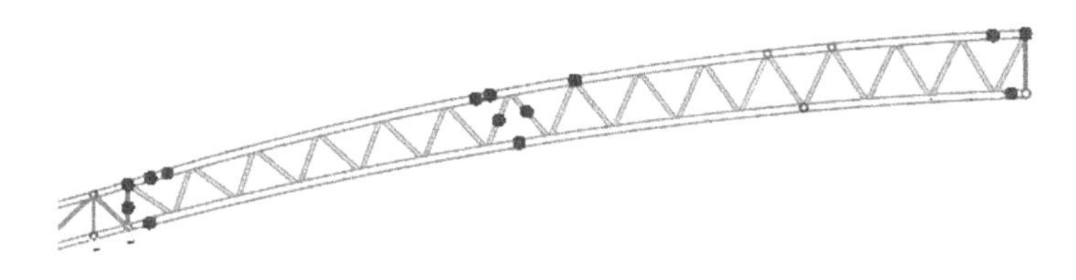

图 10.2-3　辐射状倒三角桁架应力监测点

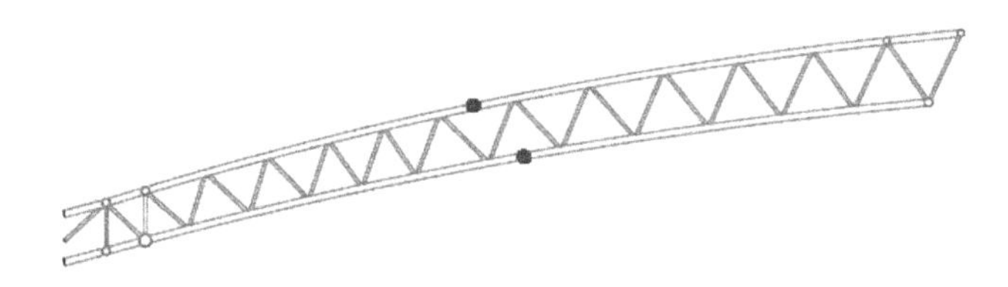

图 10.2-4　加强桁架应力监测点

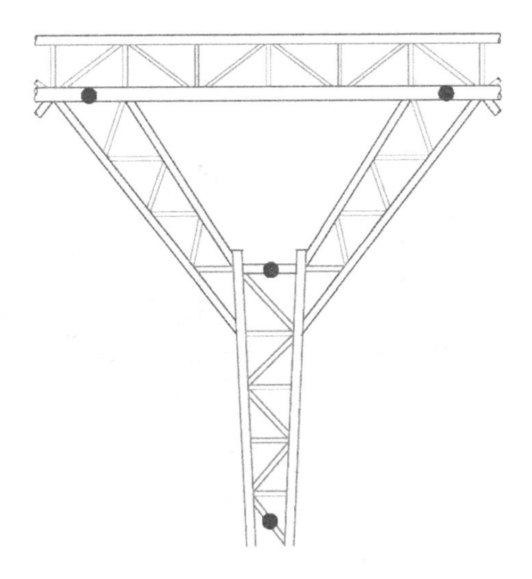

图 10.2-5　Y 形格构柱应力监测点

10.3 数据采集及处理分析

结构变形是受力的外在表现，一般而言杆件应力越大则变形越大，因此本系统以应力监测为主，变形监测为辅来指导滑移施工，保障结构的安全。将利用全站仪人工测量的结构变形数据输入计算机中，由建立好的处理系统进行数据分析，得出结构在一次滑移前后的变形情况，对变形过大的部位做出预警。

为监测杆件安装传感器时需人工对传感器初始值进行调节及记录。采用智能综合测试仪对所监测钢构件的应力应变进行人工采集，该仪器具有小巧便携、功能齐全、智能采集的优点，被广泛应用于钢弦、电感调频和半导体温度传感器的测量。该仪器配合表面智能数码弦式应变计使用，能自动记录传感器的编号和系数，并且能自动检测杆件温度并做温度修正计算杆件应变，保存记录测试结果，其外观及仪器键盘如图 10.3-1 所示。

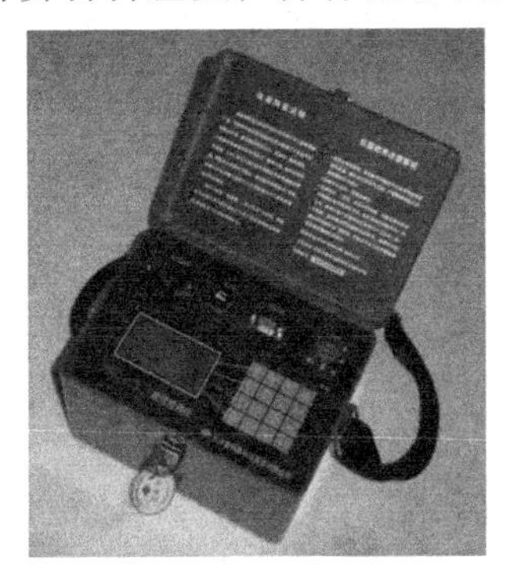

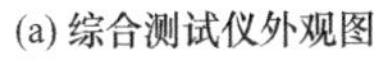

(a) 综合测试仪外观图

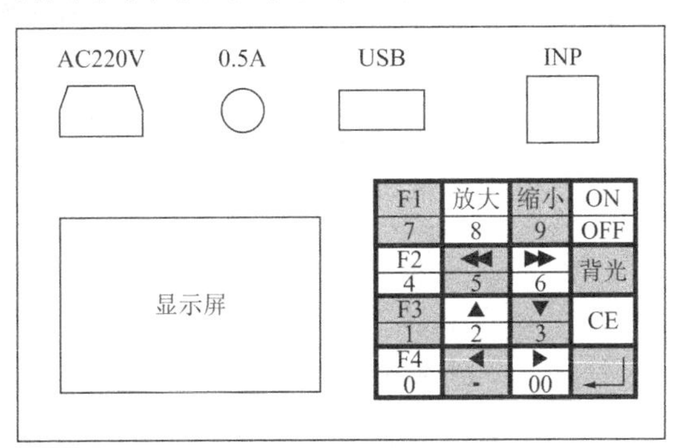

(b) 综合测试仪仪器键盘

图 10.3-1　智能综合测试仪外观及仪器键盘

施工过程中为了实时获取准确的监测数据，需要长期将所使用的数据采集设备置放于钢结构上，因此对采集设备稳定性及环境实用性的要求较高，再加上测点比较分散，故数据采集采用分布式网络数据采集系统，然后将数据通过数据传输网络存储到数据管理系统供监测人员查看和调阅。振弦信号专用采集系统及其现场应用照片如图 10.3-2 所示。

图 10.3-2　分布式网络数据采集系统及现场照片

分布式网络数据采集系统是最新推出的用于工程安全自动化应力应变数据采集的电子测量技术。测量单元内置集合式智能测量模块，可采集各种类型传感器数据，如振弦式、差阻式、电位计、电阻应变片等，将传感器接入通道并通过软件进行设定，便可按设定频率对应力应变数据实现自动采集。各通道布置的防雷器件可大幅减少雷击造成设备损坏事件的发生。采集系统由智能式仪器数据采集软件、计算机及分布式网络测量单元等组成，具有自动完成测量数据的采集、有线及无线传输、处理分析、变化趋势图制作及超限报警等功能。通过对滑移施工过程中关键杆件应力的实时监测和预警，保障了结构滑移施工的安全性。

10.4　结构变形对比分析

对滑移施工阶段结构进行监测，获取其被监测节点的实时位移变化数据并与有限元模拟结果进行对比。如图 10.4-1 所示，在 1 测区辐射状倒三角桁架下弦均匀选取三处位移监测点作为研究对象，分析结构在滑移阶段的变形趋势。

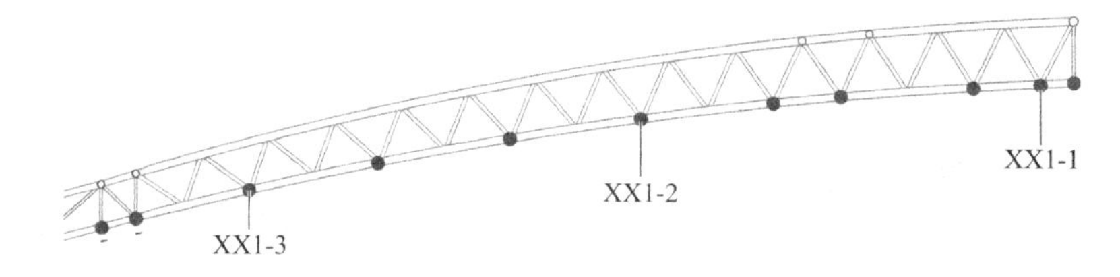

图 10.4-1　辐射状倒三角桁架变形对比监测点

表 10.4-1 为所研究位移监测点的数据汇总，从表中可知：辐射状倒三角桁架节点位移监测值较计算值偏大；桁架下弦 X 向及 Y 向变形均较小，且沿下弦变化较小，说明结构在 XY 平面没有发生扭转；Z 向位移较另外两个方向位移偏大，在跨中达到最大值−32.6mm，且沿桁架下弦向两侧逐渐减小，说明结构在跨中挠度最大，因此将结构跨中的竖向变形作为主要监测对象达到安全控制的效果。监测点的位移均未超过控制值，结构在滑移施工过程中

处于安全状态。

辐射状倒三角桁架变形汇总（单位：mm）　　　　表 10.4-1

测点编号	方向	施工段	1	2	3	4	5	6	7	8
XX1-1	*X*	监测值	0.6	1.4	1.8	2.1	2.0	1.7	0.8	1.2
		计算值	−0.79	0.39	1.31	1.54	1.62	1.07	0.58	1.34
	Y	监测值	1.2	1.0	0.7	0.6	−2.4	−2.1	1.8	2.3
		计算值	0.30	0.22	0.21	−0.43	−0.51	−0.68	−0.36	0.05
	Z	监测值	−4.8	−5.2	−4.1	−3.9	−3.0	−2.6	−2.4	−2.9
		计算值	−2.26	−2.25	−2.14	−2.02	−1.86	−1.66	−1.39	−1.67
XX1-2	*X*	监测值	0.1	0.9	1.8	2.4	2.6	2.8	2.4	3.6
		计算值	−0.87	0.36	1.36	1.69	1.91	1.55	1.36	1.91
	Y	监测值	1.5	1.6	0.5	−1.1	−1.4	−2.1	−3.8	−2.0
		计算值	0.21	−0.09	−0.48	−1.20	−1.54	−1.91	−2.11	0.06
	Z	监测值	−31.8	−32.6	−31.6	−28.4	−30.2	−27.6	−25.0	−29.2
		计算值	−23.18	−23.45	−22.79	−21.98	−20.91	−19.68	−17.95	−18.39
XX1-3	*X*	监测值	−6.3	−7.6	−5.2	−5.1	−4.9	−2.7	1.9	0.8
		计算值	−5.44	−4.35	−3.29	−2.84	−2.45	−2.57	−2.44	−1.56
	Y	监测值	2.5	4.8	5.3	4.6	4.9	4.4	2.7	−2.4
		计算值	0.44	0.67	0.72	0.57	0.51	0.49	0.44	0.05
	Z	监测值	−9.7	−17.8	−16.6	−17.1	−18.6	−16.6	−14.3	−13.8
		计算值	−11.66	−11.76	−11.53	−11.27	−10.91	−10.52	−9.96	−9.76

为更直观地反映结构在滑移过程中变形发展规律，选择测点 XX1-2 绘制*X*、*Y*、*Z*三个方向位移变化趋势如图 10.4-2 所示。

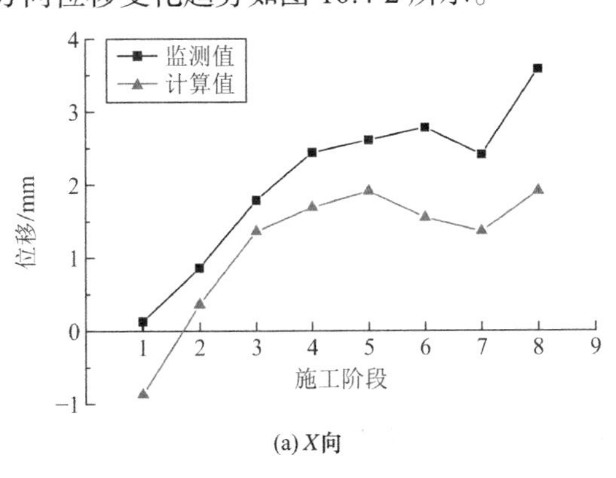

(a) *X*向

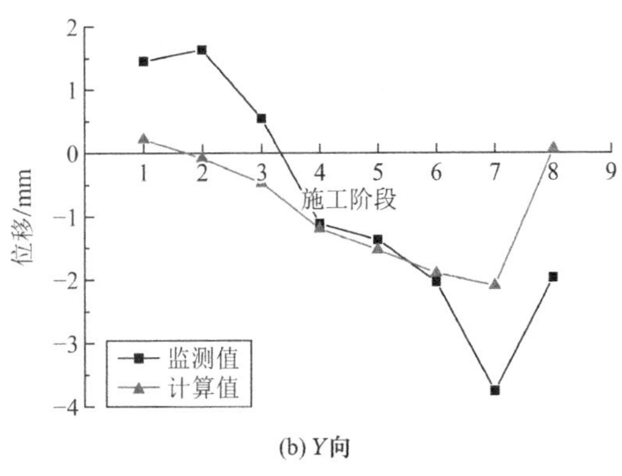

(b) *Y*向

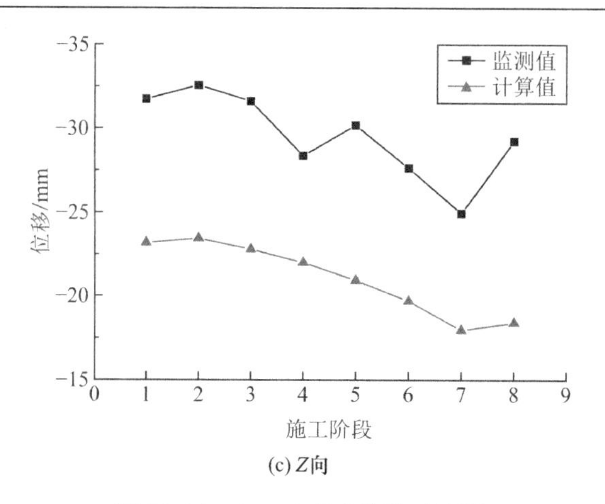

(c) Z向

图 10.4-2 XX1-2 节点位移对比图

可以看出，XX1-2 节点X向位移的监测值与计算值吻合情况较好，实际位移在前 6 个施工阶段保持缓慢增长，在施工阶段 7 略微降低后继续增加，在施工阶段 8 达到最大位移 3.6mm。节点位移变化平稳，主要在施工阶段 8 发生与之前变化趋势相反的突变，在其余施工阶段基本保持小幅变化，这是因为施工阶段 8 主体安装完成，结构整体受力后内力发生较大的调整，导致结构变形产生较大变化。辐射状倒三角桁架节点位移监测值与计算值虽然存在一定差异，但是节点位移方向基本相同，变化趋势大体一致，验证了结构变形模拟计算的正确性。

10.5 结构应力对比分析

对滑移施工阶段结构进行监测，获取其监测杆件的实时应力变化数据并与有限元模拟结果进行对比，分析结构在滑移阶段的受力变化。本节挑选出 1 测区部分重要杆件为例进行分析说明。

10.5.1 辐射状倒三角桁架应力分析

如图 10.5-1 所示，在辐射状倒三角桁架上选取上弦杆与下弦杆各 3 根、内环与外环各 1 根、腹杆 1 根作为研究对象，对比其在滑移阶段杆件应力监测值与模拟计算值，研究应力的变化趋势并分析结构的受力情况。

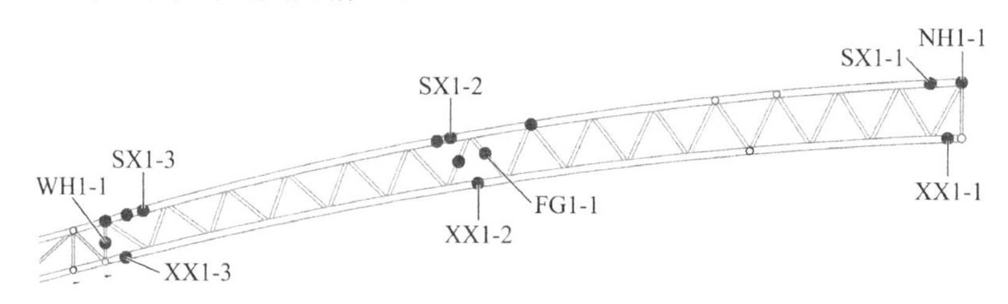

图 10.5-1 辐射状倒三角桁架应力对比监测点

上述所研究辐射状倒三角桁架的应力监测点在滑移施工阶段应力监测值与模拟计算值汇总情况见表 10.5-1。可以看出，辐射状倒三角桁架的应力监测值与计算值之间虽然存在一定的差异，但杆件拉、压受力情况基本一致，变化趋势大体相同。中心环桁架附近的 SX1-1 及 XX1-1 监测值与计算值之间的吻合情况并不理想，杆件受力的实际监测结果与有限元模拟结果存在较大差异，这可能是因为本书建模过程中以添加中心环桁架边界条件的方法替代了中心环支撑胎架的作用，没有建立胎架模型，因此理论模型中中心环桁架处的反弯点与实际结构受力存在较大差异。

辐射状倒三角桁架应力汇总（单位：MPa） 表 10.5-1

测点编号	施工阶段	1	2	3	4	5	6	7	8
SX1-1	监测值	−8.24	−3.71	−9.48	−14.42	−1.57	−0.89	1.61	−0.72
	计算值	7.28	8.63	8.77	9.08	10.05	12.71	11.54	7.23
SX1-2	监测值	−4.94	−0.21	−12.36	−10.51	−9.02	−4.14	−13.74	−45.67
	计算值	−16.45	−15.65	−14.33	−13.20	−12.11	−11.07	−9.65	−16.61
SX1-3	监测值	7.62	12.57	11.59	11.54	10.92	10.30	15.41	17.94
	计算值	12.35	12.07	11.30	10.74	10.21	9.75	9.09	4.53
XX1-1	监测值	10.30	−2.27	8.24	15.04	8.34	−1.01	−3.11	−12.44
	计算值	−5.70	−8.14	−9.39	−10.81	−13.42	−18.35	−26.02	−20.64
XX1-2	监测值	2.88	9.89	10.92	6.59	9.93	8.22	9.37	17.35
	计算值	29.71	30.64	30.21	29.57	28.42	26.90	24.95	20.71
XX1-3	监测值	−8.86	−7.42	−4.12	−4.33	−4.08	−4.23	−3.52	−4.77
	计算值	−7.13	−6.77	−6.09	−5.64	−5.13	−4.82	−4.24	−5.35
NH1-1	监测值	15.04	11.54	16.89	24.10	37.76	42.02	27.17	23.21
	计算值	5.19	6.89	8.09	8.75	9.47	11.41	16.54	27.37
WH1-1	监测值	−12.15	−40.58	−38.73	−41.62	−38.60	−39.59	−32.80	−43.01
	计算值	−12.65	−12.05	−11.84	−11.62	−11.66	−11.34	−11.30	−21.53
FG1-1	监测值	3.30	5.15	5.97	8.86	8.86	7.70	9.70	7.62
	计算值	0.32	0.62	1.25	1.79	2.32	2.84	3.50	2.09

为了更直观地观察结构在滑移过程中杆件应力的变化情况，现选择几个关键监测杆件绘制其应力变化趋势如图 10.5-2 所示。

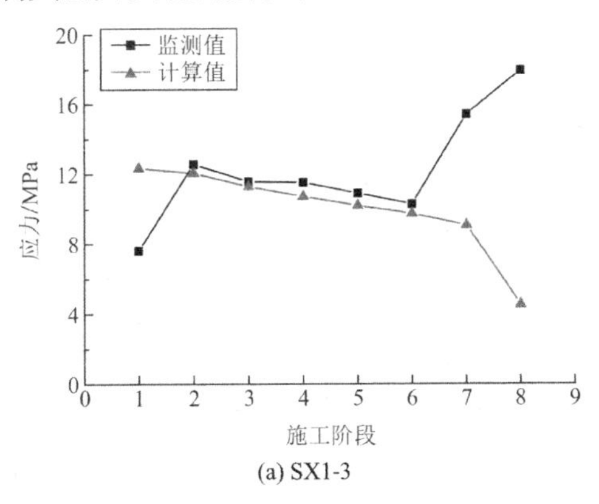

(a) SX1-3

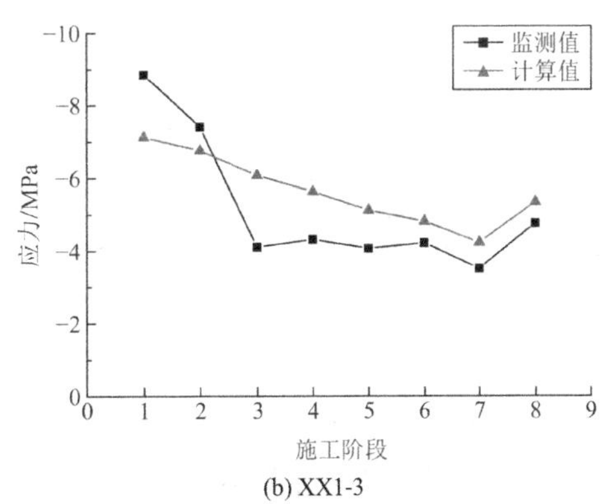

(b) XX1-3

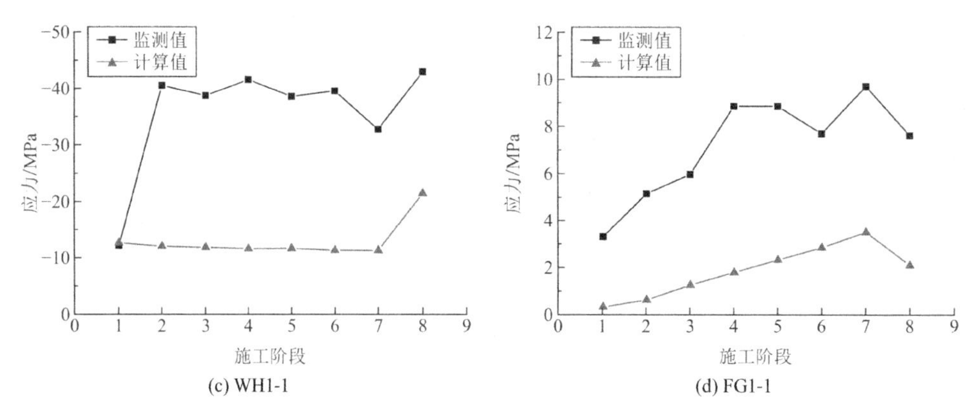

图 10.5-2　辐射状倒三角桁架部分杆件应力对比图

可以看出，结构受力计算值主要在施工阶段 8 发生突变，在其余施工阶段基本保持平稳或小幅的单调变化；结构受力监测值主要在施工阶段 1 和施工阶段 8 即滑移施工开始与结束时发生突变，在滑移施工中期变化较为平稳，此时与计算值的变化趋势吻合较好。各杆件应力均未超过控制值，结构在滑移施工过程中处于安全状态。

10.5.2　加强桁架应力分析

如图 10.5-3 所示，在加强桁架跨中选取上弦杆与下弦杆各 1 根作为研究对象，对比其在滑移阶段杆件应力监测值与模拟计算值，研究应力的变化趋势并分析结构的受力情况。

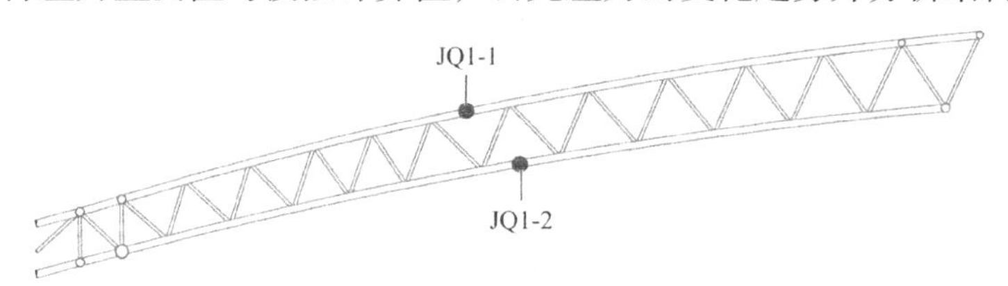

图 10.5-3　加强桁架应力对比监测点

上述所研究加强桁架的应力监测点在滑移施工阶段应力监测值与模拟计算值汇总情况见表 10.5-2，可以看出加强桁架实际受力小于理论分析结果，应力监测值与计算值虽存在一定的数值差异，但杆件受力方向及应力变化趋势大体吻合，结构跨中在滑移施工全过程表现出上弦受压、下弦受拉的特征，符合力学规律。滑移施工过程中，加强桁架杆件应力变化平稳，均未超过应力控制值，结构在滑移过程中处于安全状态。

加强桁架应力汇总（单位：MPa）　　**表 10.5-2**

测点编号	施工阶段	1	2	3	4	5	6	7	8
JQ1-1	监测值	−5.36	−10.51	−8.45	−6.80	−0.85	4.10	−1.24	−8.71
	计算值	−19.65	−20.23	−20.20	−19.81	−19.15	−18.44	−17.31	−17.10
JQ1-2	监测值	7.00	9.48	11.36	8.86	7.15	4.14	4.53	5.74
	计算值	21.95	22.61	22.76	22.33	21.62	20.65	19.44	15.31

为了更直观地观察结构在滑移过程中杆件应力的变化情况，现选择 JQ1-2 杆件绘制变

化趋势如图 10.5-4 所示。由图分析可知，加强桁架跨中下弦在滑移过程中始终处于受拉状态，在施工阶段 6 之前杆件应力变化趋势是与有限元计算结果相同的先增加后降低的趋势，在施工阶段 3 达到最大应力；在施工阶段 6 应力达到最小值后出现小幅增加。

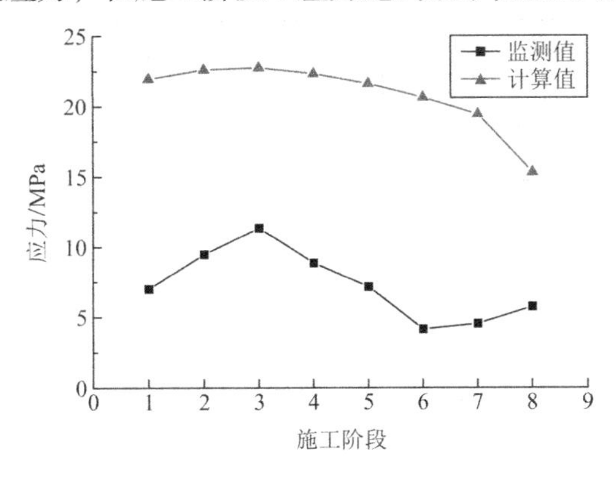

图 10.5-4 JQ1-2 应力对比

10.5.3 Y 形格构柱应力分析

如图 10.5-5 所示，在 Y 形格构柱上、中、下选取各 1 根杆件作为研究对象，对比其在滑移阶段应力监测值与模拟计算值，研究应力的变化趋势并分析结构的受力情况。

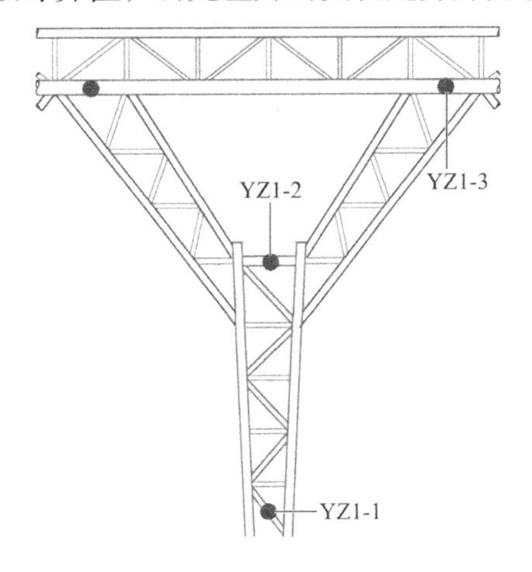

图 10.5-5 Y 形格构柱应力对比监测点

上述所研究 Y 形格构柱的应力监测点在滑移施工阶段应力监测值与模拟计算值汇总情况见表 10.5-3。可以看出滑移施工过程中 Y 形格构柱实际受力较理论分析结果大，且 YZ1-2 杆件受力方向与理论相反，这可能因为滑移设备是通过向 Y 形格构柱施加推力使结构进行滑移，施工中存在的滑移辅助构件造成 Y 形格构柱部分杆件实际受力与计算结果出现较大差异。

Y 形格构柱应力汇总（单位：MPa） 表 10.5-3

测点编号	施工阶段	1	2	3	4	5	6	7	8
YZ1-1	监测值	6.80	−19.36	−21.22	−12.15	−27.03	−23.94	−28.18	−26.95
	计算值	−11.65	−11.13	−10.64	−10.25	−9.94	−9.84	−9.53	−8.84

续表

测点编号	施工阶段	1	2	3	4	5	6	7	8
YZ1-2	监测值	−0.41	−10.30	−5.56	6.39	−6.84	−3.36	−7.09	−10.94
	计算值	1.88	2.03	1.93	1.84	1.75	1.66	1.55	2.46
YZ1-3	监测值	2.06	10.30	10.71	12.33	13.84	13.84	12.30	3.65
	计算值	1.69	2.20	2.58	2.73	2.82	2.86	2.84	7.29

为了更直观地观察结构在滑移过程中杆件应力的变化情况，现选择 YZ1-3 杆件绘制变化趋势如图 10.5-6 所示。从中可以看出虽然 YZ1-3 杆件实际受力远大于计算结果，但其变化趋势基本相同，在施工阶段 6 之前杆件受力逐渐增加，之后便呈现与预测结果相反的变化趋势。滑移施工过程中，Y 形格构柱应力变化平稳，均未超过应力控制值，结构在滑移过程中处于安全状态。

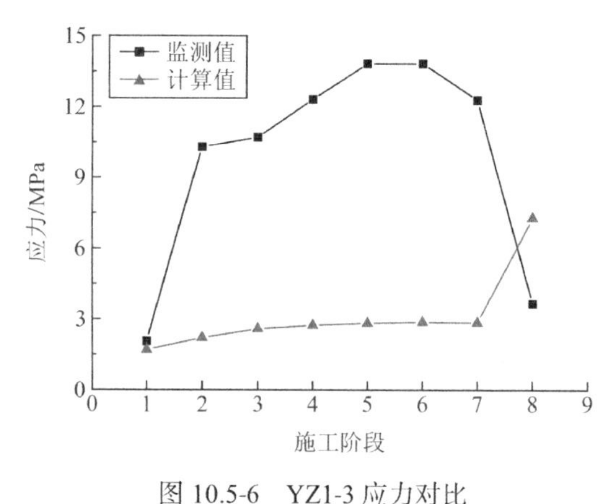

图 10.5-6　YZ1-3 应力对比

10.6　数据对比差异分析

由本章前两节结构变形及应力数据对比分析可以看出，采用 midas Gen 有限元分析所得到的结果与实际监测数据之间存在一定程度上的差异，而这些差异产生的主要原因有两方面：一是有限元建模误差，导致理论分析结果存在差异；二是实际测量误差，导致监测数据存在差异。

有限元建模产生的误差主要来自以下三点：

（1）建模简化带来的误差。建立实际工程的有限元模型时，会不可避免地对其进行简化，该工程有限元模型未考虑实际工程中下部钢筋混凝土结构的影响及钢结构的连接条件，并对中心环桁架处的边界条件进行合理的简化，忽略了滑移时的摩擦力与中心环支撑胎架变形对结构造成的影响。

（2）建模参数设置的误差。实际工程中有很多因素会造成理论模型与真实结构的差异，如钢结构焊接工艺和工序、构件之间连接的刚域影响、材料的不均匀性和施工误差等。

（3）有限元理论本身存在误差。有限元理论是一种用于求解偏微分方程边值问题近似解的数值技术，是基于一些假设而建立的，因此通过有限元软件建立的离散模型与实际构件存在离散化误差。

实际测量产生的误差主要来自以下四点：

（1）测量仪器引起的误差。仪器本身就存在一定的精度误差，且施工现场磁场、温度及白噪声等都可能对监测设备产生影响，进而导致测量数据发生偏差。

（2）测量人员带来的误差。测量人员本身情绪、精神及专业素质等因素均会对测量数据产生影响。

（3）外部环境导致的误差。由于现场某些施工要求，施工人员会对结构部分杆件进行特殊处理，导致结构受力发生变化；且施工过程时间跨度大，滑移施工前期和后期温度差异较大，温度应力亦会对结构产生影响，使监测数据存在误差。

（4）数值模拟结果是在结构初始状态为零受力状态下得到的，而实际监测中以辐射状倒三角桁架已经吊装在拼装胎架为初始状态，此时结构已经具有一定的应力及变形，导致监测数据存在误差。

有限元理论模拟结果与实际监测数据之间的差异难以通过改进建模方法或监测手段来消除，只能通过建立更加精细的有限元模型、增加测量次数、温度应力修正公式等相应技术来减小误差。在实际工程中，一般认为监测数据更为可靠，是判断工程施工阶段安全性的标准；而有限元模拟结果是为工程施工与监测提供参考，保障制定的施工方案在理论上的可行性。

10.7　本章小结

该项目施工阶段监测系统中杆件应力和节点位移监测点具有分布广泛、数量较多、针对性强等特点，获得了大量具有代表性和可靠性的监测数据。本章通过选取1测区具有代表性的部分测点数据进行监测值与计算值的对比分析，可知：

（1）施工过程中的监测值与计算值之间虽然存在一定差异，但节点位移方向与杆件拉、压受力情况基本一致，且变化趋势大体相同，验证了滑移施工过程有限元模拟的合理性。

（2）在整个施工过程中监测系统得到的结构位移和应力的监测数据均在规范允许范围之内，整个施工过程安全可靠。

（3）结构受力在滑移施工开始和结束阶段变化较大，因此之后对相似工程应重点保证该施工阶段的安全。

第 11 章　索力识别方法研究

频率法以索的自由振动简化模型及微分方程为理论依据，早期主要采用简化数学模型，将各个物理参数通过数学方程联系起来，进而通过已知量求解未知量。随着计算机学科的发展，有限元方法的计算效率和精确度不断提高，且软件界面中的拉索抗弯刚度、边界条件、计算长度等参数与公式方法基本对应，逐渐成为一种行之有效的计算方法。基于桁架弦支穹顶结构中短索的受力特点，本章将对短索的自由振动模型提出假定从而简化理论计算方程，基于参数识别结果，合理简化短索振动过程，建立短索有限元分析模型，将有限元计算结果与实测结果进行对比验证，揭示短索振动受其他因素影响的规律，提高短索索力识别精度。

11.1　基于振动特性的索力识别方法

对于弦支穹顶下部索网结构中的多跨拉索，一般情况下索的物理抗弯刚度和边界约束对索体自振频率的影响不能忽略。识别索力时，为了尽可能地体现拉索的实际情况，并使问题可以求解，可做如下假定：

（1）由于索网结构中索体自重与索内部所受拉力相比很小，索的垂跨比很小，并且索体通常较短，因此假定索是理想直线单元。

（2）索截面为等截面，其应变较小，在振动过程中截面面积不发生变化，且索体材质均匀。

（3）考虑索的抗弯刚度，即索是只能抗拉、抗弯的构件。

（4）线弹性假定，拉索始终处于线弹性阶段，即材料的应力和应变的关系均满足胡克定律。

（5）拉索在其主平面内做微幅振动，即索的振动只在一个平面内。

11.1.1　拉索振动理论模型

当结构中拉索长径比较大时，索体可按弦振动理论进行计算；当拉索长径比较小时，需要考虑弯曲刚度影响时，通常可按照受轴向力作用的欧拉梁模型建立振动分析。本节根据工程中索的实际情况，按照梁振动理论进行索力推导，索体振动分析理论模型如图 11.1-1 所示。

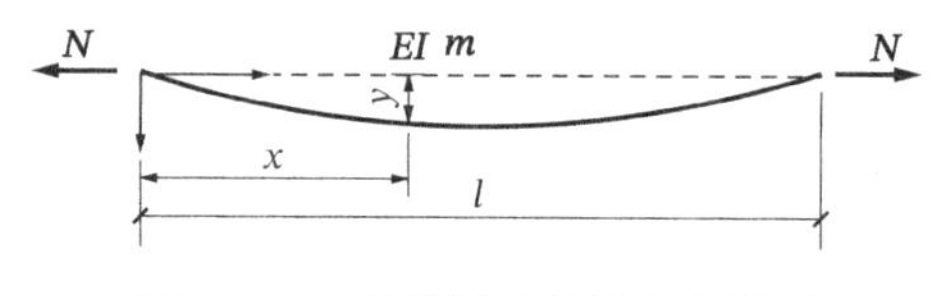

图 11.1-1　索体振动分析理论模型

设索所受拉力为N；索弯曲刚度为EI；索单位质量为m；索长度为l。则考虑抗弯刚度的拉索在荷载作用下的挠度微分方程为：

$$EI\frac{\partial^2 y}{\partial x^2}=M \tag{11.1-1}$$

设有拉力N作用，索弯曲时拉力将产生弯矩$N\cdot y$（图 11.1-1），因此总弯矩为：

$$M=M_q+N\cdot y \tag{11.1-2}$$

式中，M_q是荷载q作用下梁的弯矩。将式(11.1-2)代入式(11.1-1)，微分后得到：

$$\frac{\partial^2}{\partial x^2}\left(EI\frac{\mathrm{d}^2 y}{\mathrm{d}x^2}\right)=q-N\frac{\partial^2 y}{\partial x^2} \tag{11.1-3}$$

索竖向荷载就是惯性力$q=-m\frac{\partial^2 y}{\partial t^2}$，代入式(11.1-3)，得到自由振动下索的振动基本微分方程为：

$$\frac{\partial^2}{\partial x^2}\left(EI\frac{\mathrm{d}^2 y}{\mathrm{d}x^2}\right)+N\frac{\partial^2 y}{\partial x^2}+m\frac{\partial^2 y}{\partial t^2}=0 \tag{11.1-4}$$

索的抗弯刚度EI不变，则式(11.1-4)变为：

$$EI\frac{\partial^4 y}{\partial x^4}+N\frac{\partial^2 y}{\partial x^2}+m\frac{\partial^2 y}{\partial t^2}=0 \tag{11.1-5}$$

利用分离变量法求解，设：

$$y(x,t)=Y(x)\cdot T(t) \tag{11.1-6}$$

代入式(11.1-5)，得到：

$$EIY^{(4)}(x)T(t)+NY''(x)T(t)+mY(x)\ddot{T}(t)=0 \tag{11.1-7}$$

整理得到：

$$\frac{EI}{m}\frac{Y^{(4)}(x)}{Y(x)}+\frac{N}{m}\frac{Y''(x)}{Y(x)}=-\frac{\ddot{T}(t)}{T(t)}=\omega^2 \tag{11.1-8}$$

将式(11.1-8)分解成两个常微分方程：

$$\ddot{T}(t)+\omega^2 T(t)=0 \tag{11.1-9}$$

$$Y^{(4)}(x)+\frac{N}{EI}Y''(x)-\frac{\omega^2 m}{EI}Y(x)=0 \tag{11.1-10}$$

方程(11.1-10)写成：

$$Y^{(4)}(x)+\alpha^2 Y''(x)-\lambda^4 Y(x)=0 \tag{11.1-11}$$

式中，$\alpha^2=\frac{N}{EI}$，$\lambda^4=\frac{\omega^2 m}{EI}$。

式(11.1-9)是简谐振动方程，表明索体为简谐振动，频率为ω。求解式(11.1-11)，确定频率关系式。

设方程(11.1-11)的特解形式为$Y(x)=A\mathrm{e}^{Sx}$，代入得出特征方程：

$$S^4+\alpha^2 S^2-\lambda^4=0 \tag{11.1-12}$$

特征根为：

$$\begin{cases}S_{1,2}=\pm\gamma i\\S_{3,4}=\pm\beta\end{cases} \tag{11.1-13}$$

式中，$\gamma=\sqrt{\left(\lambda^4+\frac{\alpha^4}{4}\right)^{1/2}+\frac{\alpha^2}{2}}$；$\beta=\sqrt{\left(\lambda^4+\frac{\alpha^4}{4}\right)^{1/2}-\frac{\alpha^2}{2}}$。

振动方程的通解为：

$$Y(x) = C_1 \operatorname{ch} \beta x + C_2 \operatorname{sh} \beta x + C_3 \cos \gamma x + C_4 \sin \gamma x \tag{11.1-14}$$

式中，$C_1 \sim C_4$为待定常数。

考虑抗弯刚度的单跨拉索振动的方程如式(11.1-14)。从解的表达式上来看，还需要根据边界条件来确定最终解析式。

11.1.2 考虑抗弯刚度的振动方程

考虑拉索抗弯刚度，基于 Euler-Bernoulli 的经典梁理论，将索简化为承受拉力作用的梁模型，其振动微分方程为：

$$m\frac{\partial^2 u(x,t)}{\partial t^2} - N\frac{\partial^2 u(x,t)}{\partial x^2} + EI\frac{\partial^4 u(x,t)}{\partial x^4} = 0 \tag{11.1-15}$$

式中：m——索的线密度；

u——索在某时刻的垂向位置；

N——拉力；

EI——索抗弯刚度。

运用变量分离法求解式(11.1-15)，最终索的振动频率方程为：

$$M\tanh(\beta l)\cos(\alpha l) + N\sin(\alpha l) + \cdots + P\cos(\alpha l) + Q\tanh(\beta l) + R\operatorname{sech}(\beta l) = 0 \tag{11.1-16}$$

式中：M、N、P、Q、R——与边界约束条件相关；

α——拉索几何抗弯刚度与全截面抗弯刚度的比值；

l——索长；

m——索的线密度。

对于上述方程，有学者给出了具体的数值求解形式，当边界条件为铰接时，索力识别公式为：

$$T = 4ml^2\left(\frac{f_n}{n}\right)^2 - n^2\pi^2\frac{EI}{l^2} \tag{11.1-17}$$

当边界条件为固接时，索力识别公式为：

$$T = 3.84ml^2\left(\frac{f_n}{n}\right)^2 - \frac{2.81n^2\pi^2 EI}{l^2} \tag{11.1-18}$$

由式(11.1-17)、式(11.1.18)可以看出，不同边界条件下索力计算公式可设为相同形式：

$$T = aml^2\left(\frac{f_n}{n}\right)^2 - \frac{bn^2\pi^2 EI}{l^2} \tag{11.1-19}$$

式中：T——索力值；

f_n——索的第n阶自振频率；

a、b——相关计算参数。

在空间结构中，拉索相对较短，两端多为撑杆连接，因此边界条件通常是介于铰接和固接之间的弹簧连接。因此将索的边界设为弹性连接，通过现场进行索体振动试验，将实测的索力和对应频率代入式(11.1-19)，通过迭代求解，便可得到式中未知参数a、b的值，进而求得拉索与频率的对应关系式。

11.2　索力测试试验研究

11.2.1　试验方案

为研究空间弦支轮辐式桁架结构下部短索索力测试方法，开展索体振动频率试验研究，测试对象为结构主馆部分 1：10 缩尺模型，进行索力测试试验，通过记录张拉过程中索力与对应的索体振动频率，获得索力-频率对应值，并通过 11.1 节的方法求解索力与频率方程关系，利用该函数关系预测结构中拉索的索力，并在后续小节采用有限元方法验证改进频率法的可行性。

将空间桁架弦支穹顶结构进行缩尺设计后，结构尺寸缩小为原始结构的 1/10，结构上层由 20 榀倒三角桁架及环向系杆组成，索网结构由 4 圈环向索及 80 根径向索组成，上下层间通过撑杆连接。模型内侧设置内环桁架、外侧设置外加强环桁架，杆件截面均采用圆钢管，直径范围 22～102mm，壁厚范围 2～3.75mm，钢结构材质均为 Q235 钢材。整个缩尺模型屋盖部分钢结构由均匀分布于外圈的 20 根 Y 形格构柱支撑于下部混凝土结构之上。结构三维模型及现场试验照片如图 11.2-1 所示。

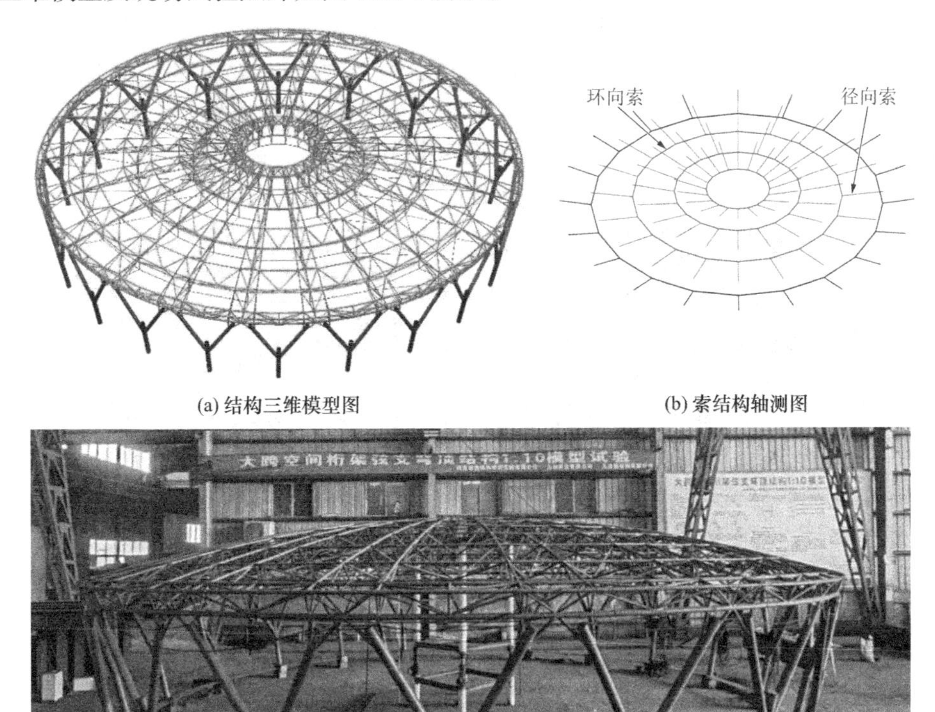

(a) 结构三维模型图　　(b) 索结构轴测图

(c) 结构现场成型照片

(d) 索夹实物照片

(e) 待测拉索照片

图 11.2-1　结构三维模型及现场试验照片

拉索全部采用 7 × 19 规格不锈钢索，抗拉强度 1570MPa，拉索直径范围 12.5～15.5mm，弹性模量为1×10^{11}N/m^2。待测拉索分为两组，每组两根规格相同，详细规格参数见表 11.2-1。

待测拉索规格参数　　　　表 11.2-1

拉索编号	长度/mm	直径/mm	线密度/（kg/m）	截面面积/mm^2
H1	1410	D15.5	0.85	108.6
H2	994	D12.5	0.54	69.4

拉索索力通过花篮螺栓进行调节，在拉索分批张拉过程中，每一级张拉完毕使用加速度传感器测量拉索在外部激励下的振动频率，加速度传感器均匀布置在待测索段上。每段待测索布置 1 个加速度测点，安装在距离索端部 1/4 的位置，激励方式为人工锤击。索体振动信号采用压电式加速度传感器采集，传感器的灵敏度为 1000mV/g，量程为±5g。动态信号采集仪为东华 DHDAS 动态采集器，试验现场传感器安装及数据采集如图 11.2-2 所示。

(a) 加速度传感器

(b) 拉力传感器

(c) 动态信号采集器

图 11.2-2　传感器安装及数据采集

11.2.2 试验结果分析

快速傅里叶变换（FFT）是通过对实测频率区间的模态参数进行辨识来实现的。在频率域判别方法中，该方法是一种直观性较强的方法，且广泛应用于时域信号计算领域。通过实际工程中测得的频响函数曲线就可识别出结构模态参数，包括振动频率、阻尼等。此外，FFT 法在处理数据时，根据频域平均技术，可极大地减弱噪声对频响函数曲线的影响，因此通过 FFT 方法辨识出模态参数，就可以获得更高品质的频率响应函数。将传感器采集到的原始数据进行 FFT 分析，本次试验部分传感器原始时程信号和 FFT 识别曲线如图 11.2-3 所示。

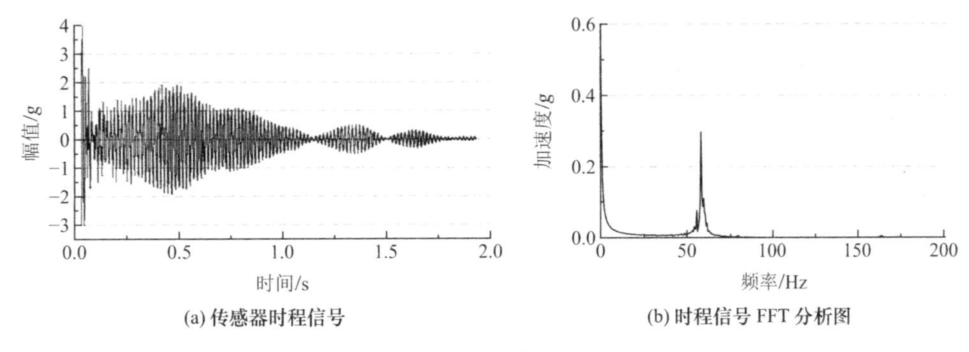

(a) 传感器时程信号　(b) 时程信号 FFT 分析图

图 11.2-3　传感器时程信号及 FFT 分析图

在试验过程中，每段拉索通过人工锤击三次进行激励，将传感器采集到的振动数据进行 FFT 分析后求平均值，由响应频响函数得到拉索自由振动时的各阶频谱特性，由于试验所用拉索长度较小，大部分拉索只识别出 1 阶自振频率。

各段拉索实测索力与对应的自振频率见表 11.2-2。从表中可以看出，每次激励的拉索振动频率基本相同，随着索力的均匀增加，自振频率也随之增加，但拉索在索力变化的过程中频率与索力并不呈线性增长关系，频率的增加幅度随索力增长而逐渐减小。

拉索实测索力与对应的自振频率　　**表 11.2-2**

拉索编号	索力T/kN	第 1 次激励/Hz	第 2 次激励/Hz	第 3 次激励/Hz	平均自振频率f/Hz
H1	2.41	18.66	18.36	18.62	18.55
	4.90	26.38	25.73	26.25	26.12
	7.26	31.25	31.25	31.72	31.41
	9.70	36.42	36.42	35.34	36.06
	12.13	40.95	40.95	38.54	40.15
	15.11	44.21	45.11	44.66	44.66
	17.94	47.81	49.03	48.78	48.54
	21.60	52.57	53.68	53.20	53.15
	24.80	57.21	56.59	56.81	56.87

续表

拉索编号	索力T/kN	第 1 次激励/Hz	第 2 次激励/Hz	第 3 次激励/Hz	平均自振频率f/Hz
H2	2.45	25.64	25.64	24.88	25.39
	4.85	34.50	35.36	34.15	34.67
	7.20	42.23	41.39	41.81	41.81
	9.60	48.96	47.28	47.76	48.00
	12.11	53.18	53.45	54.53	53.72
	13.90	56.59	58.02	57.74	57.45
	15.24	59.43	61.29	59.55	60.09

由于试验过程中索力是逐渐增加的，相邻两组索力的变化量较小，因此索力作用时拉索抗弯刚度EI变化量可忽略。将相邻两组的拉索索力T_n、T_{n+1}及对应自振频率f_n、f_{n+1}分别带入式(11.1-19)，从而计算得到一组系数a_n，重复以上步骤，经过多次迭代计算得到多组a_n、a_{n+1}、⋯，计算所有a_n的平均值$\bar{a}$，再将$\bar{a}$带回到式(11.1-19)，通过相关文献的研究成果，预估EI均值，进而求解出b，最终得到一组适用于本次试验的索力识别公式。具体的迭代求解流程如图 11.2-4 所示。

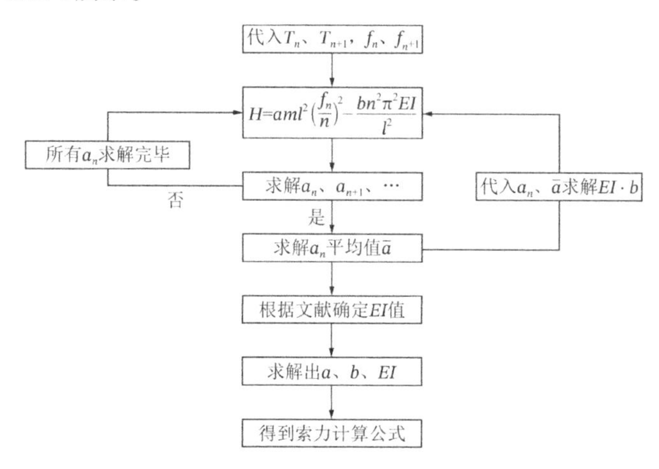

图 11.2-4　迭代求解流程图

根据以上方法，对本次试验选取的两组拉索实测索力及对应频率进行参数识别，结果见表 11.2-3 和表 11.2-4，对a_n、b_n进行平均值计算，得到两组拉索对应的索力求解公式如下：

$$T=3.675ml^2\left(\frac{f_n}{n}\right)^2-\frac{1.842n^2\pi^2EI}{l^2} \tag{11.2-1}$$

$$T=2.045ml^2\left(\frac{f_n}{n}\right)^2-\frac{1.694n^2\pi^2EI}{l^2} \tag{11.2-2}$$

从表 11.2-3 和表 11.2-4 可以看出，各组拉索的参数识别值均随着索力的增加而略微增加，但识别结果整体相差不大。同时也能看出，H2 组拉索识别参数中的a值和b值均小于 H1 组，这说明即使是在同一结构中且具有同样边界条件但不同规格的拉索，其索力计算公式也具有差异性。

H1 组拉索参数识别结果 表 11.2-3

序号	索力T/kN	1 阶振频f_1/Hz	识别值a_n	识别值b_n	EI/（N·m）
1	2.41	18.55	3.490	1.875	33.90
2	4.90	26.12	3.678	1.935	38.76
3	7.26	31.41	3.686	1.895	42.17
4	9.70	36.06	3.693	1.850	45.85
5	12.13	40.15	3.698	1.834	47.38
6	15.11	44.66	3.703	1.825	48.27
7	17.94	48.54	3.707	1.805	49.99
8	21.60	53.15	3.710	1.789	51.31
9	24.80	56.87	3.713	1.784	51.83

H2 组拉索参数识别结果 表 11.2-4

序号	索力T/kN	1 阶振频f_1/Hz	识别值a_n	识别值b_n	EI/（N·m）
1	2.45	25.39	2.040	1.715	15.33
2	4.85	34.67	2.043	1.708	16.37
3	7.20	41.81	2.045	1.701	17.39
4	9.60	48.01	2.046	1.693	18.34
5	12.11	53.72	2.047	1.687	19.19
6	13.90	57.45	2.048	1.680	20.05
7	15.24	60.09	2.050	1.674	20.79

11.3 有限元结果对比

为验证上节中所识别公式的正确性，使用 ANSYS 软件对两段拉索自振频率进行模拟，软件参数设置按表 11.2-3 中的计算结果输入，单跨拉索有限元计算模型如图 11.3-1 所示。

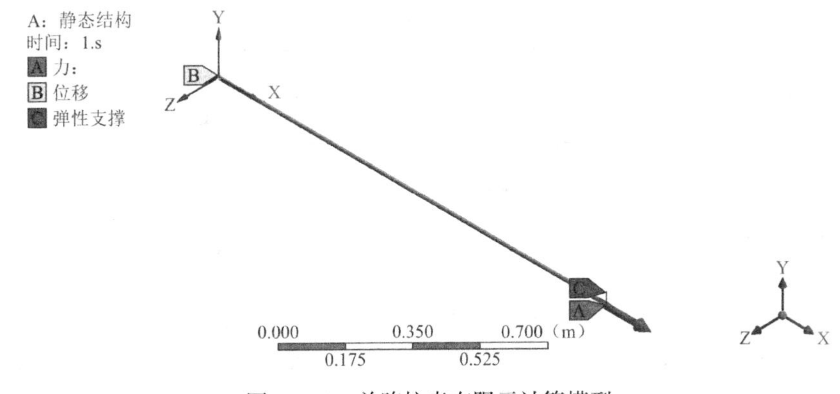

图 11.3-1 单跨拉索有限元计算模型

考虑不同边界条件和抗弯刚度影响，共设置三种不同的边界条件，分别是两端铰支、两端弹簧约束以及两端固定约束，通过 Workbench 进行静态结构预应力求解，然后在静态结构求解的基础上进行模态耦合求解，以此模拟不同索力对拉索自振频率的影响。

模拟所得的 H1 组拉索在不同索力下索体的 1 阶自振频率结果见表 11.3-1。

H1 组拉索索力与对应自振频率　　表 11.3-1

输入索力/kN	实测频率/Hz	两端铰支/Hz	两端弹簧约束/Hz	两端固支/Hz
2.41	18.55	9.74	19.08	22.70
4.90	26.12	13.26	26.86	29.18
7.26	31.41	15.84	31.91	34.10
9.70	36.06	18.09	36.49	38.47
12.13	40.15	20.08	40.42	42.34
15.11	44.66	22.25	44.86	46.60
17.94	48.54	24.13	48.75	50.29
21.60	53.15	26.35	53.16	54.66
24.80	56.87	28.14	56.72	58.19

由表 11.3-1 可知：H1 组拉索边界条件设置为两端铰支时，索体的 1 阶自振频率较低，约为实测频率值的 50%；边界条件设置为两端固支时，索体的 1 阶自振频率较两端铰支时增高了 1.07～1.33 倍。研究结果表明实测索体的自振频率介于铰支和固支之间，通过将拉索边界条件设置为两端弹簧支撑并多次调整弹簧刚度后，在刚度设置为$\ln k = 7.2$左右时，模拟所得的结果接近实测频率。

模拟所得的 H2 组拉索在不同索力下索体的 1 阶自振频率结果见表 11.3-2。

H2 组拉索索力与对应自振频率　　表 11.3-2

输入索力/kN	实测频率/Hz	两端铰支/Hz	两端弹簧约束/Hz	两端固支/Hz
2.45	25.39	16.13	26.44	30.59
4.85	34.67	20.36	35.11	37.82
7.20	41.81	23.56	42.10	44.70
9.60	48.01	26.34	48.21	50.59
12.11	53.72	28.89	53.85	56.17
13.90	57.45	30.57	57.44	59.69
15.24	60.09	31.75	60.36	62.37

由表 11.3-2 可知：H2 组拉索边界条件设置为两端铰支时，索体的 1 阶自振频率同样较低，约为实测频率值的 58%～63%；边界条件设置为两端固支时，索体的 1 阶自振频率较两端铰支时增高了 0.91～0.96 倍。实测索体的 1 阶自振频率依然介于铰支和固支之间，通过将拉索边界条件设置为两端弹簧支撑并多次调整约束刚度后，在刚度设置为$\ln k = 8.5$左右时，模拟所得的结果接近实测频率。

图 11.3-2 为两组拉索 1 阶自振频率模拟与实测结果对比，由图可知：经 11.2 节拟合公式求解出拉索*EI*值后进行的索力自振频率模拟结果有着良好的精度值，这进一步证明了空间弦支轮辐式桁架结构中拉索的自振频率受抗弯刚度和边界条件的影响很大，通过本章的方法，模拟频率误差值控制在最大不超过 4.1%，低应力时拉索的自振频率模拟误差值略大于高应力，推测原因是低应力时拉索受传感器重量的影响更明显，虽然有限元模型建立过程中已经将传感器重量考虑在内，但难以与实际情况保持一致，随着拉索索力的增加，模拟值与实测值误差逐渐减小。

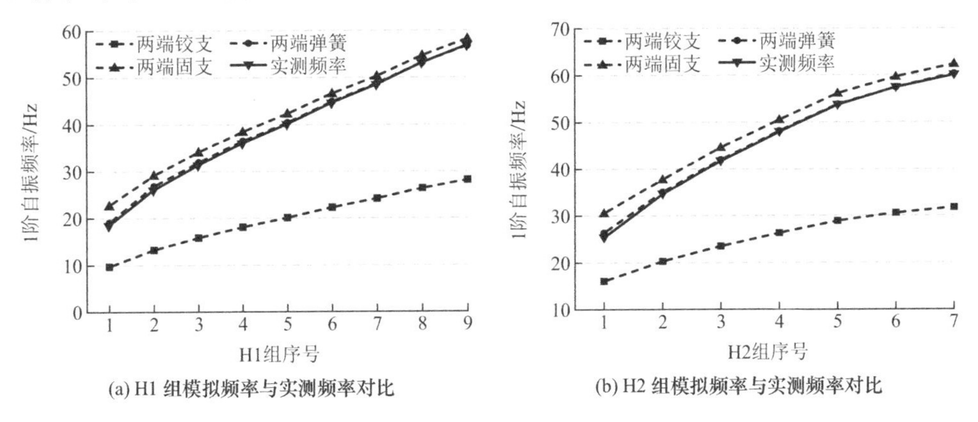

(a) H1 组模拟频率与实测频率对比　　(b) H2 组模拟频率与实测频率对比

图 11.3-2　拉索 1 阶自振频率模拟与实测结果对比

11.4　本章小结

根据频率法测试索力原理，阐释了拉索振动的理论模型建立过程和参数影响因素，以实际结构的实测频率为基础，开展了计算公式参数识别和有限元索力-频率关系模拟。主要结论如下：

（1）在已有研究成果的基础上假定多跨环形拉索两端为弹性约束，对频率法计算索力方程形式进行统一，基于大跨空间桁架弦支穹顶缩尺模型实测的索力与频率数据，通过循环迭代的方法求解方程中各未知参数值，验证了频率法计算多跨环形拉索索力的适用性。

（2）基于 ANSYS 软件，在已识别参数的基础上，通过设置不同的边界条件模拟拉索振动过程，揭示了结构中多跨环形拉索自振频率受各参数的影响趋势和程度，结果显示模拟值与实测值最大误差不超过 4.1%，模拟效果良好，验证了本章所提出的索力计算方法的正确性。

参考文献

[1] Fuller R. Tensile-integrity structures[J]. US3063521A, Nov, 1962.

[2] Pugh A. An introduction to tensegrity[M]. Univ of California Press, 1976.

[3] Geiger D. Roof structure[P]. US Patent, No. 4736553, 1988.

[4] Geiger D, Dick J. Design, fabrication and erection of Uni Dome Stadium[M]. Prestressed Concrete Institute, 1986.

[5] 张毅刚，薛素铎. 大跨空间结构[M]. 北京：机械工业出版社, 2014.

[6] Geiger D, Campbell D, Chen P, et al. Design details of an elliptical cable dome and a large span cable dome under construction in the United States[C]//Proceedings of 1st Oleg Kerenslry Memorial Conference, London, England, 1988: 14-17.

[7] Levy M. The Georgia Dome and Beyond: Achieving Lightweight-Longspan Structures[C]//Proceedings of IASS-ASCE International Symposium. Atlanta. 1994: 560-562.

[8] Kawaguchi M, Abe M, Hatato T, et al. On a structure system "suspen-dome" [C]//Proc. IASS-Symposium, 1993: 523-530.

[9] Kawaguchi M, Abe M, Hatato T, et al. Structural tests on the "suspen-dome" system[C]//Proc. of IASS Symposium, Atlanta, 1994.

[10] Tatemichi I, Hatato T, Anma Y, et al. Vibration tests on a full-size suspen-dome structure[J]. International Journal of Space Structures, 1997, 12(3-4): 217-224.

[11] Kawaguchi M, Abe M, Hatato T, et al. Structural tests on a full-size suspen-dome structure[C]//Proceedings of IASS Symposium Singapore. 1997: 431-438.

[12] Kawaguchi M, Abe M, Tatemichi I. Design, tests and realization of "suspen-dome" system[J]. Journal of the International Association for Shell and Spatial Structures, 1999, 40(3): 179-192.

[13] Olofin I O, Liu R. Suspen-dome system: a fascinating space structure[J]. The Open Civil Engineering Journal, 2017, 11(1): 131-142.

[14] 林全攀. 弦支穹顶结构找力优化方法及施工仿真分析[D]. 广州：华南理工大学, 2018.

[15] 陈志华. 张弦结构体系[M]. 北京：科学出版社, 2013.

[16] 陈志华. 弦支穹顶结构[M]. 北京：科学出版社, 2010.

[17] 刘红波，闫翔宇，陈志华，等. 新型弦支穹顶结构分析与设计[M]. 北京：科学出版社, 2021.

[18] 陈志华，刘红波，王小盾，等. 弦支穹顶结构研究综述[J]. 建筑结构学报, 2010, 31(S1): 210-215.

[19] 陈志华. 弦支穹顶结构研究进展与工程实践[J]. 建筑钢结构进展, 2011, 13(11): 11-20.

[20] 陈志华，秦亚丽，史杰. 弦支穹顶结构体系的分类及结构特性分析[J]. 建筑结构, 2006, 36(S1): 307-310.

[21] 陈志华. 弦支穹顶结构体系及其结构特性分析[J]. 建筑结构, 2004, 34(11): 38-41.

[22] 乔文涛. 弦支结构体系研究[D]. 天津：天津大学, 2010.

[23] 张毅刚，白正仙. 昆明柏联广场中厅索承网壳的设计研究[J]. 智能建筑与城市信息, 2003, 10(1): 60-62.

[24] 陈志华. 弦支穹顶结构体系及其结构特性分析[J]. 建筑结构, 2003, 33(11): 11-20.

[25] 陈志华，冯振昌，秦亚丽，等. 弦支穹顶静力性能的理论分析及实物加载试验[J]. 天津大学学报,

2006, 39(8): 944-950.

[26] 陈志华，秦亚丽，赵建波，等. 刚性杆弦支穹顶实物加载试验研究[J]. 土木工程学报，2006, 39(9): 47-53.

[27] 陈志华，闫翔宇，刘红波，等. 茌平体育馆大跨度弦支穹顶叠合拱复合结构体系[J]. 建筑结构，2009, 39(7): 18-20+12.

[28] Chen Z, Zhang Y, Wang X, et al. Experimental researches of a suspen-dome structure with rolling cable-strut joints[J]. International Journal of Advanced Steel Construction, 2015, 11(1): 15-38.

[29] 刘红波，陈志华，周婷. 弦支穹顶结构的预应力张拉的摩擦损失[J]. 天津大学学报，2009, 42(12): 1055-1060.

[30] 刘红波. 弦支穹顶结构施工控制理论与温度效应研究[D]. 天津：天津大学, 2011.

[31] 王哲，王小盾，陈志华，等. 向心关节轴承撑杆上节点试验研究及有限元分析[J]. 建筑结构学报，2013, 34(11): 70-75.

[32] 毋英俊. 连续折线索单元及节点研究[D]. 天津：天津大学, 2010.

[33] 闫翔宇，于敬海，于泳，等. 河北北方学院体育馆屋盖弦支穹顶结构分析与设计[J]. 建筑结构，2015, 45(16): 6-10.

[34] 陈志华，严仁章，王小盾，等. 基于环索内力相等的椭球形弦支穹顶结构的预应力分析[J]. 工程力学. 2014, 31(11): 132-145.

[35] 王霄翔，陈志华，刘红波，等. 弦支穹顶局部环索断索动力冲击效应试验[J]. 天津大学学报，2017, 50(11): 1210-1220.

[36] 陈志华，孙国军. 拉索失效后的弦支穹顶结构稳定性能研究[J]. 空间结构, 2012, 18(1): 46-50.

[37] 张爱林，刘学春，王冬梅，等.2008 奥运会羽毛球馆新型弦支穹顶结构模型静力试验研究[J]. 建筑结构学报, 2007, 28(6): 58-67.

[38] 张爱林，刘学春，葛家琪，等.2008 年奥运会羽毛球馆预应力张弦穹顶结构整体稳定分析[J]. 工业建筑, 2007, 44(1): 8-11.

[39] 张爱林，张晓峰，葛家琪，等. 2008 奥运羽毛球馆张弦网壳结构整体稳定分析中初始缺陷的影响研究[J]. 空间结构, 2006, 12(4): 8-12.

[40] Zhang A, Liu X, Wang D, et al. Static experimental study on the model of the suspend-dome of the badminton gymnasium for 2008 Olympic Games[J]. Journal of Building Structures, 2007, 28(6): 58-67.

[41] 薛素铎，王成林，孙国军，等. Levy 型劲性支撑穹顶静力性能试验研究[J]. 建筑结构学报, 2020, 41(3): 150-155.

[42] 兰永奇，薛素铎，李雄彦，等. Levy 型劲性支撑穹顶静力性能分析[J]. 空间结构, 2017, 23(2): 22-29.

[43] 刘学春. 预应力弦支穹顶结构稳定性分析及优化设计[D]. 北京：北京工业大学. 2006.

[44] 张爱林，崔伟龙，饶雯婧. 火灾下大跨空间结构升温模型的比较分析[J]. 工业建筑，2009, 46(S1): 485-490.

[45] 张爱林，崔伟龙. 基于大空间空气升温模型的弦支穹顶结构抗火反应非线性有限元分析[J]. 钢结构，2009, 24(3): 67-71.

[46] 张爱林，饶雯婧，崔伟龙. 火灾下预应力损失对新型弦支穹顶结构稳定性影响分析[J]. 北京工业大学学报, 2010, 36(8): 1044-1051.

[47] 葛家琪，王树，梁海彤，等. 2008 奥运会羽毛球馆新型弦支穹顶预应力大跨度钢结构设计研究[J]. 建筑结构学报, 2007, 28(6): 10-21.

[48] 葛家琪，张国军，王树，等. 2008 奥运会羽毛球馆弦支穹顶结构整体稳定性能分析研究[J]. 建筑结构

学报, 2007, 28(6): 22-30.
[49] 王树, 张国军, 张爱林, 等. 2008 奥运会羽毛球馆索撑节点预应力损失分析研究[J]. 建筑结构学报, 2007, 28(6): 39-44.
[50] 王树, 张国军, 葛家琪, 等. 2008 羽毛球馆预应力损失对结构体系的影响分析[J]. 建筑结构学报, 2007, 28(6): 45-51.
[51] 秦杰, 王泽强, 张然, 等. 2008 奥运会羽毛球馆预应力施工监测研究[J]. 建筑结构学报, 2007, 28(6): 83-91.
[52] 李永梅, 张毅刚, 杨庆山. 索承网壳结构施工张拉索力的研究[J]. 建筑结构学报, 2004, 25(4): 76-81.
[53] 张志宏, 傅学怡, 董石麟, 等. 济南奥体中心体育馆弦支穹顶结构设计[J]. 空间结构, 2008, 14(4): 8-13.
[54] 李志强, 张志宏, 袁行飞, 等. 济南奥体中心弦支穹顶结构施工张拉分析[J]. 空间结构, 2008, 14(4): 14-20.
[55] 郭佳民, 董石麟, 袁行飞. 弦支弯顶的形态分析问题及其实用分析方法[J]. 土木工程学报, 2008, 41(12): 1-7.
[56] 张志宏, 傅学怡, 董石麟, 等. 济南奥体中心体育馆弦支穹顶结构设计[C]//第七届全国现代结构工程学术研讨会, 2007.
[57] 郭正兴, 王永泉, 罗斌, 等. 济南奥体中心体育馆大跨度弦支穹顶预应力拉索施工[J]. 施工技术, 2008, 37(11): 133-135.
[58] 张明山. 弦支穹顶结构的理论研究[D]. 杭州: 浙江大学, 2004.
[59] 郭佳民. 弦支穹顶结构的理论分析与试验研究[D]. 杭州: 浙江大学, 2008.
[60] 张国发. 弦支穹顶结构施工控制理论分析与试验研究[D]. 杭州: 浙江大学, 2008.
[61] 郭佳民, 董石麟, 袁行飞, 等. 布索方式对弦支穹顶结构稳定性能的影响研究[J]. 土木工程学报, 2010, 43(S2): 9-14.
[62] 丁洁民, 孔丹丹, 杨晖柱, 等. 安徽大学体育馆屋盖张弦网壳结构的试验研究与静力分析[J]. 建筑结构学报, 2008, 29(1): 24-30.
[63] 司波, 秦杰, 张然, 等. 正六边形平面弦支穹顶结构施工技术[J]. 施工技术, 2008, 37(4): 56-58.
[64] 丁洁民, 孔丹丹, 何志军. 安徽大学体育馆屋盖张弦网壳结构的地震响应分析[J]. 建筑结构, 2009, 39(1): 34-37+68.
[65] 曹正罡, 武岳, 钱宏亮, 等. 大连市中心体育馆巨型网格弦支穹顶设计分析[J]. 钢结构. 2011, 26(1): 37-42.
[66] Wang H J, Fan F, Qian H L, et al. Analysis of pretensioning construction scheme and cable breaking for megastructure suspend-dome[J]. Journal of Building Structures, 2010, 31: 247-253.
[67] 金晓飞, 王化杰, 钱宏亮, 等. 大连体育馆弦支穹顶结构地震响应分析[C]//第十四届空间结构学术会议论文集, 2012.
[68] 董路群, 杨崇光, 刘慧卿. 大连体育中心体育馆大跨度弦支穹顶结构施工关键技术[C]//第四届全国钢结构工程技术交流会论文集, 2012.
[69] 李宏男, 杨礼东, 任亮, 等. 大连市体育馆结构健康监测系统的设计与研发[J]. 建筑结构学报. 2013, 34(11): 40-49.
[70] 聂桂波, 支旭东, 范峰, 等. 大连体育馆弦支穹顶结构张拉成形及静载试验研究[J]. 土木工程学报. 2012, 45(2): 1-10.
[71] Liu R, Zou Y, Wang G, et al. On the collapse resistance of the levy type and the loop-free suspen-dome

structures after accidental failure of cables[J]. International Journal of Steel Structures, 2022, 22(2): 585-596.

[72] Yan S, Zhao X, Rasmussen K J R, et al. Identification of critical members for progressive collapse analysis of single-layer latticed domes[J]. Engineering Structures, 2019, 188: 111-120.

[73] Zhang C, Lai Z, Yang X, et al. Dynamic analyses and simplified methods for evaluating complicated suspend-dome structures subjected to sudden cable failure[J]. International Journal of Steel Structures, 2023, 23(1): 18-36.

[74] Lin Z, Zhang C, Dong J, et al. Dynamic response analysis of a multiple square loops-string dome under seismic excitation[J]. Symmetry, 2021, 13(11): 2062.

[75] Lu Z, Li X, Liu R, et al. Shaking table experimental and numerical investigations on dynamic characteristics of suspend-dome structure[C]. Structures, Elsevier, 2022, 40: 138-148.

[76] Xue S, Lu Z, Li X, et al. Experimental and numerical investigations on the influence of center-hung scoreboard on dynamic characteristics of suspend-dome structure[J]. Journal of Building Engineering, 2022, 57: 104787.

[77] Nie G, Zhu X, Zhi X, et al. Study on dynamic behavior of single-layer reticulated dome by shaking table test[J]. International Journal of Steel Structures, 2018, 18: 635-649.

[78] 张哲. 混凝土自锚式悬索桥[M]. 北京: 人民交通出版社, 2005.

[79] Irvine H, Caughey T. The linear theory of free vibrations of a suspended cable[J]. Proceedings of the Royal Society of London. A. Mathematical and Physical Sciences, 1974, 341(1626): 299-315.

[80] 李庭波. 索力测试频率法的研究及其工程应用[D]. 长沙: 长沙理工大学, 2007.

[81] 陈鲁, 张其林, 吴明儿. 索结构中拉索张力测量的原理与方法[J]. 钢结构, 2006, 36(1): 368-371.

[82] 吴康雄, 刘克明, 杨金喜. 基于频率法的索力测量系统[J]. 中国公路学报, 2006, 19(2): 62-66.

[83] 苏成, 徐郁峰, 韩大建. 频率法测量索力中的参数分析与抗弯刚度的识别[J]. 公路交通科技, 2005, 22(11): 75-78.

[84] Russell J, Lardner T. Experimental determination of frequencies and tension for elastic cables[J]. Journal of Engineering Mechanics, ASCE, 1998, 124: 1067-1072.

[85] 王俊, 汪凤泉, 周星德. 基于波动法的斜拉桥索力测试研究[J]. 应用科学学报, 2005, 23(1): 90-93.

[86] 姚文斌, 程赫明. 用 “三点弯曲法” 原则测定钢丝绳张力[J]. 实验力学, 1998, 13(1): 79-84.

[87] 郝超, 裴岷山, 强士中. 斜拉桥索力测试新方法—磁通量法[J]. 公路, 2000, 45(11): 30-31.

[88] 方志, 张智勇. 斜拉桥的索力测试[J]. 中国公路学报, 1997, 10(1): 51-58.

[89] 王卫锋, 韩大建. 斜拉桥的索力测试及其参数识别[J]. 华南理工大学学报(自然科学版), 2001, 29(1): 18-21.

[90] 侯俊明, 彭晓彬, 叶力才. 斜拉索索力的温度敏感性[J]. 长安大学学报(自然科学版), 2002, 22(4): 34-36.

[91] 蔡敏, 蔡键, 李彬, 等. 环境因素对斜拉桥斜索自振频率的影响[J]. 合肥工业大学学报(自然科学版), 1999, 22(11): 36-39.

[92] 魏建东. 斜拉索各参数取值对索力测定结果的影响[J]. 力学与实践, 2004, 26(4): 42-44.

[93] 魏建东. 索力测定常用公式精度分析[J]. 公路交通科技. 2004(21): 53-56.

[94] 张宏跃, 田石柱. 提高斜拉索索力估算精度的方法[J]. 地震工程与工程振动, 2004, 24(4): 148-151.

[95] 段波, 曾德波, 卢江. 关于斜拉桥索力测定的分析[J]. 重庆交通学院学报, 2005, 24(4): 6-12.

[96] 宋一凡, 贺拴海. 斜拉索动力计算长度研究[J]. 中国公路学报, 2001, 14(3): 70-72.

[97] 邵旭东, 李国峰, 李立峰. 吊索振动分析与力的测量[J]. 中外公路, 2004, 24(6): 29-31.

[98] 彭泽友, 桂学, 严庆华. 用能量法估算计入自重影响索力与频率的关系[J]. 山西建筑, 2005, 31(1): 156-157.

[99] 陈刚. 振动法测索力与实用公式[D]. 福州: 福州大学, 2004.
[100] 陈常松, 陈政清, 颜东煌. 柔索索力主频阶次误差及支承条件误差[J]. 交通运输工程学报, 2004, 4(4): 17-20.
[101] Xu Y, Xie Y, Chen S, et al. Evaluation of the Cable Force by Frequency Method for the Hybrid Boundary between the Ear Plate and the Anchor Plate[J]. Buildings, 2022, 12(11): 1853-1869.
[102] Qin J, Ju Z, Liu F, et al. Cable Force Identification for Pre-Stressed Steel Structures Based on a Multi-Frequency Fitting Method[J]. Buildings, 2022, 12(10): 1689-1705.
[103] He H, Wen Y, Fan C, et al. Cable force estimation of cables with small sag considering inclination angle effect[J]. Advances in Bridge Engineering, 2021, 2(1): 1-22.
[104] 中华人民共和国住房和城乡建设部. 建筑结构荷载规范 GB 50009—2012[S]. 北京: 中国建筑工业出版社, 2012.
[105] 吴金志, 李洋, 柳明亮, 等. 大跨空间弦支轮辐式桁架结构抗震性能及强震倒塌分析[J/OL]. 钢结构(中英文), 1-17[2024-08-21].
[106] 柳明亮, 李存良, 刘博东, 等. 大开洞正交双层索网结构施工缩尺试验研究[J/OL]. 工业建筑, 1-8[2024-08-21].
[107] 秦杰, 鞠竹, 柳明亮, 等. 张弦结构索力测试方法与工程试验研究[J]. 建筑结构, 2023, 53(19): 108-114+102.
[108] 柳明亮, 焦永康, 海然, 等. 大跨度弦支混凝土结构静动力响应分析[J]. 工业建筑, 2023, 53(3): 146-151+78.
[109] 柳明亮, 李翔宇, 邢国华, 等. 大跨空间轮辐式弦支桁架结构施工过程监测与模拟分析[J]. 建筑科学与工程学报, 2023, 40(1): 95-102.
[110] 柳明亮, 焦永康, 海然, 等. 大跨空间弦支轮辐式桁架结构旋转累积滑移施工技术与分析[J]. 建筑技术, 2022, 53(12): 1620-1623.
[111] 李纪明, 焦永康, 海然, 等. 大跨度弦支混凝土梁施工过程监测与分析[J]. 建筑技术, 2022, 53(12): 1648-1651.
[112] 周春娟, 王阳光, 海然, 等. 大跨度空间管桁架结构地震响应分析[J]. 建筑技术, 2022, 53(12): 1707-1710.
[113] 柳明亮, 王常浩, 张虎, 等. 基于 IDA 的基础不均匀沉降张弦梁结构的地震易损性分析[J]. 世界地震工程, 2022, 38(4): 72-82.
[114] 王秀丽, 冯竹君, 任根立, 等. 大型复杂体育馆钢结构施工过程模拟分析[J]. 北京交通大学学报, 2020, 44(6): 17-24.
[115] 柳明亮, 吴金志, 胡洁. 陕西省多个大型钢结构工程的健康监测[C]//中国建筑科学研究院有限公司, 中国土木工程学会桥梁及结构工程分会. 第十七届空间结构学术会议论文集, 2018: 225-226.
[116] 胡洁, 吴金志, 张毅刚, 等. 环境激励下结构模态参数识别方法及其工程应用[C]//绿色建筑与钢结构技术论坛暨中国钢结构协会钢结构质量安全检测鉴定专业委员会第五届全国学术研讨会, 2017: 9-13.
[117] 吴金志, 柳明亮, 沈斌, 等. 张弦桁架下弦拉索振动频率测试及理论模型研究[J]. 建筑结构, 2012, 42(10): 79-82.